上海市水利建设与管理论文集

主　编　魏梓兴
副主编　桑保良　汪结春　吴景社

黄河水利出版社
·郑州·

内 容 提 要

本书是对上海市水利建设与管理的新理论、新技术的总结。全书分为四个部分。第一部分为河道治理篇,介绍了利用物理和生物方法修复河道水质的新成果、新技术;第二部分为体制机制研究篇,介绍了水利建设与管理中体制机制改革的新经验;第三部分为水利信息化篇,介绍了自动化、信息化技术等在水利建设中的运用;第四部分为综合研究篇,介绍了水利建设与管理实践过程中取得的新成果。

本书可供从事水环境治理、农田水利、农业节水等方面工作的相关人员阅读参考。

图书在版编目(CIP)数据

上海市水利建设与管理论文集/魏梓兴主编. —郑州:
黄河水利出版社,2008.8
ISBN 978-7-80734-472-8

Ⅰ. 上… Ⅱ魏… Ⅲ. ①水利建设-上海市-文集
②水利工程-项目管理-上海市-文集 Ⅳ. F426.9-53

中国版本图书馆 CIP 数据核字(2008)第 113009 号

出 版 社:黄河水利出版社
地址:河南省郑州市金水路 11 号　　邮政编码:450003
发行单位:黄河水利出版社
发行部电话:0371-66026940、66020550、66028024、66022620(传真)
E-mail:hhslcbs@126.com
承印单位:黄河水利委员会印刷厂
开本:787 mm×1 092 mm　1/16
印张:12
字数:277 千字　　印数:1—1 000
版次:2008 年 8 月第 1 版　　印次:2008 年 8 月第 1 次印刷

定价:35.00 元

序

上海因水而生,依水而兴,地处以太湖为中心的蝶形洼地东缘。境内河网密布、沟渠纵横,共有河道33 127条,长24 915km。

新中国成立以来,上海历届市委、市政府高度重视水利建设与管理工作。特别是自20世纪90年代末开始,为使全市水环境质量下降趋势得到有效遏制,连续开展了三轮以苏州河等中心城区骨干河道及郊区中小河道综合整治为主要内容的“三年环保行动”。通过三轮行动计划的实施,使上海中心城区河道黑臭现象得以基本消除,郊区骨干河道基本实现了“面清、岸洁、有绿、流畅”,郊区镇、村河道水环境面貌也得到了较大改观。

同时,在水利建设与管理工作中,广大水利专业技术人员结合工程实践,深入思考、认真撰文,从不同角度研究讨论上海市河道水环境治理过程中应用的新理论、新技术,深刻分析和探讨人水和谐的科学治理思路与发展方向,体现了注重水环境综合治理,以信息化、科技化促进治水的现代化,建管并举的特点。

在此筛选编辑了40篇论文汇成此集,其中既有利用物理和生物方法修复河道水质的技术与成果,也有自动化和信息化技术在河道水环境治理中的应用,还有在水利体制及机制改革方面所做的探索。诚然,这些论文还存在着不足与欠缺,但仍希望通过这本文集的出版,能得到关心、支持上海市乃至全国水环境治理工作的专家同行的赐教与交流,从而进一步推进水环境治理工作,使我们生活的家园更加美丽。这正是出版本文集之初衷所在。

2008年6月

目　录

河道治理篇

"清水生态"演绎城市公园水景文化
——上海市天山公园湖泊水质改善与生态系统构建工程设计
…… 汪　洋　杨小寒(1)
上海地区水资源开发利用与城市水环境建设问题与对策
——调水专题研究 …… 李珍明(8)
崇明北滩湿地水环境改善的对策研究 …… 施欢恩　俞富斌　张振声(13)
金汇镇泰梅港东段综合治理 …… 张福春　胡天英　徐德明(17)
金山科学治理水葫芦的有益探索 …… 张伟义(23)
金山区水环境现状及治理措施 …… 张　君(27)
浅谈生物技术在上海市河道水质修复中的应用 …… 刘静森　黄毅华　黄春霞(30)
上海河道水环境综合治理和水资源保护的思考 …… 黄海雷　金鹏飞　王　晖(36)
普陀区河道水环境现状、问题及治理对策研究 …… 谭克霆　葛　艳(40)
生态理念在河道整治工程中的应用 …… 姜国芬(45)
张家浜整治对水环境影响研究 …… 王　玲(49)
长宁区河道水环境治理方法分析与探索 …… 杨小寒(57)
河道黑臭原因分析与对策 …… 徐华平(60)

体制机制研究篇

崇明县乡镇水务管理体制改革的思考 …… 黄　英　徐德飞　许鑫华(64)
上海市水土保持工作现状与建议 …… 桑保良　吴景社　刘静森等(67)
关于防护林建设与管理的几点思考 …… 沈　雄　黄敏俭(71)
落实长效保洁机制　创建全国模范城区 …… 丁学沪(76)
加强小型水利工程质量管理的思考 …… 唐洁平(79)
建立健全长效保洁机制　巩固河道环境整治成效 …… 蒋国强　金鹏飞　梅丽珍(83)
闵行区水面积保护管理措施初探 …… 华文艳　沈晓清(87)
上海市郊区基层水务管理体制改革若干问题的探讨 …… 刘静森　桑保良　王其楼(92)
松江区圩区小型农田水利工程设施管养的实践与思考 …… 李　瑜(96)
小型农田水利管理体制改革对策浅析
——以崇明县港沿镇为例 …… 黄　英(99)
庄行镇镇区范围水利小包围工程 …… 张福春　徐德明　黄军平(104)

水利信息化篇

发挥水闸泵站自动监测系统作用　优化防汛预排预降预警及应急处置方案
——“麦莎”台风侵袭上海后的思考 …………………………………… 李珍明(111)
RS和GIS在上海市河道变化调查中的应用实践 …… 梅丽珍　蒋国强　金鹏飞等(118)
浅谈杨浦区水情自动测报系统建设 ………………………………………… 蒋青柏(126)
上海市新浜镇圩区泵闸计算机监控系统的建设经验小结
…………………………………………………………… 刘静森　戴志国　陈　健(130)
上海市松江(新浜镇)圩区泵闸计算机控制系统智能化改造实践与经验
…………………………………………………………… 刘静森　戴志国　陈　健(134)
上海市郊区水利设施运行管理自动化改造需要注意的问题
……………………………………………………… 刘静森　王培兴　黄海雷等(139)

综合研究篇

2007年“罗莎”台风的几点启示 …………………………………… 黄　锋　徐　华(143)
崇明岛南沿滩涂的绿化改造工程 ……………………… 黄敏俭　郭景浩　沈　雄(146)
对崇明岛引淡(水)工程的建议 ………………………… 徐建英　黄力飞　张振声(151)
杭州湾北岸奉贤段滩涂演变分析 ……………………… 胡天英　陈　凯　白洪波(155)
杭州湾与黄浦江水位相关性初探 ………………………………………… 王德火(162)
河流信息档案系统的构建与实践探讨 …………………………………… 范群杰(166)
开展“万河整治行动”　提升农村水环境整体质量
……………………………………………………… 桑保良　刘静森　钱　伟等(171)
浅谈河道边坡水土流失成因及治理方案 ……………………………… 潘　龙(175)
浅谈生态护岸的形式和丹金溧漕河护岸改造的设想
…………………………………………………………… 陈　健　刘静森　顾秋平(178)
软弱地基常见的几种处理方法 …………………………………………… 王维维(183)

河 道 治 理 篇

“清水生态”演绎城市公园水景文化

——上海市天山公园湖泊水质改善与生态系统构建工程设计

汪 洋 杨小寒

（长宁区河道管理所）

1 引言

“清水出芙蓉，天然去雕饰”描绘了人们对清水生态型水景天然情趣的喜爱。然而，大量公园水体设计过多地注重于人工雕琢景观的考虑，往往忽略了水最本质的内涵元素：水质与水生态，其结果是外景虽美，水质却不断恶化，水中一片死寂，没有生气。事实上，很多公园水体夏季都有过藻类暴发的情况，如北京陶然亭公园、武汉的莲花湖公园、上海豫园等，藻体死亡不仅散发恶臭影响景观，同时释放的藻毒素严重影响水生动植物乃至人类的健康。因此，水质不改善难以保障公园亲水的安全性。

天山公园湖泊水质改善与生态系统构建工程设计突破传统水景设计的思路，结合水力学、生态学、环境工程学、水生生物学、景观工程学等多学科技术研究成果，针对湖泊污染严重、水质恶化、生态破坏的现状，以水质改善与生态系统构建为核心目标，采用系列生态工程措施，不仅保证湖泊水质达到国家对娱乐用水水质的考核标准，而且通过构建水生态系统提高水体的自净能力，确保湖泊长期处于健康状态，形成水体生态多样性，为湖泊水体良性循环打下基础；在此（清水生态）基础上，因地制宜构建水景观，宏扬水文化，为公众提供一片洁净、健康、生态的亲水空间与休闲场所。

2 严格控制污染源，阻隔水质恶化

根据表 1 的水化学指标分析，天山公园人工湖有机污染以及氮磷指标严重超过国家对地表景观娱乐用水所规定的水质标准，丰富的氮磷以及夏季高温为藻类疯长提供了良好的营养条件与生长条件，藻类暴发抑制了其他水生生物的生长，不仅影响水质并且严重破坏了湖泊生态系统。

表1　天山公园人工湖水化学指标(采样时间 2007 年 6 月 13 日)　(单位:mg/L)

采样点	分析项目					
	DO	COD_{Mn}	BOD_5	NH_3-N	TP	Chl a
小湖区	5.7	7.6	5.5	1.16	0.93	0.2
大湖区	2.1	9.6	6.3	2.3	0.79	0.12

如图1所示,天山公园湖泊污染主要来源于公园的雨水径流带入的污染物以及底泥释放,其中氮磷超标主要为道路面源污染物与公园内绿化施用的化肥、农药的残留物随暴雨径流进入湖泊所致。污染物年复一年地沉积于湖泥之中,并从湖泥之中释放到水体,底泥层既是污染的"汇"又是污染的"源"。欲保证湖泊水质不再继续恶化,必须严格控制污染源。

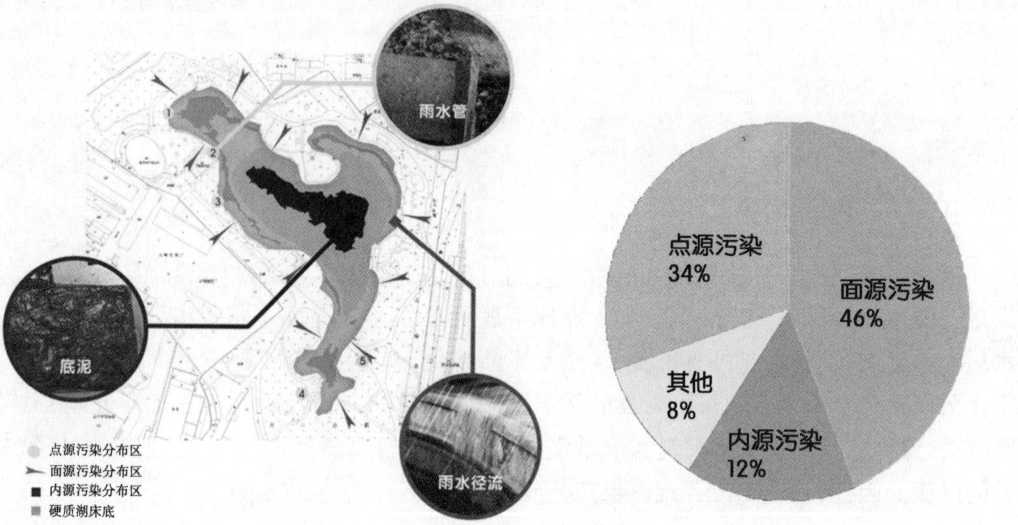

图1　天山公园人工湖主要污染源及其污染贡献率

2.1　全面的截污方案

由图1可见,外源污染(包括点源污染和面源污染)是水体营养盐最重要的来源,因此截污是控制水体富营养化的首要步骤。在公园内部,雨水径流污染是公园湖泊污染的主体,近湖区雨水直接流入湖泊,较远区域的雨水则通过雨水管排入湖泊,而沿途垃圾、化肥农药残留物等面源污染物则随着雨水直接进入湖泊,这些外源污染背景值高,对湖泊构成污染威胁的高压态势。上海已有的研究成果表明:上海中心城区路面径流的主要污染物为TSS和COD_{Cr},超出Ⅴ类水标准4倍多;总磷超出地表水环境Ⅴ类水标准2倍以上;另外,三态氮也有不同程度的污染。初期雨水中的污染物含量较高,是本工程关注的重点。

因此,本方案设计以生态截污沟工程为主、滨岸湿生植物拦截带工程为辅,将雨水管以及滨岸区面源雨水统一截入市政管网,可保障90%的截污率。与传统截污方法比较,具有如下特色:

(1)截污彻底。如图2所示,生态截污沟特殊的结构不仅将雨水管的污水截走,而且将面源污染基本截入市政管网，而一般截污管道只能保证点源截污。

（2）多种功能。本设计中生态截污沟可与沿湖道路改造相结合，位于道路之下；同时，截污沟的较大空间为湖泊提供调蓄容量。

（3）维护方便。生态截污沟的较大空间不易堵塞，部分盖板设计是活动的，便于打开进行垃圾清理。

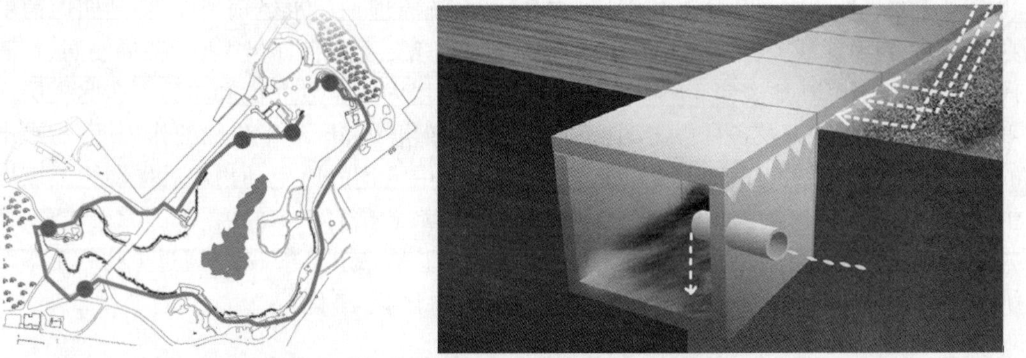

图2　生态截污沟工程分布以及截污示意图

2.2　底泥减量无机化处理措施

根据对底泥的初步调查，湖泊底泥有机物及氮磷污染严重。当湖泊环境发生变化时，底泥中的营养盐会重新释放出来进入水体，尤其是长期以来累积于底泥中的氮磷很多，在外来污染源存在时，氮磷营养盐只是在某个季节或时期会对富营养化发挥比较显著的作用，然而在湖泊外来污染源切断以后，底泥中的营养盐会逐渐释放出来，仍然会使园区湖泊发生富营养化。

富营养化湖泊底泥处理的常用技术包括底泥疏浚技术、底泥覆盖技术、底泥减量无机化技术。本设计采用底泥减量无机化技术进行底泥处理。

所谓底泥减量无机化技术，其核心是通过人工曝气，提高底层水体的溶解氧含量和水体温度，加速水体和底泥中污染物的降解，以去除污染。

与流行的底泥疏浚技术相比，底泥减量无机化技术具有避免二次污染、费用相对较低、利于湖底生境改善等优点，成为当今国际上推荐使用的底泥处理方法。

3　水质净化强化处理措施

“问渠哪得清如许，为有源头活水来”，天山公园湖泊是一个封闭水体，周边没有清水水源，为了保证湖泊水质达到景观水体水质标准，本设计改造湖泊东西两端的绿化草坪以及湖边半岛，构建生态型水质强化处理工程，为湖泊制造人工活水源；同时在湖区内部布置小型推流器，通过人工造流发送、打通半岛以及在湖边岸上布置叠泉、涌泉及复氧水道，使天山公园人工湖这个死水湖泊变为活水湖泊，水质得以改善，湖水不仅可供观赏，而且保证了亲水的水质安全性。

3.1　水质净化强化处理生态工程

水质净化技术多种多样，包括物理技术如引清调水、化学絮凝技术以及生态工程技术等。由于天山公园周边没有清洁水源，而化学絮凝技术运行成本较高并且产生二次污染，因此本设计推荐采用生态工程进行水质强化处理，在公园的东西两端布置两处土壤渗滤系统，在北边的生态岛设计垂直流人工湿地，以及在湖边结合水景设计叠泉、涌泉增加曝气复氧的功能。

3.1.1　土壤渗滤水质改善工程

土壤渗滤系统是基于自然生态原理，以节能、省资源作为指导思想，予以工程化、实用化而创造的一种污水净化工艺技术（见图3）。系统原理是污水经预处理后，其四周铺填料层，其下为毛管砂层，污水通过砂砾的毛管虹吸作用，缓慢地向上升并向四周浸润、扩散而进入周围土壤，在地表向30～50 cm深度的土壤层内发生着非饱和渗透。在此土层内聚集着大量微生物以及各种微型动植物。在需氧微生物和厌氧微生物的作用下，污水中的有机污染物被吸附、降解，达到净化的目的；土壤中大量的原生动物和后生动物又以微生物为食料；伸入土层中的植物根系则吸收由于污水矿化而产生的氮、磷等无机养分，作为其生长所需的营养。因此，土壤渗滤净化沟基本上是一个生态系统，通过生物－土壤系统的复杂而又相互联系和制约的作用，最终使污水得到了净化。

3.1.2　垂直流人工湿地

人工湿地的原理是利用自然生态系统中物理、化学和生物的三重作用来实现对污水的净化（见图4）。在床体的表面种植具有处理性能好、成活率高的水生植物（如菖蒲、鸢尾等），形成一个独特的动植物生态环境，对污染水进行处理。其特点之一是对有机污染物有较强的降解能力。废水中的不溶性有机物通过湿地的沉淀、过滤作用，可以很快地被截留，进而被微生物利用；废水中可溶性有机物则可通过植物根系生物膜的吸附、吸收及生物代谢降解过程而被分解去除。由于这种处理系统的出水质量好，适合于结合景观设计，种植观赏植物改善风景区的水质状况，其造价及运行费远低于常规处理技术，这种技术已经成为提高公园水体水质的有效方法。

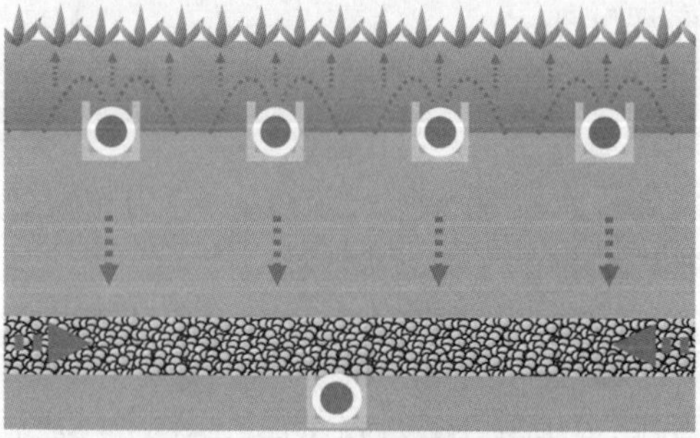

图3　土壤渗滤系统示意图

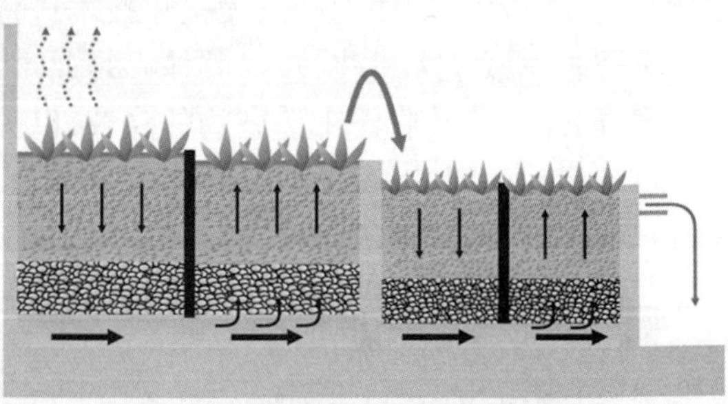

图4　人工湿地水质净化示意图

3.1.3　曝气复氧

曝气复氧的目的主要有三个：第一个目的也是通常能够达到的，就是在不改变水体分层的状态下提高溶解氧浓度；第二个目的是改善冷水鱼类生长环境和增加食物供给；第三个目的是通过改变底泥界面厌氧环境为好氧环境来降低内源性磷的负荷，其他附带的目的或者效果还包括降低氨氮、铁、锰等离子的浓度。

3.2　水循环系统调活湖泊水体

天山公园湖泊是一个相对封闭的水体，多数时间里水动力不足。暴雨之后营养负荷的增加或高温季节底泥释放营养负荷的速率加快,更需要给予动力促进水体流动,促进水体生物化学的反应和平衡,促进水生生物链对营养污染物的吸收转化和消化利用,达到流水不腐之目的。

如图 5 所示,土壤渗滤系统 1 处理的清净水源经推流形成西北部湖区环流,土壤渗滤系统 2 处理的水经推流后形成桥以东整个湖区环流;叠泉、垂直流人工湿地以及涌泉是湖中心区域循环水流的水处理中心。

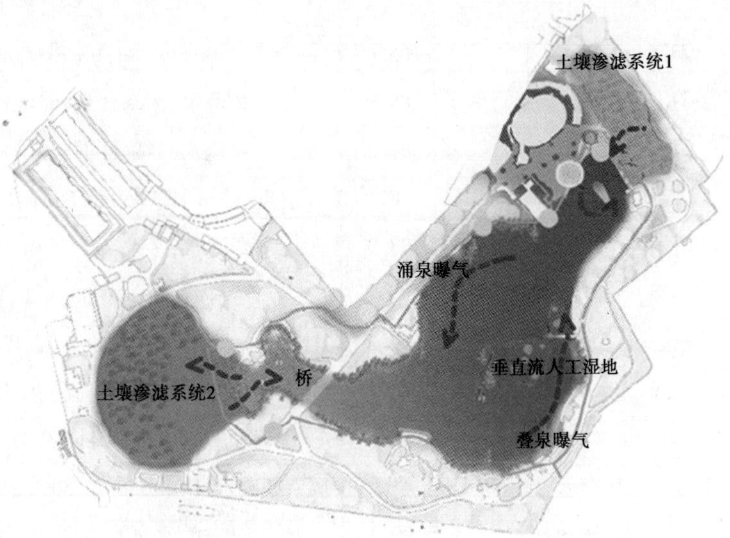

图5　水循环系统

4　生态系统构建促进水体良性演化

从生态学角度看,受损水环境实质是水生生态系统结构和功能的退化,本质是生态元之间的链接断裂或弱化,使系统网络结构破碎,生态链断裂。生物多样性的丧失是水环境受损的关键和核心,其典型表现就是富营养化水体发生的蓝藻水华,因而受损水环境的修复途径需从保护和恢复生物多样性入手,引入植物和动物,尤其是一些关键物种,重建食物链结构。生态控制法相对来说成本较低,而且不用机械、能源,不引入化学物质,没有二次污染,是目前水环境修复主要趋势之一。

4.1　水生植被构建(清水生态生产者)

水生植被重建是天山公园湖泊水质改善与生态系统构建工程的主体工程措施之一。水生植物能大量吸收和降低水中和底泥中的氮、磷等营养物(见表 2),为水中营养物质提供了输出的渠道;水生植物可以抑制藻类的生长,控制蓝藻水华的发生;水生植物还是水体生产力的主要物质基础,能为许多水生动物提供栖息生存、繁衍生存、索饵育肥的场所,从而提高水体生物多样性;水生植物为水体提供大量氧气,提高水体自净能力,提高透明度,改善景观。因此,国内外从 20 世纪 70 年代以来对此进行了广泛的研究。在国内,利用大型水生植物特别是沉水植物来治理富营养藻型湖泊(水库)的方法引起了人们的重视,已经在滇池、太湖等地进行了实际应用研究,并取得了较好的效果。

表2　部分水生高等植物对氮磷等无机和有机营养物去除利用效率　　（%）

水生植物	COD	BOD	NH_3-N	TP	测定条件
荸荠	67.5	89.6		83.3	60L水,4d,10cm土,华南
菖蒲	55.1	78.3		70.2	60L水,4d,10cm土,华南
灯心草				59/16	重/轻污水,TN50/4.58mg/L,8d,杭州
荷花	13.8		12.5	33.8	7～10月,公园,华北
黑藻	73.4	88.2		85.6	60L水,4d,10cm土,华南
狐尾藻	24.8			88.9	鱼池水,冬季,1月,60L水,杭州
金鱼藻	37.3			81.5	鱼池水,冬季,1月,60L水,杭州
空心菜				82	重/轻污水,TN50/4.58mg/L,5d,杭州
苦草	37.3			88.9	鱼池水,冬季,1月,60L水,杭州
菹草	88.8				轻污水,COD 80mg/L,华中
芦苇	-3.6			57.3	TN2.5mg/L,TP0.2mg/L,8月,10L水,6d,杭州
马来眼子菜	49.9			44.4	鱼池水,冬季,1月,60L水,杭州
石菖蒲				30.6	2月生长后,TN 2.42mg/L,TP0.17mg/L
水葱		83.2	48.4	45.9	屠宰厂废水,BOD 230～1 500mg/L,氧化塘处理
菰	63.1	76.9		90.1	60L水,4d,10cm土,华南

天山公园湖泊水生植被工程包括滨岸水生植物带构建与浅水区湿地构建。

(1)滨岸水生植物带构建。结合硬质驳岸的生态改造工程,沿湖岸种植一条宽1m左右水生植物带,根据水生植物习性,以及景观的效果进行水生植物群落多样性的配置。

(2)浅水区湿地构建工程。将原硬质湖床进行改造,构建由挺水植物、浮叶植物与沉水植物共同组成的浅水湿地。

4.2　水生动物种群构建(消费者)

除了利用水生植物对富营养化水体进行治理外,根据水生态系统食物链原理(见图6),在富营养型水体中可通过放养滤食性鱼类及螺蛳、蚌等底栖动物,一方面可以实现

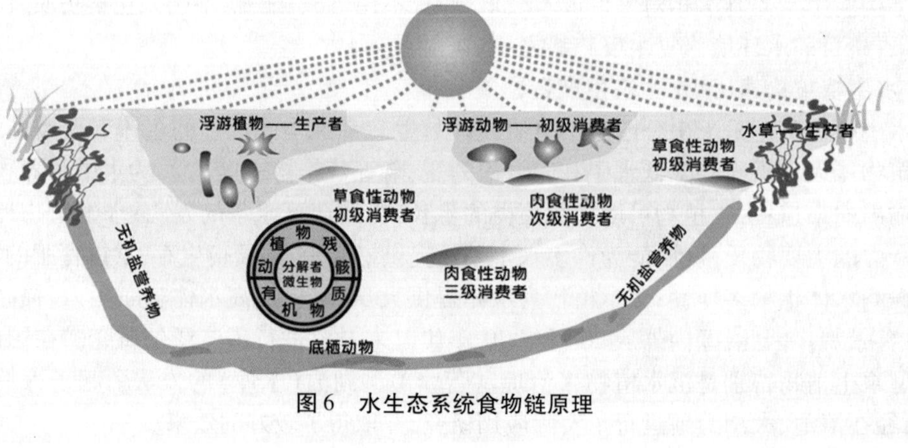

图6　水生态系统食物链原理

生产力的转换；另一方面能控制水华的发生，同时，这也是恢复和维护健康水生态系统所必需的。关于利用浮游动物摄食浮游藻类的效果，研究表明在实验室规模水平上，对控制藻类密度可以达到很好的效果；而事实上，水体天然条件、水生态系统演替的阶段特征和藻华优势种决定浮游动物的效果（《滇池蓝藻水华污染控制技术研究报告》内部资料）。近年来，利用鲢、鳙等滤食性鱼类对水华进行控制的方法引起了人们的重视。我们在天山公园人工湖通过投放鲢、螺、蚌等水生动物，以消费浮游植物、有机碎屑、腐碎、细菌，起到了维护生态平衡、净化水体的作用。

4.3 土著微生物种群驯化（分解者）

选取底泥中特定的微生物进行人工培养富集，主要有硝化细菌、反硝化细菌，并将富集的微生物反投于湖泊中心，配合底泥处理微孔曝气装置，加速底泥有机物的分解。

5 清水生态演绎水景文化

通过以上系列措施，天山公园人工湖已然面貌一新：湖水清澈，生机盎然，处处焕发出生机与活力。公园是公众休闲、游玩的场所，公园水体除了满足“水安全、水资源、水环境”的功能之外，“水景观、水文化”也是其重要的组成成分。本设计在“清洁、健康、生态”的湖泊水体基础之上，以景观布局的手法沿湖布置以水生态、水文化为主题的水景小品，其中包括以水生态为特色的西潭、秋水池；以活水源为基础的百合谷、翡翠矶；以涌泉、瀑布为主的北泉、一流涧水以及以人文景观为特色的军舰岛景区等（见图7）。通过发掘其积极向上的文化内涵，使游客在轻松游园的同时，无形中得到一种文化的熏陶和精神的洗礼。

图7　天山公园人工湖总效果图

6 结语

清洁、健康、生态良好的水是城市公园水体的灵魂，只有健康的水才能保障公众的亲水安全。天山公园湖泊水质改善与生态系统构建工程设计以保障水质安全、恢复水生态为核心，通过恢复早年赤脚下湖亲水戏水的场景，真正体现了人水合一的自然本色。

上海地区水资源开发利用与城市水环境建设问题与对策

——调水专题研究

李珍明

（上海市水利管理处）

1　情况分析

1.1　河道水闸现状

上海内河水位一般为2.5～3.0m，内河水体在自然状态下的流速非常缓慢，从上游挟带的泥沙及各种垃圾就在内河床中沉淀下来，日积月累，河道淤积阻塞，水体变黑发臭，引起河床上升，市郊河道黑臭现象曾一度较为普遍，水环境状况令人担忧，虽然近年来进行了大规模的河道清淤，但由于本市河道面广量大，水环境治理工作任重道远。据统计，2006年全市现有河道33 127条，长24 915km，湖泊26个，面积73.1km^2，河道（湖泊）总面积642.7km^2，河面率为10.1%，在对617.9km的河道评价中，Ⅴ类和劣Ⅴ类水河长共占70%，河道水质现状不容乐观。全市现有水闸1 991座，大部分水闸参与引清调水。

1.2　引清调水情况

从20世纪80年代开始的引清调水根据"截污、疏浚、调水、治岸"的河道综合整治工作要求，在保证防洪除涝安全的前提下，以改善主要河道水质为目标，充分利用潮汐动力，对群闸群泵进行科学合理的调度，促使内河主要骨干河道水体定向、有序流动，从而带动其他中小河道水体有序流动，增加河网水体的更换次数，有效改善内河水质。由于上海东部临海，沿海水位高潮时在5m左右，低潮时在0.0m以下，是调水最为有利的条件，上下游河道水闸利用潮差进行引排水，使内河水体得到置换，改善水质，但由于调水调度方案的执行情况和结果得不到有效监督，调水效果大打折扣。上海市水闸泵站自动监测系统建成后，将对全市主要调水调度水闸的内外河水位、闸门水泵运行工况等进行实时监测，确保了调水措施落到实处。据统计，2006年全市水闸引排水量均为57.2亿m^3，引清调水已经成为科学合理利用水资源、改善河道水环境质量的一个重要手段。

1.3　监测系统情况

上海市水闸泵站计算机自动监控系统一期工程——上海市水闸泵站自动监测系统于2003年汛前基本建成并投入运行，实现了对控制全市大陆片80%以上水资源量的89座一线重要水闸的内外河水位、闸门水泵的运行工况等数据和闸站现场实景图像信息的实时监测，各闸站的水情、工情得到了直观、实时的反映，在市中心和9个分中心都能观测到闸站的实时数据和图像信息，为调水工作提供了强有力的技术支撑。通过研究各主要水闸的内河水位和外河水位情况，充分利用潮汐动力，引水水闸在涨潮时开闸引水，排水水闸在落潮时开闸排水，潮差不足的引水水闸则通过水泵来引水，通过多个跨区域的闸门水泵的联合调度运行，实现河道内水体的定向流动，达到引清冲污改善河道黑臭现象、控制污染源的传播、保护水源地、科学合理利用水资源的目的。通过监测系统提供的水位闸位数据生成的组合曲线图可以明显地看出各个水闸的引排水情况。图1为龙华港水闸的排水情况。

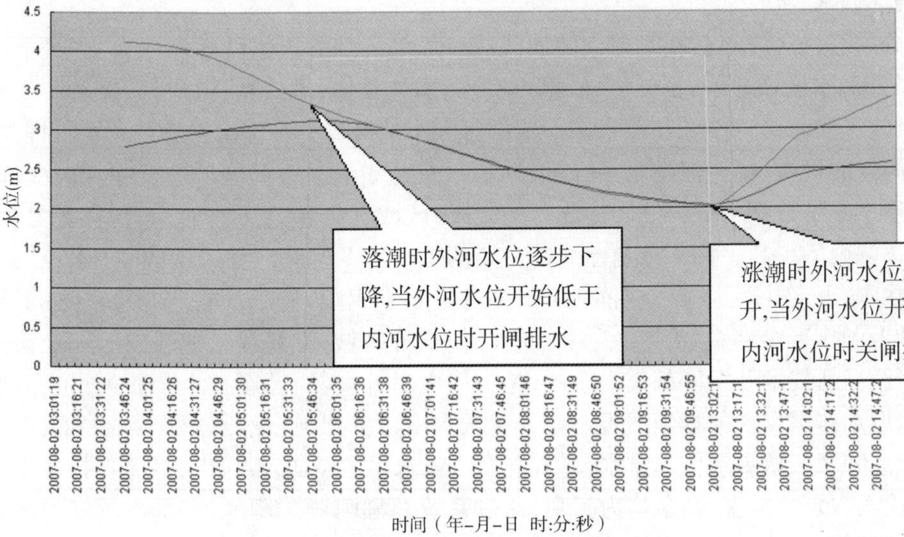

图1　龙华港水闸的排水情况

上海市水闸泵站自动监测系统仅能提供89座一线水闸的内外河水位、闸门水泵运行工况和闸站现场实景图像等信息，对于河道水体的水质、流量等方面的自动监测系统目前尚未建立，不利于引清调水工作的宏观决策和指挥调度。

2　引清调水

近年来上海建设了大批景观河道，开展了人规模的河道疏浚整治工作，水环境面貌得到了一定程度的改善，水闸建设也逐步向现代化方向迈进，除水闸的土建、机械方面进行了改进，许多新建水闸都建设了本地和远程的自动监控系统，以方便水闸的操作管理和运行调度。但要从根本上解决上海的水环境问题，需要充分利用潮差动力对全市河道水闸进行宏观调度，开展大规模的引清调水工作，根据调水所涉及范围的大小，初步将引清调水分为三种类型。

2.1　小循环调水

水体在一个较小的区域内进行的循环流动可称为“小循环调水”。近几年，“亲水楼盘”价格猛涨，小区中心花园的一泓清水成了“风水宝地”，但也有人担心时间一长清水会变成“臭水坑”。如何让遍布全市的大大小小的水景“流动、洁净”，是个需要长期努力才能实现的目标。众多的水景中，能够长期保持洁净的主要方法是使水体在一个小的区域内形成“小循环调水”，保持水体的常年流动、自然活力并在循环中得到净化。如松江五库通过植物净化循环水的成功经验值得在众多小区域水景建设中推广，松江五厍生态净水池是利用生物技术对污水进行处理的工程，通过美人蕉等作物的根系吸收以及砂石过滤及其他一些生物工程措施，使原本污黑混浊的水变得清彻明亮。与传统概念上的污水处理截然不同的是，生态净水池采用生物技术进行污水处理，再看不见污黑混浊的水，代之以净水池边的美人蕉、铁树、弧形水池，采用水泵动力形成水循环通道，清清净水川流不息。

2.2 中循环调水

在部分中心城区或水系相对独立的地区进行局部范围的水体循环可称为“中循环调水”。中循环调水区域适中、目标明确、重点突出、措施具体，见效快、效果好，能及时发现问题，加以改进和总结。中循环调水在一些中等大小的区域分多个水系进行调水，目前主要对苏州河以北区域、杨树浦港水系、虹口港水系及龙华港水系等区域进行综合调水，徐汇区龙华港水系综合调水取得了较为显著的效果，区域内众多河道一改往日黑臭现象，水质有了较大幅度的提高。龙华港是淀北片重要的排水骨干河道，全长3.8km，集水范围包括苏州河和本市老市区以南，淀浦河以北，青松控制片以东，黄浦江以西，总面积约180km^2，涉及长宁区全部、徐汇区大部和闵行区的部分区域；上海最早的开发区如虹桥开发区、漕河泾高新技术开发区都集中于此，是一个以对外贸易、高新技术产业为重点的极重要地区，但水体黑臭现象相当严重。在这次调水中以苏州河沿线水闸作为主要引水口门，以龙华港和张家塘泵闸作为排水口门，与龙华港水系水资源调度相关的重要控制水闸共有10座，其中泵闸4座，其余均为套闸，通过系统的群闸群泵调度，将水质较好的水引入，冲走滞留于龙华港内的黑臭水，调活河网水系，全面提高了龙华港水系的河道水质。

2.3 大循环调水

在全市范围内多个水系实行的跨区域水体循环调度可称为“大循环调水”。上海按水系划分为14个水利片，目前具有调度控制能力的水利控制片有8个：青松片、嘉宝北片、淀北片、蕴南片、浦东片、崇明岛片、长兴岛片和横沙岛片，因三岛水利片相对独立，按其自身引排水规律进行操作，故引清调水主要针对其余5个水利片。由于跨区域引清调水涉及大量的水利工程设施的联合调度，并涉及全市河网和外围水域的水流运动和污染源移动，必须进行总体规划，设定严密的边界控制条件，包括水闸工况条件和河道控制条件、片内外水位控制条件、降雨控制条件、引排水口门和外部的水量水质控制等，同时考虑上下游各片之间的水量补给和水质的变化情况，以此来制定各水利片的总体调度原则，并在确保防汛安全的基础上加以实施。以下以青松片、淀北片、浦东片、蕴南片为例介绍。

青松片：黄浦江沿线水闸和淀浦河西闸为引水口门，淀浦河东闸为排水口门，西引东排、南引北排。

淀北片：淀浦河沿线水闸为引水口门，龙华港泵闸为排水口门，从南北引，向东排。

浦东片：黄浦江下游杨思水闸以下各闸、大治河东闸及杭州湾沿线各闸作为排水口门，黄浦江中上游杨思水闸以上各闸、长江口浦东新区各闸作为引水口门，以西引东排、东引北排为主。

蕴南片：调水分苏州河以北、虹口港水系和杨树浦港水系三个区域进行，黄浦东沿线水闸以引水为主，蕴藻浜东闸下游沿线水闸为排水口门，南引北排。

除了各大水利片的调度外,还有涉及多个水利片联合调度的主要水系大循环调水,如苏州河水系的引清调水就涉及青松片、嘉宝北片、蕴南片、淀北片等几个水利控制片,需要实行对多个水利片的联合调度。以苏州河为轴心分苏北片和苏南片两个片进行的东引南北排方案就是引黄浦江清水资源进入苏州及沿线内河的苏州河水系调度方案(见图2)。

苏北片:苏州河沿河水闸引水,通过蕴东水闸、郝桥港泵闸、西泗塘泵闸等水闸排出。

苏南片:苏州河沿河水闸引水,通过淀东水闸、张家塘泵闸、龙华港泵闸等水闸排出。

图2　苏州河水系引清调水示意图

通过十几年的整治,苏州河河水从臭不可闻到现在的清彻见底,水质得到明显改善。

对于黄浦江水源地的保护则通过监测系统的实时监测杜绝了沿线水闸将污水排入黄浦江上游饮用水水源地的事件发生,为保护饮用水水源地提供了科技手段。

3　对策措施

(1)完善自动监测体系。上海市水闸泵站远程监测系统实现了对全市大陆片89座一线控制水闸的内外河水位、闸门水泵运行工况等数据和闸站现场实景图像的远程集中监测,还需建立并完善对全市范围内的河道水体的水质、流量等方面的数据监测体系。

(2)建设空间地理信息系统。从1998年水资源普查的GIS地理信息系统单机版到监测系统GIS信息系统网络版,GIS的表现形式紧跟计算机技术的发展潮流,基于水位、闸位、地面高程、断面水体流向等空间信息对调水调度分析决策的重要性,下一步需要向三维空间Webgis方向发展。

(3)建立河网水力水质数学模型。通过河网水力数学模型的运算,根据当前的河道断面、河道槽蓄容量、防汛墙标高、潮汐变化规律、区域降雨量、径流量、引水量、排水量等基础条件,模拟在不同闸门水泵运行工况下的不同结果,精确分析河道水体的流向、流量和水质变化情况。

(4)建立健全引清调水专家系统。对历年来的引清调水经验加以总结提高并上升到规则的程度,一旦有与此相类似的情况发生,系统则立即自动弹出相应的经验化调度规则,并增加系统自学习、自适应的功能,对每次执行调度规划后的成果进行分析提炼,对规划本身进行修改和完善。

(5)建立引清调水决策支持系统。通过河网水力数学模型的运算和专家系统的规则、经验和预警机制,综合分析考虑各方面的情况,形成一整套引清调水决策支持系统,使之能够较好地应用于引清调水的实战过程,以便根据每次情况的变化选择最佳引清调水方案进行操作执行。

(6)实现对水闸泵站的智能控制。应用最新的计算机系统集成技术、数据库技术、信息管理技术、专家系统分析技术、决策支持技术及网络通信和远程监控等技术,在监控中心通过专用软件并集成各种成熟的成品软件对各种信息进行综合分析决策,选择最佳引清调水方案,下达到各闸站自动执行。

参考文献

[1] 上海市水务局,上海大学. 上海市水闸泵站计算机自动控制系统可行性研究报告[R]. 2001.

[2] 上海市水务局. 上海市水务局信息化规划[R]. 2002.

[3] 上海市河道(水闸)管理处,同济大学. 上海市河道水闸行业信息化规划[R]. 2003.

崇明北滩湿地水环境改善的对策研究*

施欢恩　俞富斌　张振声

（上海市崇明滩涂生物研究会）

湿地、森林、海洋被称为世界三大生态系统。崇明岛是沙洲、滩涂、湿地的产物。崇明岛由长江口沙洲、滩涂、湿地逐渐演变成为中国第三大岛，它经历了 1 300 余年沙洲涨坍、湿地发展、滩涂围垦演变的历史。20 世纪 50 年代初崇明岛的面积为 608km^2，50 余年来通过种青、促淤、造地，崇明岛的面积扩大了一倍多，达到了 1 230km^2。

崇明岛现有滩涂面积在 84 750hm^2 以上，其中 0m 线以上的滩涂面积约 21 178.8hm^2（2004 年统计）。河口滩涂具有湿地的所有特征，生物资源十分丰富，属特殊型湿地。本文着重对北滩湿地圈围后水环境变化，以及产生的影响进行对策研究。

1　北滩湿地水环境的历史演变

1.1　长江北支水道河槽的变化

崇明北滩，濒临长江的北支。20 世纪 20 年代初，长江径流量的 25% 通过北支入海，而现在进入北支的径流量不足 3.0%。由于上部分流口萎缩，加上北支涨潮流强劲，落潮流较弱，是一条有涌溯涨潮槽性质的河道，所以尽管长江下泄的泥沙减少了，但外海的泥沙却随涨潮进入北支，又在地球柯氏力的作用下落潮流偏南泄出，致使北支南岸淤涨很快，水道缩窄，涨潮流上溯加剧，致使北支倒灌盐、倒灌砂的现象非常突出。

根据实测资料，长江北支 0m 以下河槽容积 1915 ~ 2000 年的变化情况见表 1。

表 1　长江北支 0m 以下河槽容积 1915 ~ 2000 年的变化情况

年份	断面体积（亿 m^3）	淤积量（亿 m^3）
1915	26.05	0.139 3
1958	20.60	0.455
1970	14.60	0.778
1979	13.90	0.22
1983	12.40	0.16
1991	11.09	0.343
2000	8.00	

* 本文经中国工程院院士、国际欧亚科学院院士陈吉余教授亲自审阅修改。

可以看出，北支水道淤积速率不断加大，河槽容积不断减小。20世纪80年代以来河床的淤积虽有所减缓，但由于北支在以涨潮流为主的河道特性情况下，其淤积的趋势仍会继续。由于涨潮流偏北，落潮流偏南，河岸南淤北坍也是一种必然的趋势。

1.2 北滩湿地的范围与特点

崇明北滩湿地的范围，东起北八效水闸，西至跃进水闸的外滩，其中包括黄瓜一沙（部分）、二沙、三沙、四沙、五沙及无名沙，南至崇明北沿一线大堤。东西长约77km。南北宽2～3km的滩涂及省市界南侧的水域面积共为160多km^2。

北滩湿地的特点是：水流缓，淤涨快，滩面宽，沙洲多，水质咸多淡少，全年7、8月是盐淡水混合的咸水，西部咸水时间相对于东部时间稍短，北支有宝贵的潜在土地资源和丰富的生物资源。

1.3 北滩湿地的生物资源

长江口北支是部分经济鱼类仔幼鱼的栖息地，同时两岸的广阔滩涂又为植物的生长和鸟类的栖息提供了良好的条件。现有生物资源十分丰富，有大量具有经济价值的游泳生物、底栖生物、浮游生物、潮间带生物以及陆生经济动植物。

（1）游泳生物（鱼类）。北支共收集到鱼类93种，其中多数为半咸水鱼类及海水种类，包括国家重点保护鱼类如中华鲟等名贵品种。中华鲟、鲥鱼、刀鲚、凤鲚、前颌间银鱼等河口洄游性鱼类主要由长江南支入海或溯江而上，成鱼阶段它们在长江北支的栖息时间不长，很少经北支通道往返江海之间。重要的经济种苗资源有河鳗苗、中华绒螯蟹蟹苗等，近年种苗产量有下降的趋势。

（2）底栖生物。滩涂底栖生物基本上属浅海广盐性种类，多毛类在种类组成上居于首位，甲壳类种类组成次之，但数量大、分布广、经济价值高，特别是中华绒螯蟹蟹苗在长江的北支是重要的渔场。

（3）浮游生物。北支水域的浮游植物种类以广温广盐为主，并以硅藻占绝对优势。主要种类有直链藻属、中肋骨条藻、园筛藻属。长江口北支盐度高，桡足类是本区浮游动物的主要组成部分，主要种类有中华哲水蚤、真刺唇角水蚤、中华假磷虾、火腿许氏水蚤等。

（4）潮间带生物。长江口潮间带生物主要分布在南支滩涂，北支十分贫乏，其中具有较大经济价值并可开发利用的仅有缢蛏一种。

（5）植被。北支一带植物群落主要由芦苇、海三棱镳草群落、粗叶苔草群落等组成，其中以芦苇群落分布最广、生长力最强，芦苇面积约达866.67hm^2，占全县的44%，芦苇丛是候鸟的家园，既有极大的生态效益，又有防风消浪护岸的功能，还有经济效益。

（6）鸟类。据统计，北支一带鸟类共108种，主要属于行禽和水禽两大类。这些鸟类中，冬候鸟达44种，约占41%；旅鸟47种，约占44%，其余为留鸟和夏候鸟。北支一带的鸟类中，有不少珍稀种类，被列入《国家重点保护野生动物名录》中的鸟类有11种，其中属于一级保护的有2种，即白鹳和白头鹤；二级保护的有9种，即黑脸琵鹭、灰鹤、白枕鹤、小天鹅、大天鹅、白额雁、鸳鸯、小杓鹬和小青角鹬等。

2 北滩湿地促淤圈围现状

北滩湿地自1956年以来，通过种青促淤造地已圈围了38 250hm^2耕地。先后设置了

8 个市属国营农场和 1 个新村乡。上海市“十一五”期间，在北滩湿地将要实施圈围 15 000hm^2。这个计划 2003 年已经开始启动，它的全称是“崇明北沿促淤圈围工程”。该工程西起黄瓜沙夹泓上游永兴坝（启东市管辖），东沿省市分界线，经三通港、四通港、五通港、黄瓜五沙（包括无名沙）至东旺沙水闸外滩，南到崇明北沿大堤段。总体工程设 1 条顺坝、11 条隔坝，总长 24km，造地 15 000hm^2。崇明北沿一期圈围主体工程已经完成，它包括永兴坝、三通港封堵、黄瓜二沙高滩圈围大堤以及黄瓜二沙夹泓围堤工程，圈围堤线总长 7 220 余 m，圈围总面积 3 000 多 hm^2，其中水面积 1 760hm^2，构成了当前上海第一人工湖——“北湖”。2006 年 2 月封堵五通港、连接无名沙的“崇明北沿二期促淤圈围工程”已开始动工。

3　北滩湿地促淤圈围工程对水环境的影响

3.1　彻底改变了崇明岛水系南引北排的布局

崇明岛的水系，50 多年来，按照涨落潮汐的客观规律，重整沟河，通过并港建闸，分级治理，纵横成网，已初步形成了“一环 29 竖 27 闸”、“南引北排”、“西水东引”的格局；基本达到了日降雨 200mm，24 小时不受涝，引排自如，旱涝保收的标准。

崇明北沿圈围工程计划的实施，将致使崇明老效港北水闸以东的长江、前进、堡镇北、四效北、六效北、八效北等 6 座水闸封堵，同时闸外 19 座出港涵闸也由此报废成旱闸。被封堵的闸涵，孔径达 93.4m，占全岛闸涵孔径的 24.7%。北部地区 450km^2 约占全县面积 37% 的引排水的格局被打乱，形成引排水死角。

3.2　造成了新的低洼易涝区，加大了防洪排涝的压力

崇明地势平坦，沟河均为平底河道，水流靠潮汐落差比降流动，离口门距离越近，水流越快；反之，水流越慢。一旦沟河水位偏高，引排历时增加，农作物就要受涝受淹。

崇明北沿涵闸封堵后，按现有的沟河条件，将北部地区的引排水量寄托在北横引河进行“西引东排”或“南引南排”的设想上，从理论上和实践上都是行不通的。因此，北部地区一旦暴雨、洪水、高潮三碰头，很可能出现一片汪洋，其后果难以设想。

3.3　加速了长江北支咸水倒灌的威胁

随着北滩圈围工程的实施，加速了长江北支的缩窄，加大了咸水倒灌的流速，延长了咸水包围的时间。据南通市水文水资源局提供的资料，2001 年以来青龙港、三条港平均高潮位每年提高 0.10m 左右，既增加了北部一线大堤的防汛压力，又影响了北口水闸的排涝能力。又根据崇明县水利工程管理所、水文站资料，崇头北跃进水闸 2001 ~ 2004 年春季同期水质咸度对比：2001 年平均为 397 度，2004 年平均为 571 度，圈围后水质咸度提高了 43.8%。崇头南新建水闸 2001 年氯化物超标天数为 20 天，2004 年氯化物超标天数为 37 天，圈围后氯化物超标天数增加了 85%。因此，长江北支咸水倒灌的威胁不能忽视（见图 1）。

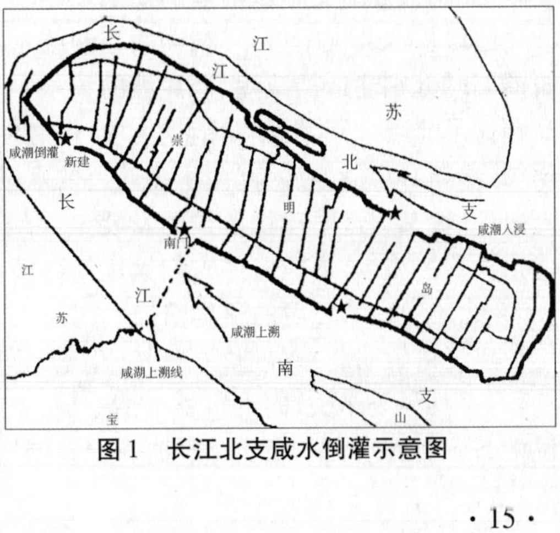

图 1　长江北支咸水倒灌示意图

3.4 严重影响了北滩生物多样性

北滩湿地的圈围，使崇明岛的湿地面积缩小了91.7%，又大大削弱了该地域的生态效应，对生物多样性产生了很大影响，北滩水域原来盛产的鲈鱼、鳍鱼、弹涂鱼、海瓜子，现在明显减少了。事实证明，开发容易恢复难，湿地生态保护涉及面广量大，涉及人和自然的和谐发展，涉及崇明子孙后代的利益，是一项绿色工程、人文工程，意义深远。

3.5 北滩水上运输业阻塞，咸水养殖业受损

随着北滩圈围工程的实施，直接堵塞了长江、前进、北堡三个与启、海水上运输的港口码头，隔离崇明与启、海间的水上通道，影响了崇、启、海三地经济发展和人文交流。

目前，北滩湿地有闻名全国的中华绒螯蟹养殖研究所、河豚鱼养殖基地等，咸水养殖面积达1 070多hm^2。北沿圈围后使它们面临破产失业的危险境地。

4 北滩湿地水环境改善的对策

4.1 全方位协调开发规划

要树立科学发展观，统筹人和自然的和谐发展，统筹"崇明北沿圈围促淤工程"和"崇明生态岛建设"的和谐发展，走生态保护、生产发展的道路。积极开展北滩湿地圈围封堵的科学研究，要坚持以人为本，坚持先治理后开发，先给出路后封堵的原则，开展全方位的科学调查、科学分析，制订科学的切合崇明实际的封堵方案。

4.2 合理布局崇明北沿的水利设施

在"南引北排""西水东调"的总框架内，必须延长河道出口，提高河道断面标准，迁移排涝水闸，增加排涝机电设备，改善北沿水质，恢复生态平衡。要与崇明三岛规划相匹配。北滩湿地所处定位是"崇北分区"以生态农业为主的规模农业区和战略储备区。

4.3 慎重面对促淤圈围的湿地

已封堵的北湖区域内的长江水闸，应延伸东平河至黄瓜一沙，水闸迁建至黄瓜一沙外口。前进水闸封堵圈围后可从张涨港延伸，再建新水闸出口。在往东圈围的同时，必须开通原有的各闸出口与北横引河连通，确保南引北排。

当务之急是，在促淤工程过程中，解决北堡水闸的出口问题，应建导水坝，保持港口的正常通行引排。北四效港暂建排涝涵闸，在促淤过程中采取各项应对措施。

4.4 控制长江北支咸水倒灌的规划设想

建议长江北支闸桥并建，彻底控制咸水，解除泥沙倒灌的威胁。在建造崇启、崇海大桥的同时分别建造挡咸潮、挡泥沙的大水闸，桥闸一并建成，既解决了崇启、崇海口通道，又挡住了北支咸潮、泥沙向南支倒灌，彻底使崇明岛摆脱了受咸水包围的困境。采用涨潮闭闸、落潮开启的办法，利用水位落差的水动力疏通了航道。改善水环境，既创造了鱼类繁殖环境，又促进了珍稀鱼类的发展，还可增添长江北支的旅游景观。抗旱时，东闸关闭能拦蓄长江淡水，形成可供人们饮用的贮蓄水库，真是一举多得的大好事。

4.5 北滩湿地水环境的科学研究

建议将崇明北滩湿地"水环境、生态环境的恢复工程"和"长江北支咸水倒流的控制工程"由县科委牵头，向市科委申请立项，组织专人开展课题攻关，进行可行性研究，为建设生态岛，营造世界一流的绿色"海上花园"服务。

金汇镇泰梅港东段综合治理

张福春[1]　胡天英[1]　徐德明[2]

（1. 奉贤区水利工程学会；2. 奉贤区河道管理所）

1　前言

泰梅港是金汇镇区域内一条东西向的重要河流，在该区域的引清排污、农业生产、渔业生产等方面发挥过重要作用。随着城镇建设与工业的快速发展，泰梅港东段受到了严重的污染，河道水体发黑发臭，严重影响了周边地区的农业生产与居住环境，人民群众要求治理泰梅港的呼声越来越高。

泰梅港综合治理的目的是控制点污染、清除河道黑臭、防止二次污染、给周边居住区的人民群众一个良好的水环境；沟通水系、引清排污，体现河道的连、通、畅，增加水体的动力与活力，给周边地区的工业取水、水产养殖、农业灌溉提供安全、合格的水体；疏拓河道、增加河道的调蓄功能，以满足特大暴雨时的抗灾排涝需要。

2　调查状况

对泰梅港东段的河道黑臭现象作深入调查分析，基本情况如下。

2.1　自然环境

（1）水系。泰梅港是金汇镇北部区域一条东西向的、十分重要的镇级骨干河道。东与区级河道航塘港连接，西与区级河道泰青港贯通，全长4.89km。距泰梅港南侧并行1km处为镇级骨干河道人民港；而泰梅港北侧区域直至南汇区区界已无骨干河道。同时泰梅港流经区域还贯通着四条南北向的、重要的镇级骨干河道，由西向东依次为泰东港、中南河（一号港）、泰中港、青龙港。

（2）道路。区域内交通主干线航南公路与泰梅港西端斜交，在泰梅港东端则有交通主干线航塘路横穿而过（本次工程治理的重点即为航塘路两侧1.51km长的河道）。沿泰梅港河口线北沿，筑有5m宽的北横路，是连接航塘路、航南路的重要通道，也是通向各相邻村、住宅区的主要干道。

（3）单位与住宅区。泰梅港交航塘路区域有几家较大规模的厂家、企业，其中对泰梅港影响最大的是上海申光化工厂，而泰梅港东段的黑臭水体反过来又影响了这些厂家、企业的生产环境、投资环境。

泰梅港流经区域的主要村有梅园村、光辉村、光耀村等，主要民宅有唐家梅园、顾家宅、王家宅、李家宅、张家宅、杨家宅、黄家宅、殷家宅等。

综合分析上述环境要素，水系是工业、农业、渔业生产的基本保障；交通是城镇建设品位的窗口；单位、民宅的周边环境直接影响生产、生活质量。从这三方面因素考虑，充分体现出泰梅港综合治理的必要性、紧迫性。

2.2　河道现状

泰梅港开挖时河底高程为0m，5m底宽、1∶2梯度、4m标高时河口宽度为18m。全长4.89km，需要重点整治的长度为1.51km，其主要区域在航塘路两侧。

2.3　水质状况

河道两边水生植物铺面，主要水生植物为“东洋草”、“浮萍”等。水体发黑、发臭、发亮，水面伴有沉渣悬浮结块漂浮物。近年来为防止污染源的扩散，金汇镇人民政府已在泰梅港周边筑起三道坝体。具体位置：泰梅港东端距航塘港400m的地方；西端坝体在距泰中港100m的地方；另一坝体在泰梅港交青龙港支河上。坝体将泰梅港分为三段，其中重点污染源段全长1.51km。

2006年4月28日上海市水环境监测中心奉贤分中心对泰梅港河道水体进行取样化验，有关项目化验结果见表1。

表1　泰梅港水质化验结果

序号	取样地	取样日期	pH	溶解氧	SS	COD_{Cr}	BOD_5	氨氮
1	泰梅河航塘公路桥	4月28日	7.2	0.8	151	206	17.2	4.84
2	距西排污口20m	4月28日	7.2	0.9	186	205	16.6	4.25
《地表水环境质量标准》（GB3838—2002）			6~9	3~6	20~60	15~30	3~6	0.15~1.5

注：溶解氧、SS、COD_{Cr}、BOD_5、氨氮的单位均为mg/L。

参照对比，形成下述结论：污染河段水体溶解氧过低，仅为0.8、0.9，水体劣于Ⅴ类水标准，生物无法生存；水体SS（悬浮物）过多，为151、186，劣于Ⅴ类水标准；水体化学需氧量太大，需要206、205mg/L，超出指标6~7倍；水体生化需氧量很大，超出Ⅳ类水指标的3倍；水体氨氮含量较高，超出Ⅳ类水指标的3倍。

2.4　主要污染源

泰梅港的主要污染源分三类，即工业污染源、农业污染源与生活污染源，但从污染区域的查勘结果来分析，主要污染源为工业污染源。

该段两岸有两家工厂，其中一家早已关闭，现剩一家为上海申光化工厂。该厂主要产品为羧甲基纤维素钠，它是一种高温水溶性的纤维素醚，通常用做水溶胶，主要原材料为精制棉、液碱、酒精、氯乙酸等，年产量在10 000t左右。由于羧甲基纤维素钠是一种高温水溶性产品，在生产过程中需要水来冷却机组，故该厂在距厂域180m的青龙港建有14寸泵的取水口，取水量在1.6万m^3/d，冷却水直接排入泰梅港，在生产过程中的冷却水水温可达到50~60℃，排放口水体的温度通常要比河道水体的水温高出10~20℃。在冷却水加温过程中，生水变成熟水，原水体溶解氧减少、大量微生物被杀死，形成微生物死亡的污染。随着排放污水量的不断累积，污染的水域越来越大，污染的浓度也就越来越高，这就是泰梅港污染的主要原因。

生产过程中，酒精对水体的污染是不可忽略的。酒精是一种易挥发的产品，有利于一些微生物的发酵，这就加快了泰梅港污染的速度。

泰梅港周边地区的工厂、居住房的生活污水排入河道，也是泰梅港的污染原因之一，但总量不是很大。

3 治理方案

多年的治水实践证明，水环境综合整治的主要步骤为截污→清底→引清→布景→管理。所以，泰梅港综合治理必须全面考虑截污问题、清底问题、引清问题、景观问题、长效管理问题。

3.1 截污

上海申光化工厂由于生产过程中冷却作用的需要，在厂域西侧180m的青龙港设置了14寸泵站一座，14寸泵一般每小时的取水量在1 011m^3左右，按每天供水16小时计算，则每天的废水排放量为1 011 ×16 ×0.9 =14 558(m^3)。泰梅港全长4.89km，按标准设计断面与平均水位2.60m计算，每一单位断面的面积为26.52m^2，其河道容积为4 890 ×26.52 =12.968 3(万m^3)。在约13万m^3容积的河道中每天将有1.46万m^3的工业废水排入，其河道水体发黑、发臭是必然的。而且在泰梅港综合治理疏浚阶段，如每天有1.46万m^3的水体排入泰梅港，则是无法疏浚的。所以，在泰梅港综合治理中首先要解决的问题是截污问题。目前，上海申光化工厂主要产生的污染源为热污染，也有酒精污染成分，其主要矛盾为热污染问题。目前国内处理热污染的基本装置有两种：一种为高空循环鼓风冷却装置，即建造高30 ~45m的冷却塔，把需要处理的热污染水体抽入高空塔内，形成自然喷洒泻面，采用自然挥发、鼓风机鼓冷风、多次循环的方法使水体的温度降低，再进行生产废水回用；另一种装置为地面循环鼓风冷却装置，即按需处理的废水量营建高于地面的废水处理池，废水处理池由高到低分为3格，其采用向上喷洒、鼓风机鼓冷风、多次循环的方法，使水体的温度降低，达到废水回用的目的。但上海申光化工厂场地狭窄，无法建造这两种冷却装置，而且建造这两种装置的生产投资都在百万元以上，投资显得过大。

依据申光化工厂到青龙港取水口的180m距离，利用北横路与泰梅港之间的青坎，设计一条大明渠，让化工厂废水在大明渠中挥发、冷却后再回到青龙港取水口处，实现水的循环、废水回用，无疑是一项值得研究的方案。

初步设计是在申光化工厂原排水口建一个4m ×4m、净高2.6m的水池，池底标高设计为3.4m，铺设冷却排风管，用于热污染水体的第一次冷却。然后再设计一条上口宽为1m、高为1m、底宽为0.5m的大明渠，从冷却池通向青龙港取水口，其形成的自然比降1:5，故明渠东端冷却池的池底标高在4m左右，而西端大明沟通往青龙港处的池底标高控制在3.1m左右。在180m长的大明渠中，每隔10m用Φ16mm的不锈钢条预埋成横向的栅栏，使热污染水体在大明渠西排的过程中产生跃花，形成水体不断冷却的第二次过程，即酒精挥发过程。在水体流向青龙港取水口水域时，又产生了河水对热污染水体的对兑冷却过程。通过这三次冷却，可使热污染水体的温度接近于河流水体水温，达到截污、治污、生产废水循环使用的目的。其工程总造价约在30万元。

3.2 清底

在泰梅港综合治理过程中另一个难点是防止二次污染的发生。要清底必须先抽水，泰梅港污染源段长1.51km，其黑臭水体约为30 985m^3，必须让这部分排出水体不再污染附近水域，防止二次污染；其次，要考虑河底的污泥不对外围形成二次污染，经计算需要疏浚的底泥约为1.1万m^3。奉贤区泰日水厂曾对泰梅港污染水体进行预处理试验，泰梅港污染水体悬浮质较高，达到150mg/L以上，进行砂石过滤可以使污染水体滤清。存在的问题是过滤出来的水体尚有臭味，需要加适量的漂白粉消除臭味。

为防止泰梅港疏浚工程中底泥给周边环境带来的二次污染，在施工前应做好底泥堆放场地的选择工作。经实地考察，泰梅港周边地区有良好的底泥堆放场地，具体位置在沿泰梅港西侧60m，航塘路的两侧有两条废弃的小河浜，其杂草丛生，水生植物铺面，目前有关单位正在倾倒建筑垃圾，故可以填没作为底泥的堆放场地。需要说明的是，泥场堆放的高度应低于周边地区10cm左右，在泥场板结下陷后，在距其5m的地方开一条小排河，将开小排河的土方覆盖在原泥场上面（以20cm覆盖层为标准），为防万一，当年不要种植食品类品种，可种植棉花或开展苗圃种植。

3.3 引清

泰梅港区域属奉贤北侧地区，并行于大治河，平均间隔距离仅在2.5km，有良好的清水水源；泰梅港有泰青港、中南河、青龙港、航塘港4条区级、镇级河道均匀分布连接，可为综合整治后的泰梅港提供完善的清水走廊。存在的问题是在泰梅港综合整治后须清除邻近航塘港、青龙港、泰中港区域的坝基，让水体流动。

3.4 布景

河岸的布景以生态型的植被为主，常水位变化起伏高度适当，适量考虑生态型的护岸工程，采用石笼、木桩点缀性的块石安置等；绿化以四季常绿的树木为主，在南坡植被中种植少量黄杨、橘树、地柏等物种；考虑到沿泰梅港北岸北横路的存在，故北岸以种植香樟树为主，可为道路遮阴、减少扬尘、抵御瘴气，有利于空气的清新。

3.5 长效管理

泰梅港综合治理完毕后，应考虑河道的保洁、植被的养护、地段的保洁责任划分等长效管理工作。同时还应考虑放养龙虾、泥鳅、螺蛳等水产品，做好生态的修复工作，这也是长效管理的一项组合工作。

4 施工方案选择

依据泰梅港综合治理以多方咨询、多方案比较、选择确实可行的方案为原则的指导思想，我们设计了几种方案。

4.1 施工时间选择

（1）方案一：急人民所急，利用申光化工厂8、9月停产整修的时间，生产废水不外排的有利因素，进行河道的综合整治。

（2）方案二：选择在春节过后进行综合整治，主要考虑到8、9月份疏浚固然有申光化工厂废水不外排的有利因素，但不利因素的影响是8、9月份本来就是高温天气，水温较高、水中含氧量不足，当泰梅港处理后的水体排向航塘港或泰中港附近水域时，该两条河流两侧有较多的鱼塘、虾塘，一旦发生鱼虾死亡，就会造成责任不明、是非难分，给当地政府造成很大的压力。

我们推荐方案二，原因是冬季植物在低于15℃的情况下处于休眠状态，而水产养殖的鱼虾之类皆因春节的来临而已上市，不会对农业生产、水产养殖造成严重影响。

考虑到部分护岸工程，施工期安排以50天左右为宜。

4.2 污染水体的预处理

方案一：为防止二次污染，利用四号线入杭州湾的排污管线，再铺设路上明管与泰梅港连接，将泰梅港污染水体加氯气消毒后直接排入杭州湾。存在的问题是泰梅港污染水体段距该排污管线最短的距离为6km，铺设6km长的压力管管线再加中途的压力提升泵其耗资要达到300万元左右，这是一笔很大的开支。

方案二：采用建造中型过滤池、结合预先加漂白粉的方法，来处理泰梅港污染水体。经泰日水厂试验，方法是可行的，但建造中型过滤池前期费用在30万元左右，按悬浮物150mg/L来计算，需全过滤的污垢不过4.5t；按悬浮物180mg/L来计算，需全过滤的污垢也不过5.4t，是否有必要建造这中型过滤池尚需考虑。

方案三：采用投入生活酶活性因子的办法降解泰梅港黑臭程度，此方法曾在南桥渔村河、金汇汇中河做过试验，方法是可行的。存在的问题是其成本也是较高的，泰梅港水体中的悬浮物$30\,000m^3 \times 150mg/L = 4.5t$，治理费用要达到15万元以上，且生活酶治理不定成分较多，周期也较长。

方案四：利用泰梅港东段已筑坝与周边水系不沟通的有利因素，对污染水体直接喷洒硫酸铝、硫酸亚铁进行沉淀，按原自来水加漂白粉的比例进行模比，按污染水体与地表环境水Ⅳ类水的标准比值求出模比系数，其模比系数为1:5，即在每$1m^3$污染水体中加入5g漂白粉。也可采用明矾加石灰粉的办法进行沉淀，再加入漂白粉进行消毒。

我们建议采用方案四，此方案的综合优点是省事、省工、省钱，其污染水体的前期处理费约在3万元。且在7、8月份高温季节也可进行先期处理，以减轻泰梅港东段黑臭水体的程度。

4.3 排泵抽水

(1)泵型尺寸。泰梅港需要疏浚段全长为1.51km，按规划断面与2.6m常水位计算，库容水量为3万m^3，加支河库容水量约1万m^3，两岸侧向补给水量每天约在0.2万m^3，故泵型尺寸可选择14寸泵或12寸泵，均可在3~5天内将水基本抽干。

(2)排泵地点。第一方案：西端坝体就近排水。西端坝体距泰中港仅80m左右，泰中港附近水域由于周边尚有其他污染源存在，水体时有发黑发臭的情况发生。在泰梅港污染水体经沉淀消毒后，其水质状况要优于泰中港附近水域。所以，选择在西端坝体排泵就近排水，不会引起二次污染的问题，反而因其消毒水体的向外排放可使附近黑臭水体溶融降解。可以考虑为第一排泵地点。

第二方案：东端向航塘港排水。经生物试验证明，在污染水体经沉淀消毒后，其水体基本对生物影响不大，可以直接向航塘港排水。但考虑到航塘港两侧水产养殖鱼塘较多，考虑到在抽水后期水体中杂质较多，可以考虑为第二排泵地点。

4.4 排泵疏浚

鉴于泰梅港疏浚工程中的疏浚土方在1.1万m^3左右，故在疏浚工程中只需安排11kW的“泰兴泵”3~4台即可。排泵位置：航塘路东可排1台，用于填没东侧废弃小排河；中间排2台，填没航塘路两侧废弃水面积；西侧排1台，就近寻找堆泥场或进行接泵疏浚。

4.5 护岸景观

(1)护岸。自航塘路至青龙港的北岸200m距离可采用块石立坡护岸,以满足申光化工厂取水管道、排水管道循环应用的工程需要。其余可以考虑木桩护岸、石笼护岸、连贯块石简易护岸的方式进行护岸,护岸上标高为3.10m左右。木桩护岸生态效果好,金汇镇有木桩护岸的经验,故不作介绍。石笼护岸一般采用100cm长、60cm宽、80cm高的镀锌钢丝笼,钢丝笼中安放小石块、鹅卵石,下标高为2.2m,上标高为3.0m,工程造价每米在400元左右。连贯块石护岸需在标高2.2m处浇筑高40cm、宽50cm、长4m的素混凝土梁一道,然后在素混凝土梁上连贯安放50~60cm见方形状不一的块石即可,工程造价每米300元左右。

(2)河坡景观。河坡景观工程采用全生态型护坡,以翻播草籽为主,可节约大量成本,适当增加灌木、花树进行点缀,沿北横路南侧应考虑种植樟树。

4.6 拆坝造桥

待疏浚工程完成后,应撒上生石灰与明矾,进行疏浚后断面的河床消毒、沉淀;同时在护岸基础工程基本结束时可考虑拆坝放水。

拆坝可考虑先拆东端坝体,其目的是引进航塘港优质水体。航塘港出口处距大治河仅2.5km,调查期间(6月)的水质可达到Ⅳ类水,我们在采样化验时"穿条鱼"集聚遨游水面足可证明这一点。

然后可拆除泰中港、青龙港附近坝体,考虑到将来造桥或造箱涵工程的需要,坝体可拆到3.3m标高处暂停,以便今后造桥打桩的地基需要。但坝体中间须开通3~5m,保证有$2m^2$的过水断面,以满足水体的流动,保证泰梅港疏浚后的水质。

为防万一,青龙港坝体宜建箱涵为主,常水位过水断面要达到$3m^2$以上。按载重要求,箱涵的载重设计要达到汽15T级。而泰梅港西坝体的道路虽然用于人行道与小型车辆通行,但按目前道路桥梁抵挡的设计标准就是汽15T级,故也应按汽15T级桥梁设计预算。

5 结论

(1)经污染水体的植物、生物试验与水质化验,泰梅港东段的水体发黑发臭属于有机污染,在冬季的综合治理中不会对周边环境造成较大面积的污染,而底泥堆放场地的污染也是能够控制的。

(2)泰梅港东段的综合治理工作宜在冬季进行,进行的前题条件是须将上海申光化工厂的污染源排放口进行截污处理,否则很难进行泥浆泵清底疏浚,并且还影响今后的治理质量与长效管理工作。

(3)泰梅港东段的综合治理工程经费概算为326.65万元,主要用于护岸工程建设与桥、涵工程建设。

金山科学治理水葫芦的有益探索

张伟义

（金山区水利管理所）

1　水葫芦特性及危害

水葫芦，学名凤眼莲（*Eichhornia crassipes*），雨久花科，俗称布袋莲、水荷花、假水仙。水生直立或漂浮草本。叶卵形或圆形，中部以下膨大如球，基部有鞘状苞片，穗状花序呈蓝紫色，由于在每个叶柄中部都有一个膨大似葫芦的球状体而得名。它喜欢生长于温暖向阳及富含养分的水域中，无性繁殖能力特别强，每年的9、10月份是生长旺季。在适宜的条件下，每5天就能繁殖新株，也能开花结实产生种子而进行有性繁殖，一枝花大约结300粒种子。1hm^2的水面就能挤满200万株水葫芦，重达300多t。

水葫芦属外来物种。20世纪60年代，我国南方由南美洲引进，大部分地区最初主要用做猪的饲料，历史上水葫芦也曾做出过贡献，金山就曾是全国颇有名气的水葫芦养猪大县。随着饲料工业的发展和生猪喂养方式的改变，水葫芦逐渐失去经济利用价值而无人采收。由于水葫芦具有极强的繁殖能力和耐热怕寒的特性，在富营养化水体中生长速度近乎疯狂，若不及时打捞，会覆盖水面、堵塞河道、影响航运、阻碍排灌，最终腐烂变臭，污染水质（见图1）。我国南方有18个省（市）河道受到水葫芦威胁，其在许多地方大量滋生蔓延，成为破坏生态环境的一大灾害，国家环保部门已把它列为首批最危险的16种外来入侵物种之一。

图1　堵塞河道、污染水质的水葫芦

2 水葫芦治理的艰难历程

为了治理水葫芦，南方各省(市)政府部门每年都要出动大量的人员、设备进行打捞，投入大量的人力、物力、财力，可以说是劳民伤财，所以人们给水葫芦起了个很形象的名字"紫色水妖"，也有人叫它称为"绿魔"。

像全国其他地方一样，金山也曾出动大量的人员、设备、船只，花费约 2 000 万元的资金用了 4 年的时间对辖区内河道的水葫芦进行专项治理。据不完全统计累计投入 4.46 万人次，船只 285 艘，拦截水葫芦 20 万余 t，打捞河道垃圾、水葫芦 15 万余 t，大大减少了区内河道的水葫芦，有效改善了区内河道的水质，减轻了黄浦江水域的压力(见图 2)。

图 2　拦截、打捞水葫芦

经过几年治理 9～12 月份河道又怎么样呢？水葫芦好像越捞越多，特别是浙江上游的河道水葫芦顺流而下，浩浩荡荡，严重影响到上海黄浦江水景观，2006 年再次爆发水葫芦危机，黄埔江上游多处防线失手，也影响到船只的安全航行，冬天霜冻后腐烂的水葫芦又要污染河道。这疯长的水葫芦如何治理，我们正在不懈探索。我们一方面招收保洁员、架设井架、添置船只，加大水葫芦打捞力度，这是水葫芦治理的主力军；另一方面，我们开始转换思路，对水葫芦全方位利用，变废为宝，探索水葫芦科学利用之路。

3 科学治理水葫芦姗姗起步

早在 2004 年 4 月，金山区水利管理所与上海孙桥农业科技股份有限公司合作课题《水葫芦有机液肥、有机机质生产与应用技术》已经启动。该课题由上海市科委立项，课题任务是研究水葫芦无害化、资源化综合利用技术，加工处理水葫芦，生产无土栽培、花卉、绿化苗木所需要的有机液肥和有机质，变废为宝，为上海市科学治理提供技术支撑，解决主要河道水葫芦泛滥成灾的情况，美化河道环境，减轻水胡户对内河航运的影响。

2004 年 10 月，依区管河道秀州塘的金山区枫泾水葫芦处理加工厂正式建成(见图 3)，我们完成堆场、井架、护岸、道路、沉淀池、彩钢棚的建设，安装了水葫芦粉碎机、压榨固液分离机、过滤器、发酵塔以及电器设备。经过准备，枫泾水葫芦处理加工厂于 10 月 25 日进行试运行。我们抓住水葫芦高发期加快水葫芦有机肥的生产，每天处理水葫芦 20t，共处理水葫芦 900 多 t，生产水葫芦有机肥 11 250kg。水葫芦有机肥主要用于金山区张泾河水利枢纽和龙泉港出海闸的绿化,使用效果良好。水葫芦有机液肥因运输成本过高而不能很好利用。

图3　水葫芦处理加工厂

2006年9月水葫芦来临时我们尽快启动水葫芦加工厂的工作,比2005年整整提前一个多月,已加工水葫芦2 000多t,生产25 000kg水葫芦有机肥,用于张泾河水利枢纽的绿化和果树施肥。该项目的成功对水葫芦的科学利用起到了积极的推动作用,为上海水葫芦的无害化、资源化利用开辟了一个新的途径,把垃圾变成资源,改变了过去打捞上岸后堆置河边污染环境的状况。中央电视台经济频道、金山电视台、《东方城乡报》、《金山报》等都进行了报道,扩大了水葫芦治理的影响,通过了上海市科委对该项目的验收,取得了良好的社会效益和经济效益,也是我们在科学治理水葫芦上迈出了坚实的一步。

4　净化水质是科学治理水葫芦的又一成果

2002年10月,在治理水葫芦的开始我们就提出"关口前移、堵捞结合、以拦为主、科学治理",尽量不让水葫芦流入黄浦江,影响上海水景观的目标。在江浙边界河道全面实施拦截和打捞措施,掀起全区全面治理水葫芦的高潮,取得了明显的成效,获得了宝贵的经验。2003年、2004年、2005年、2006年连续4年继续开展水葫芦专项整治活动,充分利用水葫芦净化水质的作用,在不通航的河道拦截水葫芦形成水葫芦湿地,从而净化上游河道水质。

水葫芦喜欢高温湿润,在25~35℃下生长最快,而且速度惊人,通常情况下在8个月内就能从10棵增至60万棵,是公认的生长最快的植物之一。这种惊人的增殖速度造就了它超强的净化水质本领,庞大的须根不断地吸收水中的污染物。2006年金山区水环境检测分中心9月份报告显示,金山区浦南西片主要河道掘石港、胥浦塘、山塘河、后沙港、范塘、六里塘、惠高泾、张泾河的氨氮含量均在0.5mg/L左右,为Ⅲ类水的指标;拦截水葫芦的面仗港比不拦截的秀州塘氨氮含量相差均在0.8mg/L左右,水质相差一类别以上。2006年4月监测结果还显示,2005年9~11月氨氮含量均在2mg/L以下,而2005年的其他时段和2006年1~3月氨氮含量均在2~4mg/L之间,掘石港竟达到12.5mg/L,充分说明水葫芦高发期的水质状况明显好于其他时段,与1~3月水葫芦腐烂时的水质相差两个类别。同时也说明我们拦截水葫芦净化水质取得了一定的成效。

5 科学治理水葫芦应大有可为

水葫芦的开发利用是一种新兴的生态项目，目前的成果大多都只是研究成果，主要有8个方面：制成蔬菜、制成饲料、作复合肥料的原料、净化污水、制作盆景、制作家具、种植食用菌、利用水葫芦治病。若要将其变成产品、商品，还需产、学、研的密切配合。那么，金山在上海是水葫芦最多的地区，应该在水葫芦的科学治理和综合利用上有所作为。

（1）加大在江浙边界河道的拦截力度，形成净化水质的大面积湿地，应对上游来水水质不好对金山的影响。水葫芦具有快速、极强、多效的净水能力，而且投资少、运转成本低、再生容易，世界许多国家和地区都在研究和试验此技术。据有关资料，水葫芦净化污水体系中约5m^2可处理1t污水，而一座现代化的污水处理厂中1m^2的地方就对应着5t污水的处理量。我们有如此良好的资源何不利用呢！可以设想9～12月在金山边界从金山卫白泾河、廊下山塘河西段、朱泾大茫塘、枫泾面仗港、斜塘南段、野米泾包括部分镇村管河道等拦截，形成水葫芦带，留出黄姑塘、惠高泾、六里塘、胥浦塘、斜塘中段、秀州塘、步石塘、范塘等通航的河道。这样腾出部分的人力、船舶，加大这些通航的河道打捞力度，效果肯定比现在明显。

（2）继续发挥水葫芦处理厂的作用，挖掘潜能，最大限度地生产水葫芦有机肥。两年来我们的尝试已取得了成果，水葫芦有机肥的生产数量还不能满足金山区水闸绿化的需要，更不用说用于其他单位的使用，所以要千方百计挖掘潜能，打捞更多的水葫芦来生产有机肥，进行废物利用，总比让水葫芦烂在河里好吧！当然到一定时间还要和其他单位合作，如绿化养护公司、农业技术推广中心、农业园区、蔬菜生产基地等。

（3）利用已成熟的水葫芦加工技术生产环保家具，将是水葫芦利用的创新点。2003年成立的上海水葫芦绿色环保家具有限公司，是一家注册资本仅50万元，第一年就实现利润40万元的公司。目前该公司拥有40名职工、1 000m^2的厂房，一个月能生产300件家具，出口至欧美等发达国家，创汇300万美元，但还跟不上市场的需求。他们的原料来自福建省，我们近在上海却无法提供水葫芦，不是上海的水葫芦少，而是上海的水葫芦茎短。因此，要做家具，基于水葫芦的拦截，使其成长为60～80cm，则大有用武之地。目前我们已与该厂取得联系，期待在环保家具生产方面开展合作。

（4）争取区科委等有关部门的支持，加快水葫芦的综合开发研究。水葫芦是一种能源植物，综合利用途径多，根据趋利避害原则，加快综合利用水葫芦的研究，争取区科委的支持。如研究把水葫芦干燥后制成饲料，用于农村猪、牛、羊等家畜的喂养；研究利用水葫芦净化水质、改善水环境等，使水葫芦变废为宝，为人类造福。

参 考 文 献

[1] 徐在宽. 水葫芦对水质改良效果的研究[J]. 江西水产科技，2002(4).

[2] 蔡成翔，王华敏，张宗明. 水葫芦对五种重金属离子的去除速率与富集机制研究[J]. 广西右江民族师专学报，2002(6).

[3] 江洪涛，张红梅. 国内外水葫芦防治研究综述[J]. 中国农业科技导报，2003(3).

金山区水环境现状及治理措施

张　君

（金山区水利管理所）

1　金山区水环境状况

1.1　概况

金山区属上海远郊，境域面积588.8km²，地处太湖流域蝶形洼地的边缘，地势低平，河网密布。境内河道1 559条，总长2 145.12km，其中市管河道4条段，长37.6km；区管河道35条，长272.11km；镇管河道175条，村管河道1 345条。全区各级河道的河口水面积为42.10km²，占境域面积7.15%，河网密度3.64km/km²。

1.2　水环境现状

近些年随着区内人口急剧增长以及经济快速发展，环境保护和水资源管理没有得到足够的重视，造成了河系水质污染。特别是近20年由于工业废水和生活污水的大量排放，水质污染更加严重。《金山区水环境污染源及入河排污口调查报告》资料显示，全区的市管、区管河道以及中心区合计55条段重点骨干河道上共有入河排污口1 511处，其中雨水口838个，污水口396个，混排口277个，全年水体直排河道达1 400余万t。河道水质以有机污染为主，主要超标项目为氨氮和五日生化需氧量，除龙泉港由于“北引南排”工程作用呈现Ⅴ类含量外，其他河道全年平均为劣Ⅴ类指标，工农业及生活用水受到严重威胁。因此，治理环境污染，建立良好的水环境，已成为当务之急。

2　金山区水环境恶化的原因

2.1　工业污染

金山区近20年经济发展较快，各类新建企业较多，沿河建有很多冶金、化工、纺织、禽畜牧场等企业，这些企业每天向附近河道排放大量的废水。尽管有些企业修建了污水处理设施，但净化处理能力和使用效率并不高。同时一些个体小厂由于受生产规模和资金的限制，根本无法建立相应的污水处理设施而直接将含有大量毒素的生产废水排入河中，导致河道水质严重恶化。通过水系流通，致使区内大部分河道水质变差。例如位于区管河道张泾河中段的上海红光电镀厂，污水年均排入张泾河达14.31万t，前几年还发生过超标偷排污水现象，严重污染水质。2007年9月位于张泾河、紫石泾上的上海石化两取水口检测出氯化物严重超标，经调查是上游浙江平湖全塘镇一海水养殖场向河道排水，水源通过交界河道黄姑塘流入本区致污染。又如2007年10月，在卫城河龙胜路桥附近发现了在雨水口排放大量污水现象，排量较大，污染范围广，导致河道大面积黑臭。总体来说，区内的很大部分沿河电镀加工厂、印染厂、化工厂及禽畜牧场等，排污量大，污染情况严重，而且管理不便，在河道水质污染占很大比重。

2.2 生活污染

随着本区城市化步伐的加快，城镇人口急剧增加，生活污水排放量越来越大，而城镇并没有建立起与之相配套的污水处理系统。生活污水中含有大量氮、磷、硫等化学物质，它们在厌氧菌的作用下，产生恶臭物质，如硫化氢、硫酸盐等，含有这些有毒化学物质的生活污水排入河中，造成大范围的污染。比较典型的如朱泾镇区的中官塘及市河，当前河道水质黑臭，严重污染，主要原因是沿河设置900多个排放口，沿线菜场、老房子居民、饭店等生活污水都未经处理直接排入河道，雨污混排现象比较严重，河道基本已经成为天然垃圾箱，水质污染情况非常严重，几近黑臭，基本为劣Ⅴ类水。这种现象区内其他镇区许多河都存在，沿线生活污水垃圾直接排放，严重恶化水质，是镇区河道水质变差的重要原因。

2.3 农业污染

金山区为农业大区，每年种植大量水稻和油菜等作物，不可避免施农药。施入田间的农药一部分随地表径流溶于水体；另一部分随降雨渗入地下，有的直接被农作物吸收，未溶解部分则在土壤中聚积，形成次生污染源，各种化肥及农药中的有毒物质造成了地表水、地下水源的污染。《金山区水环境污染源及入河排污口调查报告》资料显示，区内沿河共有430余个农田雨水口，田间被污染的水体通过农田雨水口排入河道，继而污染了水质。

2.4 上游来水污染

金山西部与浙江省平湖、嘉善接壤，上游有72道口子与其相连，杭、嘉、湖地区每年有大量客水通过该两地东泄本区入浦，年均净泄水量达27.3亿 m^3。近些年浙江省内经济发展、企业增长导致其境内河道水质变差，间接流入我区使区内水质变差。还有近几年比较突出的水葫芦问题，绝大部分产生于上游浙江河道内，通过交界河道流入我区，数量规模巨大，年均达10余万t，对区内水环境影响较大。

2.5 河道自净能力降低

有关资料表明，河道的自然淤积，河床出现不同程度的抬升，纵坡减缓，加上河道两岸不规范建设项目的挤占，使河道过水断面逐渐缩小，行洪能力逐年降低。《2004金山区水资源公报》资料显示，区内各级河道总淤积达1 500余万 m^3，造成河道水质自净化能力大大降低，致使大量有毒物质沉积河中，因而水质变差。

3 水环境恶化的治理对策

要改善我区的水环境，一方面应加强全民保护水环境的意识；另一方面应采取行之有效的措施，搞好治理工作。

（1）对污染企业进行治理。根据《中华人民共和国环境保护法》中“先评价、后建设”的方针，通过对建设项目的选址以及建设过程中和建设投产后可能对环境造成的污染进行定性、定量预测，提出污染防治措施和建议，监督企业将防治污染设施与主体工程同时设计、施工和投产。其次是严格执行限期治理制度。要根据《中华人民共和国水污染防治法》中“谁污染、谁治理”的原则，对污染企业提出治理目标，企业必须与水务、环保部门签订目标责任合同，到期达不到目标的，则分别给予不同的处理直至责令停产。

（2）解决入河排污问题。首先要全面开展对新增或改建的入河排污口的审批与监督管理工作，严格按审批要求实施，把好关。其次是加强监督管理，目前区内有部分企业存在偷排、超排现象，因此在监督管理上有待进一步加强。

（3）加强城镇生活污水处理。加快实施雨污分流、截污纳管工程及污水处理厂建设，提高管网覆盖率。结合各镇的工业区开发，实施沿河企业的搬迁工作，不能搬的待管网通达后即进行污水纳管，确保达标排放，保证流量不增加，改善水环境。

（4）加大水环境整治力度。应加大水环境整治力度，实施河道疏浚工程、水系调整项目等。同时在一些地区应因地制宜地种草、种树及种植各种经济林木，恢复地表植被，保护水土，防止水土流失，涵养水源，恢复生态平衡。

（5）实施水闸调水。以龙泉港水闸成功调水为参考，区镇有关职能部门应进一步研究、实施有效的群闸联动调水方案，加大调水力度，达到改善河道水质的目的。

（6）实施联动治污。据调查，我国目前水污染的状况严峻，2006 年七大水系Ⅴ类和劣Ⅴ类水质占 26%，其中九大湖泊中整体水质为Ⅴ类和劣Ⅴ类的就达 7 个。两年前的松花江事件标志着我国进入了水污染事故高发期；而 2007 年入夏以来太湖、滇池、巢湖的蓝藻接连爆发，则标志着我国已进入了水污染密集爆发阶段。金山区与浙江交界，应积极与上游平湖、嘉善等加强联系，探索有效的联动治污方案，共同畅通污染治理信息，使流域污染治理取得明显成效。

（7）广泛宣传，长效管理。针对河道垃圾较多的情况，要加大对沿岸群众的宣传，使其自觉遵守《中华人民共和国水法》、《上海市河道管理条例》等，不乱扔垃圾，维护河道清洁。同时落实好河道长效管理措施，搞好河道保洁。

4 结语

对金山区水环境的分析、治理，使我区的水环境发生根本性的转变，为经济和社会的可持续发展提供良好的基础和保障。

浅谈生物技术在上海市河道水质修复中的应用

刘静森[1]　黄毅华[2]　黄春霞[3]

（1. 上海市水利排灌管理处;2. 闵行区排灌管理所;3. 青浦区排灌管理所）

1　上海市河道水质现状

上海地处长江口,位于太湖流域下游,属平原感潮型河网地区。境内大小河道纵横,水资源十分丰富。根据2001年5月发表的《上海市水资源普查公报》统计,上海共有大小各类河道2.38万条,总长2.16万km,河网密度平均为3.41km/km^2。其中,骨干河道有324条,总长3 202.10km。

半个多世纪前,上海的湖河港滨交错密布、河水清澈、河道洁净、绿木扶疏、鱼虾戏嬉,一派江南水乡的秀丽景色和自然风貌。然而,由于工业化和城市化的迅速发展,而雨污分流与污水处理的建设和发展相对滞后,大量工业废水和生活污水直接排入河道,河道水质严重恶化。另外,城区不少河段为加大排涝、行洪能力,常常通过加高防汛墙或者将土堤改成高标准的钢筋混凝土或浆砌块石护岸,并通过裁弯取直将河道拉直,由此导致河水流速加快,水生物栖息困难;加之固化的河道切断了与河岸土壤间的天然生态交换,从而导致河道水质的进一步恶化,使河道丧失了其生物多样性等自然生态的基本特征。最新普查资料中水质综合评价结果表明,全市河道水质属Ⅱ类、Ⅲ类、Ⅳ类、Ⅴ类和劣Ⅴ类的河道长度分别占总河长的0.1%、0.9%、10.3%、20.1%和68.6%。换言之,上海市的河道有九成左右的水质在Ⅴ类以下,水污染情况着实令人堪忧。近20年来,随着全市工业经济的不断发展,不少地区还出现了人河争地的情况:大量河道被填埋,水面积急剧减少,这更进一步地加剧了河道水质的恶化。按照最新普查资料,上海全市的河面率已经由20世纪80年代初的11.1%下降到20世纪末的8.4%,减少了2.7个百分点。也就是说,在20年不到的时间内,上海的水面积减少了约1/4,而且其中大多数是河道面积。

由于河道水质和水面率的急剧下降,上海市许多河道污秽不堪,游鱼基本绝迹,两岸植物枯萎,河道附近气味难闻,行人掩鼻而过,河边居民饱受其苦,往日优美恬静的水乡风景只能停留在老一辈人儿时的记忆中了。

2　河道水质修复常用措施

按照不同地区的实际情况以及不同河流的功能差异,河道水质修复采取的措施各有不同。从目前上海市开展的河道水质修复试验来看,主要分为以下两大类修复方法。

2.1　生态修复法

该类方法按照河道的不同情况亦分为两种。其一是适用于没有通航能力,但水体交换较为频繁的中小河道,例如市郊面广量大的镇村级河流。该类河道原先没有特别的治污措施，基本依靠河道自身的自净能力保持水质。由于工业发展带来的大量污水向该类河道直排，超出了其自净能力，从而导致水体黑臭。对于该类河道的整治，首先要做的是对河道沿线的工业废水全面截污，同时清除河底淤泥，并大量采用生态型护岸，岸边广植绿树。把水、河、河畔植物连成一体，在自然的地形、地貌基础上，建立起阳光、水、植物、生物、土体、护岸之间的河道生态系统，借以全面恢复并进一步增强其原有的自净能力，帮助其重新恢复正常的河道生态系统，从而从根本上解决河道的水污染问题。其二是适用于部分等级较高的航道和原先被固化的河道，目前中心城区不少环河就属于这种类型。其中的航道由于河道流速较快并且需要抵抗通航时船行波对河岸的冲刷，不得不对河岸采取相应的固化措施，如块石驳岸、混凝土护岸等；而不少城区河道并没有通航要求，但当初在河道整治时为了提高其防洪排涝能力，也对其进行了硬化处理。河道被固化后的直接危害是隔绝了河道水生物和微生物与河岸的直接联系，破坏了河流生态系统的整体平衡，导致水质的严重下降。该类河道的硬化措施一方面是不能拆，另一方面是拆除难度大。对该类河道，可以采取折中的办法，即在完善截污措施降低污染的基础上，通过培育生态浮床、河底种植水生植物、放养水生动物等方法，最大程度地弥补因河水同河岸隔绝带来的生态链断裂产生的危害。

2.2 生物修复法

该类方法主要适用于那些比较封闭、污染严重、河道水体交换频率低、具备发生稳定生化反应的河道，如部分居民区附近的城市内河等。按照水质修复的方式不同分为生物菌修复法和生物酶修复法。生物菌修复法主要采用不同的生物菌剂，补充或激活水体中的微生物群落，对水体中的污染物进行降解，减轻水体黑臭或富营养化，恢复河道底泥的活性，借以提高河道水体的自净能力；生物酶修复法主要采用多种能降解污染物的酶和促进微生物生长的有机酸、微量元素等，加速水体净化过程中微生物的生长和生物的演替，使污染物颗粒降解成无害物质，从而改善水质污染情况。

以上两种方法是近年来比较流行，也是符合科学发展观和构建和谐社会要求的新型水质修复方法。除此之外，还有两种比较传统的水质修复方法。一是化学方法，这种方法主要通过向水体中加入化学药剂去除污染物如藻类等，或加入铁盐促进无机磷的沉淀，或加入石灰脱氮等，其特点是起效快，但是易造成二次污染，目前使用得比较少。二是物理方法，其主要通过沟通水系、疏挖底泥、机械除藻、引水冲淤等来达到改善水质的目的，采用这种方法在短期内一般都能收到较好的效果，但是其缺点非常明显：一是施工易受各方面因素的干扰；二是施工段周边居民或企业生活、生产也受到较大干扰，常常导致纠纷；三是如果水体污染源未得到根本控制，治理清澈后的河道短期内又会恢复黑臭。该方法目前主要应用在郊区面广量大，污染物相对较少、工程量不大的村级宅河和镇级以下的引灌河道的治理中。

3 生物修复技术的发展简史、作用机理、分类与效果

生物是构成生态系统的主要元素，生态系统内物质循环主要是依靠生物过程来完成的。因此，利用环境生物技术可治理难以用其他方法处理的环境介质，即用生物修复(Bioremediation)技术净化环境，使受污染的宝贵资源如水资源(包括地面水和地下水)、

土壤等得以重新利用,同时还可进一步强化环境的自净能力。

生物修复技术是20世纪80年代开始出现的清除和治理环境污染的生物工程技术,该技术主要采用诸如提高通气效率、补充营养、投加优良菌种、改善环境条件等办法来提高受污染环境中微生物的代谢作用和降解活性水平,以促进对污染物的降解速度,从而达到治理环境污染的目的。应用环境生物技术处理污染物时,最终产物大都是无毒无害的、稳定的物质,如二氧化碳、水和氮气,因此它是一种消除污染既安全又彻底的方法。该技术在萌芽阶段,主要应用于环境中石油烃污染的治理,并取得了成功,此后该技术被不断扩大应用于环境中其他污染类型的治理。欧洲各国如德国、丹麦、荷兰对生物修复技术非常重视,全欧洲从事该项技术的研究机构和商业公司有近百个,他们的研究证明,利用微生物分解有毒有害物质的生物修复技术是治理大面积污染区域的一种有价值的方法。美国国家环保局、国防部、能源部都积极推进生物修复技术的研究和应用。美国的一些州也对生物修复技术持积极态度,如新泽西州、威斯康星州规定将该技术列为净化受储油罐泄漏污染土壤治理的方法之一。20世纪90年代,美国能源部还制订过土壤和地下水的生物修复计划,并组织了一个由联邦政府、学术和实业界人员组成的"生物修复行动委员会"(Bioremediation Action Committee)来负责生物修复技术的研究和具体应用实施。生物修复技术最成功的例子是Jon E. Llidstrom等在1990年夏到1991年应用投加营养和高效降解菌对阿拉斯加Exxon Valdez王子海湾由于油轮泄漏造成的污染进行的处理,取得非常明显的效果,使得近百公里的环境质量得到明显改善。

受污染水体的生物-生态修复技术也是生物修复技术的一种,其原理是利用培育的生物或培养、接种的微生物的生命活动,对水中污染物进行转移、转化及降解,从而使水体得到恢复。本质上说,这种技术是对自然界恢复能力和自净能力的一种强化。开发生物-生态水体修复技术,是当前水环境技术的研究开发热点。目前所开发的水体生物-生态修复技术,实质上是按照仿生学的理论对于自然界恢复能力与自净能力的强化。可以说,按照自然界自身规律去恢复自然界的本来面貌;强化自然界自身的自净能力去治理被污染水体,这是人与自然和谐相处的合乎逻辑的治污思路,也是一条创新的技术路线。

目前,生物修复技术被划分为原位微生物修复和异位生物修复两种。所谓原位微生物修复是指对受污染的介质(土壤、水体)不作搬运或输送而在原位污染地进行的生物修复处理,其修复过程主要依赖于被污染地自身微生物的自然降解能力和人为创造的合适降解条件。异位生物修复是植被污染介质(土壤、水体)搬动或输送到他处进行生物修复处理。但这里的搬动和输送是低限度的,而且更强调人为控制和创造更加优化的降解环境。在处理位置上,前者强调污染物存在的初始空间分布,后者则稍作迁移;处理过程中,后者有更多的人为调控和优化处理。现在所说的生物修复主要是原位修复。

与传统的化学、物理处理方法相比,生物修复技术有以下优点:①污染物在原地被降解;②修复时间较短;③就地处理操作简便,对周围环境干扰少;④人类直接暴露在这些污染物下的机会减少;⑤不产生二次污染,遗留问题少。

4 生物技术在河道生态修复中的应用实例

近年来,上海市郊不少区县多次开展了采用生物技术改善河道水质的试验,均取得了一定的效果，也积累了不少经验，为该项技术的大面积推广作了有效的尝试。闵行区采用原位生物修复邱泾河严重污染河道工程就是其中一个典型的例子。

邱泾河位于上海市闵行区，该区城市化水平较高，区内工业发达，其中不乏对环境污染较大的化工业，大量的工业污水使得该区的河道污染情况比较严重。该区政府及相关领导相当重视河道的污染问题，多年来一直在探索不同的途径，力求找到一种便捷、有效、节约的治污措施。邱泾河原位生物修复工程就是该区开展河道治污试验的一个缩影。该工程施工河段北起春申塘，南至六磊塘，全长2 900m。修复工程开始前，该河道水体污染相当严重，河道内水体表观呈灰白、青灰和黑色，有浮油漂动，底泥也被严重污染，搅动时有大量油花泛起，水体伴有恶臭，严重影响了周边的人居、投资环境。

邱泾河原位生物修复工程采用的生物酶是复合酶污水净化剂。该药剂是利用自然界存在的有机材料和其他生物酶成分复合而制造出的生物酶降解剂类液体状清洁产品。其作用原理是通过激活土壤微生物，有效开发和利用河道生态的内循环供氧系统机能，促进河道中溶解氧的恢复，有效去除污染物，由此增强河道的纳污、控污和降污的自净功能，并通过控制污染物的扩散从而使受污染水体向良性生态系统演替。该产品的安全性通过了中国环境科学研究院环境分析测试中心有关的环境安全性领域的试验检测，属于安全性产品。

邱泾河原位生物修复工程从2004年10月份正式启动，2004年11月起开始投药。为了科学、客观地评价该方法的实际效果，项目部在施工河段选择了3个比较有代表性的取样点，定期采集水样定量地分析河道水质情况的变化。根据上海市最新水资源调查公告(2004年)，上海市骨干河道水质评价主要是有机物污染，其主要超标项目有溶解氧(DO)、氨氮(NH_3-N)、化学需氧量(COD_{Cr})等指标，在邱泾河原位生物修复工程中除了以上三项指标外，另增加了磷酸盐含量(可用来反映富营养化程度)的检测。表1～表5是该河段不同时期的水质测定结果。

表1　邱泾河原位生物修复工程监测点水质测定结果(实施前，时间:2004-11-10)　(单位:mg/L)

检测项目	Ⅴ类水标准值*	光华路桥取样点	银都路桥取样点	申北路取样点
DO	≥2	0.8	0.6	0.8
COD_{Cr}	≤40	289	223	144
$PO_4^{3-}-P$	≤1.224	12.250	1.137	1.522
NH_3-N	≤2	17.8	9.1	13.9

注：*摘自《地表水环境质量标准》(GB3838—2002)，下同。

表2　邱泾河原位生物修复工程监测点水质测定结果(投药后1周，时间:2004-11-22)　(单位:mg/L)

检测项目	Ⅴ类水标准值	光华路桥取样点	银都路桥取样点	申北路取样点
DO	≥2	3.2	2.3	3.6
COD_{Cr}	≤40	415	121	104
$PO_4^{3-}-P$	≤1.224	痕量	0.201	0.455
NH_3-N	≤2	11.8	4.2	6.9

表 3　邛泾河原位生物修复工程监测点水质测定结果(投药后 1 月,时间:2004-12-19)　(单位:mg/L)

检测项目	Ⅴ类水标准值	光华路桥取样点	银都路桥取样点	申北路取样点
DO	≥2	1.2	1.3	1.8
COD_{Cr}	≤40	134	202	144
$PO_4^{3-}-P$	≤1.224	0.310	0.769	1.191
NH_3-N	≤2	3.7	5.5	8.7

表 4　邛泾河原位生物修复工程监测点水质测定结果(投药后 4 月,有大量污水排入,时间:2005-03-10)

(单位:mg/L)

检测项目	Ⅴ类水标准值	光华路桥取样点	银都路桥取样点	申北路取样点
DO	≥2	1.6	1.1	0.8
COD_{Cr}	≤40	353	205	530
$PO_4^{3-}-P$	≤1.224	0.153	0.593	1.033
NH_3-N	≤2	34.3	45	65.1

表 5　邛泾河原位生物修复工程监测点水质测定结果(大量污水排入后 1 周,时间:2005-03-18)

(单位:mg/L)

检测项目	Ⅴ类水标准值	光华路桥取样点	银都路桥取样点	申北路取样点
DO	≥2	2.5	1.3	1.6
COD_{Cr}	≤40	587	162	221
$PO_4^{3-}-P$	≤1.224	1.090	0.039	0.106
NH_3-N	≤2	16.1	20.0	34.3

从表 1～表 3 可以看出,邛泾河重污染段在实施原位生物修复工程后短短一个月时间内,主要水质指标已经有所好转,水体 DO 明显提高,NH_3-N 含量迅速下降,$PO_4^{3-}-P$ 含量显著降低,这表明导致河道富营养化的有机物污染情况在实施原位生物修复工程后短期内就得到改善;另外从表 4 和表 5 的对比中可以看出,在施工河段中大量超出常规量的污染物的排入导致了水质监测指标的突然全面上升,但在复合酶污水净化剂的作用下,水体中 DO、NH_3-N、$PO_4^{3-}-P$ 指标能够在较短时间内恢复,这表明水体已具有一定的纳污和控污能力。而在该工程实施后已在原污染严重水域发现原生动物和藻类,这表明水体的生态环境得到了一定的改善,也进一步说明该河道水质情况已经有所好转。

但是,分析表 1～表 5,我们也发现了一些问题。从表 1～表 3 中,我们看到了水体的 COD_{Cr} 含量变化不大,这表明短期内复合酶污水净化剂没有能够有效降低该河道中还原性有机物含量;再看工程实施后四个月的数据(见表 4、表 5),我们同样看到了水体的 COD_{Cr} 含量变化不明显,其中在光华路取样点该指标还有突然增高的反常现象。多次的随机抽测基本能得出一个结论,即该复合酶污水净化剂对降低水中的还原性有机物含量作用效果不明显。这个结果启示我们在实施此类工程时,应根据实施对象主要污染物成分选择相应的生物制剂,特别情况下,应采用多种制剂以全面恢复水体水质。

闵行区的试验表明,采用生物技术改善水质是行之有效的一条新途径,但该方法目前还处于摸索阶段,市郊各区县都是在近几年才开始进行此类试验,因此这种方法的长效性还有待时间的考验;另外,采用该方法的水体要求相对封闭,这样才能为生物菌、酶提供稳定的反应场所,但是这种准静止的水体环境受周边污染源及水文条件影响较大,因此判定其效果的干扰因素较多,导致其净水效果在不同时期相差较大。

5 结论

目前,上海市的生物技术在水质修复中的应用还处于起步阶段,该技术的进一步开发还需要得到社会、同行及主管部门的广泛支持。大力开展该技术的研究,将极大推进生物技术在环境保护中的应用,从而推动全市水环境和水资源保护工作的进展,有利于全市早日建成自然的、生态的、人水和谐的优美水环境,让阔别多年的江南水乡的风情画面早日重现人们身边。

参考文献

[1] 董哲仁,刘蒨,曾向辉.受污染水体的生物-生态修复技术[J].水利水电技术,2002(2):6-9.

[2] 卫明,王为人,刘晓涛,等.自然生态型河道建设的理念及其应用[C]//2003年全国城市水利学术研讨会论文集.2003.

[3] 卢智灵.上海市河道水质修复方法研究与探索[M]//上海水生态修复调查与研究.上海:上海科学技术出版社,2005.

[4] 董哲仁.生态方法水体修复技术[J].中国水利,2002(3).

[5] 汪松年,阮仁良.上海市水资源普查报告[M].上海:上海科学技术出版社,2000.

[6] 顾咏康.上海河道水环境的污染与治理[J].上海建设科技,1998(4):21-23.

[7] 潘涔轩.环境保护与生物技术[EB/OL].http://www.chinaep.net/xiufu/xiufu-014.htm,2007.

[8] 夏俊方.水体的生物修复[EB/OL].http://www.hwcc.com.cn/newsdisplay/newsdisplay.asp?Id=102286,2007.

上海河道水环境综合治理和水资源保护的思考

黄海雷　金鹏飞　王　晖

（上海市水利管理处）

上海位于我国东部、长江流域下游三角洲地区，北滨长江、东临东海、南依杭州湾、西与苏浙两省接壤，全市总面积6 340km^2，境内河港密布、沟渠纵横、水网交织。河道给上海带来了活力，也给上海带来了魅力。新中国成立以来，经过对全市河道进行全面规划和综合治理，逐渐形成了14个水利控制片的大格局，有各级河道33 127条，湖泊26个，为本市的挡潮、防洪、排涝、引水、供水、灌溉、航运等发挥了重要作用，也为水资源调度和水环境改善奠定了基础。同时，上海市也是我国经济最发达、人口最稠密的城市之一，是长江三角洲经济区的核心和龙头，在我国社会经济发展中具有极其重要的地位。

1　前两轮"三年环保行动计划"水环境治理初见成效，河道水环境生态修复任重道远

1.1　区域河网水质严重污染，河道黑臭现象日益突出

上海河道水环境质量在近20年中急剧下降，河道水质污染严重，绝大多数河道水质属Ⅴ类标准以下，根据《上海水资源普查报告》中河道水质综合评价分析和《2006上海市河道报告》，2006年618km的评价河道中，优于Ⅲ类（含Ⅲ类）水河长占12.5%，Ⅳ类水河长占17.5%，Ⅴ类水河长占14.3%，劣Ⅴ类水河长占55.7%，河道污染从原来的中心城区及其附近河流扩散到几乎整个河网，2005年全市年产污水量为21.7亿m^3，而污水处理厂实际年处理量为12.7亿m^3，其余污水通过种种途径，最终都进入了各种水体，严重超过了水体降解、自净的能力，超过了水环境的承载力，河道水体中污染物浓度逐年增长，难以降解物质明显增加，河道黑臭现象日益严重。

1.2　经两轮"三年环保行动计划"的综合治理，河道水环境有所改善

自1999年以来，上海市大力推进以污水合流为核心的苏州河综合整治工程，即第一轮"三年环保行动计划"，按照"以治水为中心、标本兼治、重在治本"的方针，基本建成苏州河上游地区和中下游水系污水收集系统，全市城镇污水集中与分散治理相结合的体系框架和形态布局基本形成，污水处理能力得到很大提高。苏州河水质稳中趋好，成为龙舟竞渡和市民休闲的新选择；同时完成的梦清园建设和西藏路桥改建，已成为滨河景观的新亮点。

在苏州河综合整治的基础上，2003年开始实施了第二轮"三年环保行动计划"，进一步采取"截污治污、沟通水系、调活水体、营造水景、改善环境"等手段，推进城乡中小河道综合整治，重点对中心城区黑臭河道开展了全面整治，通过截除沿河污染源、清除垃圾和淤泥、拆除沿河违章建筑、新建防汛墙和生态型护岸、新增沿河绿化、水系综合调水等手

段,使中心城区河道水质得到了明显改善,90%的河道基本消除黑臭,水环境面貌明显改观,并且郊区骨干水系和城镇河道景观水平有较大提升,滨水地带正逐步成为市民乐于亲近的公共活动空间,市民满意度进一步提高。

1.3 河道水环境综合治理的不足和反思

上海河道水环境综合治理经两轮"三年环保行动计划",各行各业都付出了大量的努力和不懈的工作,但水环境并未能从整体上得到根本改善。主要是过于强调政府的主导作用,没有重视社会和市场的广泛参与,更多注重技术工程应用,忽略了相关制度的建设和完善,而且大多针对陆域、城区河道污染治理,放松了水资源生态综合治理,这些都是当前上海河道水环境治理进展不快、效果不明显的根本原因。

水是社会进步和经济发展的生命之源,是实现社会经济可持续发展的重要物质基础。上海目前的河道水环境距离实现"四个率先"、建设"四个中心"、创建全国环保模范城市以及建设社会主义新农村的总体要求,仍然存在很大差距。水环境治理和水资源保护已成为上海社会经济发展中具有全局性和战略性的重大问题。

2 关于上海水环境治理和水资源保护的几点基本认识

2.1 具有系统性、复杂性、长期性、艰巨性的特点

河道水环境综合治理涉及社会、经济、资源、环境等各方面,既和工农业生产和人民生活息息相关,又必须运用经济管理、社会管理、资金投入和科学技术等各种手段,是一项错综复杂的系统工程。同时上海是我国经济发达地区,经济发展速度较快,社会经济发展过程中新的污染物不断增加,污染治理须与社会经济发展相协调、相平衡,对水环境综合治理和水资源保护提出了更高的要求,具有系统性和复杂性的特点。

河道水环境综合治理的实质是自然水生态恢复和优化过程,自20世纪70年代末以来,由于人们生产、生活活动的影响,上海的河、港、湖水体污染严重,大大超出水体自净能力,河、港、湖生态系统明显退化且恢复困难,生态系统恢复具有明显的滞后性,是由量变到质变的过程,治理任务艰巨。河道水环境综合治理和水资源保护应正视其长期性和艰巨性的特点。

2.2 是自然与社会发展和谐统一的必然要求

水资源保护和水污染防治必须以流域或控制片为单元,这是水资源综合管理的客观规律。就上海来讲,水利控制片是由自然地理条件构成的,通过以河流为中心和水循环,形成一个结构上和功能上不可分割的整体,控制片内自然条件、生态环境、自然资源和社会经济作为统一整体,存在着相互影响、互为制约的关系。水资源开发利用要注重综合效益,合理利用水资源,保证人类社会、经济、环境的稳定繁荣,同时水作为一种可更新的资源,在开发利用中又受到人类经济活动最大限度的干涉和影响,须牢固树立水资源利用和保护相统一的基本观点,在社会、经济高速发展的过程中要特别注重水资源的保护。

2.3 要加强民众环保意识教育,吸引广大公众参与

在河道水环境治理和水资源保护的过程中,应尽早改变广大群众在水资源保护中的被动地位,尽快建立、健全水环境治理和水资源保护的社会机制,加强群众环保意识教育,要使每个人都清楚认识到自己是水资源的受益者,也是水污染的制造者,又是水资源治理

和保护的责任人。要建立乡镇（社区、村、组）的水资源保护机制，加强群众自我组织、自我管理的水资源保护活动和宣传。建立群众保护自身环境权益的法律基础，加强法律服务，开辟环境保护执法通道，吸引更多群众积极参与水资源管理决策。

3 水环境治理和水资源保护的对策

3.1 建立宏观管理和技术管理体系

一是建立和完善水资源治理和保护统一管理的政策法规体系，依法治水，依法管水，将水资源的开发、利用、治理和保护纳入法制轨道；二是建立综合、科学、先进的水资源调度体系，以及对水资源开发、利用、保护实施全过程动态调度的统一管理体制，分级管理、监督到位、关系协调、运行有效地对水资源实施优化配置；三是理顺水资源管理体制，建立以宏观管理为主体，全市管理与区县管理相结合，联结各部门各区县的水环境治理和水资源保护的统一管理监督机构；四是完善水资源污染补偿体系，制定科学用水定额，健全水资源污染补偿评价指标体系，利用经济杠杆促进实施水资源的优化配置，提高水资源的利用率，促进水资源的供需平衡；五是建立和完善水资源监控体系和信息网络，利用现代科技和先进管理技术，方便水环境治理和水资源管理部门及时准确地掌握水资源信息，做好相关水资源管理的决策。

3.2 编制水环境综合治理和水资源保护及可持续利用规划，并切实做好管理

根据上海市的实际情况，在传统水利向现代化水利转变过程中，为引导、推动水环境治理和水资源保护工作，须先行编制相关水资源可持续利用规划和水资源保护规划。根据上海区域内各水利控制片的水资源开发利用现状，按照社会经济发展与水资源、环境相协调原则，确定各控制片内水资源的主导功能及功能顺序，合理划分水功能区，作为水环境治理和水资源合理利用、科学保护和科学管理的依据。

3.3 加强截污纳管工作，减少入河污染物，切断河道污染源

在河道水环境治理中要坚持以治污为本、截污为先、按水系分片整治的原则，注重水的“安全、资源、环境”相协调。须根据规划加快污水处理设施建设，将污水总管建设延伸至各镇、街道、工业区等地区，并加大对禽畜牧场等面污染源的源头治理力度，同时重点推进二级管网建设，尤其是污水收集管网建设，为河道水环境治理开展截污治污创造条件。

3.4 充分利用现有水利工程调度水资源，改善水环境

河道水环境治理的核心是截污治污和控制污染物排放，在当前污染源还没有得到有效控制、河道水污染还比较严重的情况下，可以充分利用现有水利工程调度水资源，缓解水污染，改善水环境。一是在已沟通水系中加大引水调水力度，增加水量，加大水体的稀释能力，提高水体置换速度，加快污染物外排；二是充分利用已建泵闸工程，增加河道水动力，加快水体流动，增强水体自净能力。

3.5 加强长效管理，巩固提高河道水环境治理成果

河、湖、港作为水资源、水环境的重要载体，既极为珍贵又极为脆弱，既依赖本地区的保护又极易受上游水质的影响，即使治理好的河道，如果疏于保护和管理，仍会出现大的反复，因此长效管理工作是做好河道水环境治理和水资源保护工作的保障。应及时完善河道长效管理机制，以推进政府职能转变为核心，注重条块政策协调和机制牵引，进一步

明确事权划分和责任分工，理顺工作关系。同时进一步加强水源地保护，加大禽畜牧场治理和企业排污执法管理力度，加强水利、建设、环保、环卫部门的沟通配合，切实做好河、港、湖的维修、养护、保洁、执法等各项工作，巩固和提高河道水环境治理和水资源保护的工作成果。

4 结语

上海市经大力加强污水治理基础设施建设和河道综合治理，全市河道水环境已有了明显改善，但同时还有不少污水和河道尚未实施有效治理，河道水环境的面貌相对于社会大众的期望，上海实现"四个率先"、建设"四个中心"的目标，以及创建全国环保模范城市、建设社会主义新农村的总体要求，仍然存在很大差距。同时水环境治理和水资源保护具有流域性、系统性、相关性强的内在规律，以及投入需求大、技术要求高、建设周期长的特点，是一项长期而又艰巨的战略任务。

随着2010年上海世博会的日益临近，上海的水环境治理工作显得愈加紧迫，相关部门应以建设环境友好型社会为目标，进一步创新理念，创新管理，创新科技，继续坚持截污治污与河道整治同步推进，继续坚持政策机制与部门协调同步加强，继续坚持加快治理与加强管理同步提高，力争使全市河道水环境面貌得到持续改善，努力为上海现代化国际大都市和新郊区新农村建设、构建社会主义和谐社会做出新的贡献。

参考文献

[1] 沈大军. 水管理学概论[M]. 北京:科学出版社,2004.

[2] 上海市水务局. 2006 上海市河道报告[R]. 2007.

[3] 上海市水资源普查联席会议办公室. 上海市水资源普查报告[M]. 上海:上海科学技术出版社,2001.

[4] 刘晓涛. 城市河流治理若干问题的探讨[M]//上海郊区水利现代化探索与实践. 北京:气象出版社,2005.

[5] 方子云,汪达. 水环境与水资源保护流域化管理的探讨[C]//水环境保护与管理文集. 郑州:黄河水利出版社,2002.

普陀区河道水环境现状、问题及治理对策研究

谭克霆　葛　艳

（普陀区河道管理所）

河道是城市基础设施的重要组成部分，关系城市经济的持续、稳定、健康发展。随着上海现代化建设进程的不断推进，建设人水和谐的水环境已经成为增强城市竞争力、提升城市品位、发展经济的一项重要举措。按照上海市总体规划，普陀区作为上海西区物贸中心，其经济发展主要侧重于商贸流通、居住休闲、生产加工、旅游服务，这对河道环境也提出了更高的要求。我们在对普陀区河道水质环境调查的基础上，对河道水质环境现状、存在的问题及其原因进行探讨并提出了相应的治理对策。

1　普陀区河道概况及整治情况

1.1　河道概况

普陀区共有河湖109条，其中河道62条，人工湖47个，分属水利综合治理分片中的蕴南片和嘉宝北片，根据上海市水务局2006年的确认，中长期保留河道为46条，其中市管河道5条，区管河道19条，河道总长度71.21km，水面面积1.4km^2，水面率为2.55%，从河网的分布来看，主要分布在桃浦和长征两个镇，仅桃浦镇的水面率就达4.02%，大大高于普陀区的平均水面率。

在普陀区境内，桃浦河是一条重要的河流，桃浦河在普陀区境内长10.3km，沿线有9条支流，构成了普陀区内重要的河网之一。桃浦河不仅是普陀区重要的排水河道，也是引清调水的骨干河道。新槎浦、中槎浦也是普陀区较大的河道，属于清水河道，是普陀区重要的清水水源。

1.2　近年来整治情况

从1998年起，普陀区的河道整治工作逐步由治标到治本。1998年面清岸洁，1999年建堤植绿，2000年景观样板。2000年后，以三年环保行动计划为主线，普陀区开展了大量的河道治理工作，前二轮三年环保行动计划，完成了桃浦河、西虬江、中槎浦、新槎浦等骨干河道整治，2004年起，又以解决真如港等19条黑臭河道为抓手，新建、改建各类防汛墙38.2km，疏浚河道57.2万m^3，增加河道槽蓄量约65万m^3，使本区出现了一批“面清、岸洁、有绿、有景”的景观河段，骨干河道基本实现沟通。在河道水质改善方面，2.2km长的曹杨环浜率先在科学技术应用上开展探索，通过种植沉水植物、放养多种水生动物进行河道生态修复系统研究，并建设造流设施用以促进水动力，河道水质有明显改变。

目前实施的第三轮三年环保行动计划（2006~2008年），普陀区继续深入开展骨干河道的整治，巩固整治成果，已完成真北林带赵巷浜河道综合整治工程，目前木渎港防汛墙综合改造

一期工程正在施工中。此外,对水质已改善尚不稳定的真如港、蔡家浜、工业河、红祁河、外浜等河道,继续采用曝气增氧、水生植物浮床、复合酶、生物膜等各种技术实施深化治理。

1.3　水质状况

2002~2003年,苏州河六支流一期工程在普陀区敷设截污管道31.6km,对市政泵站、农村排涝泵站、市政直排口以及351户企事业单位、住宅小区等截污纳管,消除了90%的直排河道的排污口。总的来说,通过截污纳管、综合整治等措施,普陀区河道水质得到了较大的改善,但是我区桃浦河、新槎浦、西虬江等重点考核河道监测数据显示以上3条河道水质反复较大,有时还有黑臭现象。此外,从我区环境监测站对26条中小河道的30个水质监测点监测数据来看,目前我区中小河道水质状况不容乐观,间隙性水质黑臭河段接近1/2。普陀区大部分的河道水质属劣Ⅴ类,污染严重,其中以桃浦河为首,新槎浦水质介于Ⅳ~Ⅴ类之间,经过深化治理的河道水质达到Ⅴ类,曹杨环浜水质最好,达到Ⅲ类标准。

普陀区内的河流水污染属于有机污染型,主要污染因子为溶解氧、化学需氧量、高锰酸盐指数、氨氮、生化需氧量,其中氨氮的污染尤为严重,除曹杨环浜以外,各监测断面氨氮含量均劣于Ⅴ类水;其次为化学需氧量,劣于Ⅴ类水的断面占96.4%,溶解氧、生化需氧量劣于Ⅴ类水的断面分别达82.1%和78.6%。此外,普陀区各河道底质已受到重金属不同程度的污染,其中镉对河道污染的贡献最大,其次为铜、锌、铅,汞的污染较轻。

2　普陀区河道存在的主要问题及成因分析

普陀区河道水环境存在的主要问题是河流水质较差。区内河道虽经治理,但治理效果不能得到长期有效的维持,一段时间后,水质又出现反复。深入分析普陀区河道水环境的现状,总结其原因,分别从以下几个方面说明。

2.1　外界污染因素

(1)排水系统不健全。普陀区共涉及规划市政排水系统26个,其中已建成的有20个,仍有近1/3的地区没有排水系统,在已建成的排水系统中有8个低标准排水系统需要改造。一方面,市郊结合部、自然村由于没有排水系统,截污不彻底,一些工厂企业污水和居民生活污水直排河道造成水质严重污染,如桃浦镇的工业河、李湾河、里店浦等;另一方面,已建分流制排水系统雨污混接现象严重。一些老城区由于修建较早,现有污水管管径小、承载能力不够,为解决污水出路,周边小区排水管随意接入雨水管,如曹杨地区位于桃浦河的曹杨雨水泵站,即使是晴天,每天也要向桃浦河排放3万多m^3的污水,可见污水经雨水管道排入河道的量也相当惊人。

(2)初期雨水径流污染。据分析,点污染源得到有效控制的城市水体中,一般来说BOD负荷40%~80%来自降雨产生的径流。可见,普陀区河道的一个重要污染源就是市政雨水泵站放江污染,大量雨水未经处理直接由雨水泵站排入河道,导致水质污染十分严重,桃浦河及其支流沿线共有10座雨水泵站,雨后城市径流和市政雨水未经任何处理直接排入,大量的悬浮物、有机物、垃圾等一同汇入河中,形成污染冲击负荷,河中溶解氧急剧下降,氨氮指标上升。这种借雨排污问题,是造成河道水质恶化的根本原因之一。

(3)社会面源污染问题,包括摊群市场污染、城市垃圾污染、乱堆乱放污染、乱泼乱倒污染等城市环境卫生脏乱造成的污染。人口集中、人流物流大、管理不善、人们环境意识文明程度不高等都是面源污染构成因素。

(4)受相邻区影响,水质时常出现大的反复,如新河南浜位于宝山区和普陀区交界的位置,由于宝山区分布大量的小工厂,而工业废水大多直接排入新河南浜,导致新河南浜水质变差。张华浜也由于河道西岸嘉定江桥居民生活污水及部分企业污水直排而导致水质变差。

2.2 河道自身自净能力差

(1)河床淤积严重。以桃浦河为例,桃浦河平均水位仅为3m左右,而平均淤积量竟达到1.5m,严重影响了水体的流动能力,进而导致自净能力变差。桃浦河不仅底泥淤积严重,并且在淤积层普遍尚有20~60cm悬浮在淤积层上的泥糊状物质。这些悬浮在淤积层上的泥糊状物质,只要水一动就会全部泛起水中,形成黑色水质,河底的淤积再加上这些悬浮在淤积层上的泥糊状物质为河中水质变劣提供了温床,如果遇上闷热天,河底淤泥就会发酵,冒起黑水泡,严重影响水质。

(2)河道流动性不足,导致水体置换和自净能力变差。如特别突出的桃浦河,因下游桃浦河泵闸施工关闭了蕴藻浜出口的闸门,桃浦河流经岸线较长,水动力不足,制约了木渎港泵闸引水水量和效果。再如真如港,河长4.8km,河道相对较窄,弯道较多,沿线桥涵很多,调水流量小,流速慢,导致从光新路段到桃浦河河道黑臭。

(3)水体不沟通。由于前阶段城市建设中的填河造地,形成很多断头浜,如外浜、朝阳河、河南浜等,由于河道水流不畅,水体不流动,导致水体自净能力降低。

表1简要列出目前普陀区黑臭河道及黑臭原因。

表1 普陀区黑臭河道及黑臭原因

序号	河道名称	黑臭位置	黑臭原因
1	桃浦河	怒江路以北至周泾桥	市政雨水泵站放江污染、沿线支流污染、河床淤积、水动力不够
2	新槎浦	中槎浦至南大路	宝山陈家江通过南大水闸、侯江桥水闸排入污水
3	西虬江	全线(真光泵站段最严重)	真光泵站放江污染、水体不流动
4	真如港	光新路以东至桃浦河	水动力不够、部分居民生活污水直排河道
5	大场浦	交通路以北至横港	岚皋南泵站放江污染
6	外浜	全线	排水系统不完善、截污不彻底
7	蔡家浜		
8	达长浜		
9	李家浜	真南路以北至新河南浜	截污管径小、华环豆制品厂污水溢流、自然村居民生活污水及部分小企业污水直排
10	新河南浜	祁连山路以西至新槎浦	受李家浜及宝山陈家江(侯江桥水闸)污染
11	横塘河	沪嘉高速公路至真陈路	自然村居民生活污水及部分小企业直排
12	张华浜	绥德路以北至南河支线	河道西岸嘉定江桥居民生活污水及部分企业污水直排
13	红祁河	桃浦河以东	莲花小区雨污混接直排河道
14	工业河	全线	杨桥小区雨污混接直排河道、自然村居民生活污水及部分小企业污水直排
15	里店浦		
16	李湾河		
17	河南浜	全线	自然村居民生活污水及部分小企业

3 普陀区水环境治理和保护措施的几点建议

3.1 近期措施

(1)健全机制,增强合力。水环境治理的系统性、相关性、综合性强,具有投入高、周期长、难度大的特点,因此目前实行的是分级、分部门河道管理体制,职能交叉,河道、保洁、水污染、滨水区建设等问题涉及单位多,管理分散。建议对其统一管理,加强对重大和难点问题的协调,建立健全相关管理、制约制度。

(2)深化乡镇水务体制改革。长征、桃浦水利排灌站承担着大量的防汛、排涝、水资源保护、水环境治理等公共服务职能,远远超过原先界定的排灌职责范围。由于历史原因,人员、机构、运行经费来源无法全部落实,其工作重心很大一部分放在了经营创收上。目前,市水务局、编办、财政局联合拟定了《关于本市深化乡镇水务管理体制改革的意见》,改革后,实行管养分开、事企分离,编制定性为事业性质,经费纳入区财政预算。

(3)开展河道分类整治。针对本区市政基础设施不完善,部分河道小、散、短、断,沿河违章搭建多、治理难度大的特点,因河制宜,分类整治。在截污治污、沟通水系并辅以持续性调水的基础上,对暂时没有污水收集系统或系统不完善的,采用沿河排管等方式,减少污水入河;对水质改善不稳定的,采用各种水质净化技术,提高水体的承载能力。

(4)控制和治理各类污染源。结合目前全市开展的入河排污口单位登记工作,对全区河道入河直排口进行全面调查,对排水户的性质、水量、水质、内部管网情况进行调查。进一步强化对排污口的监督管理,协同区环保局加大企业排污监测频率和执法检查力度,严格控制新建排污口,打击偷排现象。此外,还要严格控制各类新建项目的排水管道建设,分流制地区必须实施雨污分流,杜绝雨、污水管混接。

(5)加大引清调水力度。定期开闸引水,能增大流速、提高水体复氧、加快污染物降解。目前调水工作尚处于实践阶段,应当加强同相邻区之间的协调,制订严密的调水方案,明确引水次数、引水量、引水期间沿河排水泵闸的开启时间等,做到上下游联动,并使其日常化、制度化,确保调水的顺利进行。

(6)加强河道日常维护。对水质不稳定的河道,特别是深化治理后的河道,要定期进行水质监测,落实后续水生态系统优化与维护管理的措施。对其他河道也要进行水质、河床淤积情况监测,定期清淤,将河道日常养护各项措施落到实处。

3.2 远期措施

(1)推进市政排水系统建设。对没有排水系统、低标准排水系统的地区要逐步实施新建和改造;对现有排水系统存在雨污混接现象的要逐步整治;对雨水泵站初期雨水,利用湿地系统、蓄水池等措施开展初期雨水处理,考虑到初期雨水净化投资较大,可先行试点研究,再逐渐推广。

(2)进一步沟通水系,调活水体。根据《普陀区景观水系基础性规划》,有步骤分阶段地推进河道的综合整治和水系沟通,加强西部地区水系梳理,为沟通河、湖留出实施空间。逐步实施排涝泵站改造,变单向排水为双向引排,利用水利控制工程使水系流通起来,提高引清调水效果。

(3)对河道进行规范化管理,建立信息数据库,做到一河一档。对河道地理位置、防汛墙结构、护栏、河床、沿河排污口、雨水泵站、穿河管线、沿河构筑物、亲水平台等进行全面调查，对水质状况进行监测，落实养护管理计划和措施。探索管养分开、市场化运作机制。对河道设施养护、设备运行、水质维护实施公开招标，择优选用专业养护单位，发挥市场机制的作用，进一步提升管理的科技含量。在桃浦河水闸泵站计算机自动监控系统的基础上，逐步实现全区骨干河道水情、工情数据实时采集、图像监视、事件警告、信息交互、报表查询等功能。

（4）进一步探索封闭水体的治理。我区公园、住宅、绿带共有 47 个封闭型人工水体，这些封闭水体在美化生态环境方面起着重要的景观作用，曹杨环浜的水生物治理为封闭水体的治理积累了宝贵的经验，应当不断地推广到其他封闭水体的治理中。此外，还应开展普陀区河道水环境承载力与现状纳污量的研究，控制排污比例。

生态理念在河道整治工程中的应用

姜国芬

（上海市浦东新区河闸管理署）

1 浦东新区河道的基本情况

浦东新区位于上海市东部，黄浦江下游和长江入海口南侧，是长江三角洲前缘的一块三角形地带，总面积533.44km^2。

根据浦东新区最新水资源普查资料显示，新区现有河道数量4 623条段，总长2 276.3km，河道面积37.2km^2，河面率7.12%。水支持着经济发展，随着新区城市化进程的加快，一些单位无视河道的流域性、整体性，与水争地，擅自填堵侵占河道或束窄河道断面，致使新区河网水系遭到破坏，水面积急剧减少，河面率由浦东新区开发之前的10.47%下降到如今的7.12%，减少了3.35个百分点 。城市化的建设又使暴雨失去原土壤的滞蓄，直接形成地面径流，使暴雨排水流量更加集中，河道的排水负担加重，水位升高，不得以加高堤防岸墙，以保安全。而且开放初期，由于环境保护意识不强，以及受当时种种条件的限制，雨污不分，污水直排河道，随着经济的快速发展，河道水体受到严重污染。最新普查显示，新区目前无Ⅰ类水质的河道，Ⅴ类和劣于Ⅴ类水质的河道占总河道的66% 。经整治的河道多数为钢筋混凝土或浆砌块石护岸，河道完全被人工化、渠道化，河道的自然生态环境严重破坏。

2000年起上海实施了环境保护和建设三年行动计划。2003年起开始实施新一轮环境保护和建设三年行动计划，在这三年时间里，将花几十亿元投资对上海中、小河道的水环境进行一次综合治理。在制订《上海水资源综合规划纲要》时，充分吸取国外先进的治水理念，并结合上海的实际情况，提出了“安全、资源、环境”三位一体的治水方针，同时，承办2010年世博会，对环境提出了更高的要求。因此，引进自然生态型河道建设的新理念成为一种需求。

2 河道整治理念的更新

过去河道的功能主要是行洪、排涝、灌溉、航运等，因此河道治理大多数采用硬质护岸结构，岸线强调顺直，许多弯曲的河段被裁弯取直，河道设计完全被人工化、渠道化，河道的形式变得十分单一，河道生态体系环境非常单纯和不稳定。河流因缺少湿地丧失了生物多样性的基本特性，而且由于河水受污染后发黑发臭，人们也尽可能地远离河道。

随着经济的发展，人们对环境的要求越来越高。良好的河道景观和滨水设施是体现一个城市现代化的重要内容，以绿地入水，游廊观水，使久居城市的人们可以体会到回归自然的感觉，为广大市民创造一个优美、舒适和富有情趣的临水空间。因此，在有限的空间极力营造生态河坡和滨水景观的理念是应该倡导的。但位于中心城区的河道，由于土地资源的紧张，河道断面往往采用复式（下部为梯形，上部为矩形），在国际上发达国家纷纷拆除钢筋混凝土挡墙的同时，我们还不得不用钢筋混凝土筑起沿河的挡墙，因此护岸大多仍是硬质结构，只是强调了沿河景观，人工痕迹较明显，而且工程费用较高。

随着生态宜居城市目标的确定，人们对环境质量的要求也越来越高，河道水系是城市生态系统的重要组成部分，在城市中体现出多种不可替代的功能。城市河道整治除了满足河道的蓄水、泄洪、航运、输水等功能外，提供富有情趣的水环境、水景观是河道整治必须考虑的问题。

参照国外的先进经验，目前比较流行的一种河道环境综合整治的新方法是自然型河流建设，它强调了自然、生态的河道整治理念，在平面布置及护岸形式上考虑河流固有的生物环境，保护和创造出优美的自然景观；它把水边作为多种生物生息空间的核心，并把河流建设成尽量接近于自然，即把自然河流的状况作为样本，在确保防洪除涝安全的基础上，努力创造出丰富自然的水边环境。这种自然型河流建设，不是单纯的保护自然，而是在积极推动水边环境建设的同时，让丰富的自然回到水边。如：利用自然石料和水生植物恢复水体的自净能力；在常水位以上的河岸上增设绿化带，保障动物的生息环境；在确保河流的防洪除涝、水资源利用功能的同时，创造出优美的自然环境，并实现与充满魅力的城市景观的和谐共存。

综上所述，随着社会经济的发展，人们对环境的要求提高，河道整治工程由水利工程演变为环境工程。护岸的设计理念发生了如下的变化：水工结构→结构 + 景观→生态型河道护岸。

3　生态型河道建设要点

生态型河道建设，主要应遵循以下原则。

3.1　恢复河道的原有结构，为生物营造多样的、丰富的环境条件

在河道整治中，恢复原有区域的结构形态与自然特征是这一生态修复工程中所涉及的改善水质、回迁原有生物群，特别是重新建立水生生物生态系统等方面取得成功的基础。

3.2　扩大水面和绿地，为生物提供更多的生存区域

向上、下游延伸，并扩大到支流，增加绿化通道，与岸边绿地、树林之间形成水、绿网络，增强岸边动植物栖息地的连续性，那样，生物就可能在该范围内移动，从而丰富了物种，使整个生态系统变得更加稳定。

3.3　扩大水和绿的区域，使居住环境更舒适

在城镇中，扩大水和绿的区域，不仅保护了生态系统，而且地下水得到涵养（有效补给），改善了城市的水循环，缓解了城市酷暑的炎热与严冬的寒冷程度，抑制了洪水的下泄，净化了空气，使城市的环境变得更加舒适。这就是建设自然生态型河道带来的种种效果：形成优美的风景。

3.4　营造具有简洁、朴实风格的河流景观

自然的河流，其形态最为丰富，景观最为优美，而且简洁、朴实，对于业主的各种要求，

不是简单、生硬地将其放到设计中去，而是协调地将这些要求融合于设计方案中，切忌将河道设计成单纯通水的渠道。

在生态型河道建设中应注意以下几个方面的问题：

(1)河道岸线应顺其自然，河道断面主要为梯形，并根据地形在河坡合适的高程设置一些平台，供水生动物栖息。岸边设置亲水平台或步道，为人们提供游乐、休闲的亲水场所。

(2)河道护岸，除有特殊要求外，应改变过去通用的硬质护岸，改为自然草坡或具有透水性的可种植植物如绿化混凝土类的新型护坡。既美化环境，又起到河水与地下水自然交换和调蓄的作用。

(3)岸边的人行步道一般采用透水性材料，有利于雨水渗透和利用。

(4)在岸坡上及河道中种植水生植物和野生植物。根据水位的变化及水深情况，植物种类需精心配置，选择野生植物形成水生—湿生—中生植物群落带，使河道成为多种水生植物的展示地，同时随着水生植物群落的形成，许多野生动物和昆虫也得以栖居、繁衍。人们也能有机会欣赏到自然生态和野生植物之美。

种植的水生植物一般有水生的荷花、茭白、菖蒲等；湿生和中生的包括芦苇、茅草等。这样可形成较好的生物链，恢复生物多样性。

4 生态理念在新区机场镇生态河道项目工程中的应用

机场镇生态河道项目工程北起畅塘港，南到机场围场河，东临随塘河，西至东横港，整个区域面积为 $7km^2$，水域面积 61.81 万 m^2，河道约长 30km，总体布局可归纳为"一环、二轴、四点、五横四纵"。通过整治，水域面积率由原来的 8.83% 提高到 10.17%，提高了 1.34 个百分点。

河道护岸一改以往的混凝土、块石砌筑结构型式，而是尽可能采用回归大自然的软质植草斜坡，并与沿岸绿化、净点相融合，向下通过水生植物的种植延伸到河流水中，形成回归大自然型式的水生态环境，暴雨时间可延滞地面水的汇集，日常则便于河水与地下水的交换，起到一定的湿地作用。河道的轴线、断面的大小均按体现自然河流的形态设计，体现出自然美感，河岸效果图见图 1。

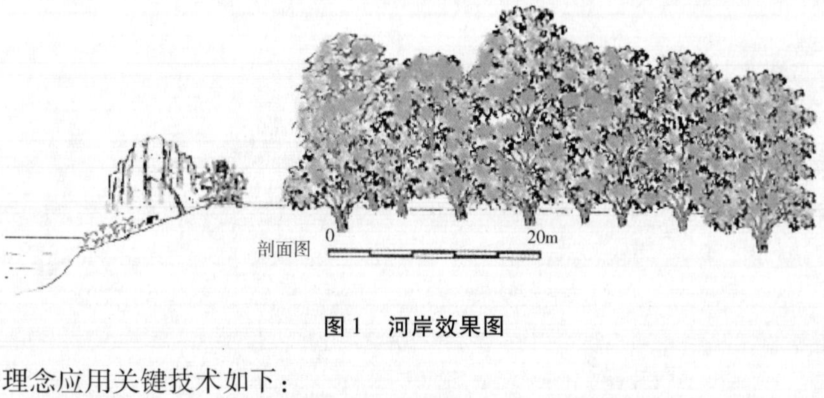

图 1 河岸效果图

生态理念应用关键技术如下：

(1)人工湿地技术。以自然河流状态作为样本，在确保防洪安全的基础上，努力创造出丰富自然的水边环境,建立起阳光、植物、生物、土壤、堤岸之间和谐共存的河流生态系统,恢复和发挥河流湿地调蓄洪水、调节气候、净化水体以及保护生物多样性等自然生态和环境功能。

(2)土壤生物工程技术。土壤生物工程采用有生命的植物根、茎(杆)或整体作为结构的主要元素,按一定的方式、方向排列将它们扦插、种植或掩埋在边坡的不同位置,在植物群落建群过程中实现加固和稳定边坡,控制水土流失和生态修复。

(3)水生植物全(半)系列技术。根据各岸段及河流基底情况,结合河段的生态景观设计,确定全系列、半系列营建及物种配置和群落的时空格局,即由坡岸向河流中心依次为湿生植物带、挺水植物带、浮水植物带和沉水植物带。通过不同种类、分布的合理配置,提高水生植物群落的生物多样性,促进植物群落的稳定和有序演替,改善和修复河道的生态环境。

(4)河床微生物净化技术。利用河段的卵石或特殊材料具有较大的接触面积,适合微生物的繁殖及生长空间这一特性,加入合适的有益微生物群落,增强微生物的净化、附着作用。

提高河道的净化能力,有益菌对污染物的处理效果能达80%以上,BOD除去率一般在70%~85%,悬浮物除去率在75%~85%,从而实现净化河道水质的目的,满足景观用水要求,同时为水生生物提供良好的生长环境。

5 结语

浦东的河道经过几年的治理,已有了显著的改善。几年来的河道治理经验告诉我们,随着人们生活水平的提高,人们越来越注重生活的质量,人们需要的不仅是消除黑臭,而是渴望在闲暇时光能尽可能地接近大自然。因此,恢复城市河道的生态功能是必要的。工程建设人员在今后的河道整治中,要将自然、生态的河道整治理念运用到工程实践中去,恢复河道生态,重视河道的生物多样性。本文针对生态型河道建设过程中主要应遵循的原则和需要注意的问题作了探讨,并对机场镇生态河道整治进行了简要介绍,希望能为以后的河道建设提供借鉴。

张家浜整治对水环境影响研究

王 玲

（上海市水利管理处）

1 张家浜概况

张家浜位于浦东新区，是浦东新区重要的骨干河道，东西横穿整个浦东新区中部，西起黄浦江，东至长江口，全长22.9km。张家浜沿途流经陆家嘴金融贸易区、唐桥街道、花木、洋径、唐镇、金桥、张江、王港镇等地区，并穿过浦东世纪公园和汤臣高尔夫球场等著名景观区域，与南北向的咸塘浜、三八河、马家浜、曹家沟等河道相沟通，承担着浦东新区腹部地区的排涝、引水和水资源调度的重任。整治前，河道淤积严重，淤泥厚度在1.0～2.0m，河道原来的防汛排涝以及引水功能大为降低。同时由于周边市政雨污水管网设施和治污工程建设滞后，污水排放控制不严，两岸工业区、居住区的大量污水直排张家浜，河道水体污染严重。特别是张家浜西段位于浦东新区中心城区，在快速城市化进程中接纳的污水大大超过自净能力，不仅河床淤浅，堵塞严重，而且沿河污水、垃圾乱排乱放，违章建筑随意搭建，致使该段常年黑臭，排水不畅，生态环境遭受严重破坏。

为了切实改善张家浜及其沿线的环境状况，浦东新区政府组织实施了张家浜综合整治工程，工程总投资达10亿元，分两期实施，一期（西段）为张家浜水闸至罗山路桥，主要对西段河道疏浚拓建，实施污水截流纳管，清除污染源，工程从1998年初进入实质性启动；二期包括中段（罗山路桥至马家浜）和东段（马家浜至长江口），主要疏拓张家浜东段河道，开通浦东运河至长江口段5.25km，实施东引西泄调水工程，引入水质较好的长江水，工程于2002年5月竣工。

2 研究断面选取

为了全面反映张家浜整治前后水质的变化情况，根据浦东新区环境保护监测站的监测断面设置，选取包括西闸断面、三桥断面、大湾断面，以及河道综合整治后增设的东方路、锦绣路、世纪公园、罗山路断面共7个监测站点（见图1），选取1997～2000年监测数据（数据来源于《上海浦东新区环境质量报告书》），结合浦东几条主要河流的历年水质变化情况进行对比分析，整体评价张家浜综合整治一期工程实施前后的水质变化。

另外，于2003年1月在张家浜的川南奉公路、大湾、三桥、罗山路断面采取水样，进行水质分析，所得数据作为二期工程实施后水环境质量状况分析评价的依据。

3 水质评价标准

本次评价采用《地表水环境质量标准》（GB3838—2002）。张家浜水功能为城市景观用水，参照表1规定，功能划分为5类。

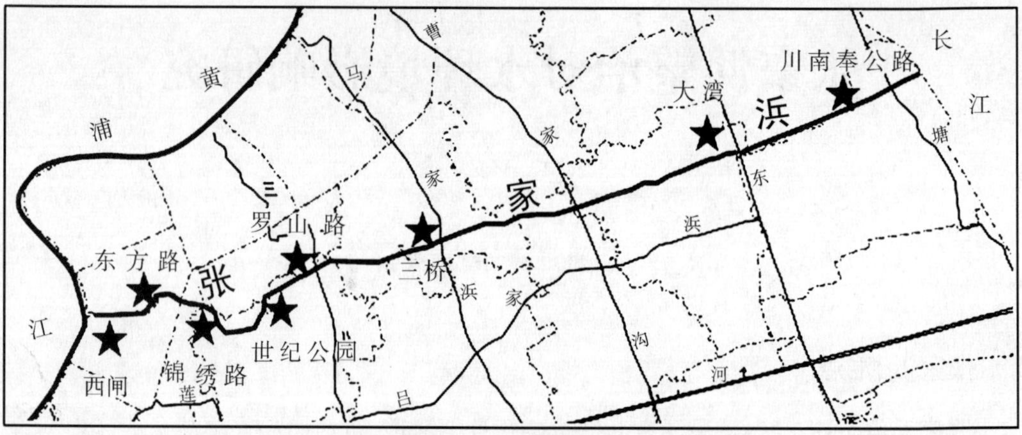

图 1　张家浜综合整治范围及水质采样点分布图

表 1　地表水环境质量标准　　（单位：mg/L）

指标	Ⅰ类	Ⅱ类	Ⅲ类	Ⅳ类	Ⅴ类
溶解氧	饱和率 90%	6	5	3	2
BOD_5	3	3	4	6	10
高锰酸盐指数	2	4	6	10	15
化学需氧量	15	15	20	30	40
氨　氮	0.15	0.5	1.0	1.5	2.0
总　磷	0.02	0.1	0.2	0.3	0.4
石油类	0.05	0.05	0.05	0.5	1.0
总　氮	0.2	0.5	1.0	1.5	2.0

4　水质评价方法

4.1　单因子评价

基于各站点所监测指标的可比性，本次分析的项目有溶解氧（DO）、高锰酸盐指数、五日生化需氧量（BOD_5）、化学需氧量（COD_{Cr}）、氨氮（NH_3-N）、总氮、总磷、石油类。

4.2　综合评价

对水质进行综合评价，有利于从总体上反映水质的污染程度，与单因子评价相比，多因子综合评价更能直观地反映水质的整体污染水平。

4.2.1　综合指数的计算

水质综合指数是在单项指数评价的基础上计算得到，选择高锰酸盐指数、化学需氧量、五日生化需氧量、氨氮、挥发性酚、总汞、石油类和总磷等 8 项指标进行水质综合评价。

单项指数的计算公式如下：

$$P_i = C_i / S_i \tag{1}$$

式中：C_i 为污染物实测浓度；S_i 为相应类别的标准值。

综合指数的计算公式如下：

$$P = \frac{\sum_{i=1}^{n} P_i}{n} \tag{2}$$

式中：n 为参与评价的 8 个项目。

4.2.2　水质污染程度的判别

根据水质综合指数的大小可以将水体分为合格、基本合格、污染和重污染四类。

(1)合格：$P \leq 0.8$，各项水质指标基本上能达到相应的功能标准。

(2)基本合格：$0.8 < P \leq 1.0$，有部分指标超过相应类别的标准，但这些指标不直接影响水质功能效应，水体功能没有受到明显损害。

(3)污染：$1.0 < P \leq 2.0$，由于综合指数已经明显超过 1.0 标准限值，多项指标已超过相应的标准值，其水体功能明显受到制约，水质对应功能已受到污染。

(4)重污染：$P > 2.0$，各项水体指标的总体均值已超过标准 1 倍以上，部分指标可能超过标准数倍，水体功能受到严重危害。如不采取必要的措施，直接利用其水体功能可能是危险的。对这类水体必须采取必要的措施或改变其功能，或付诸行动开展污染整治。

5　水环境质量变化评价

5.1　一期工程实施对水质改善效果评估

5.1.1　张家浜主要监测断面水环境变化情况

(1)西闸断面。一期工程实施后，西闸(浦东南路)断面水环境质量明显好于 1997 年和 1998 年，水质改善效果显著。1999 年水质与前两年相比，有很大程度的改善。溶解氧大幅度上升，1999 年已达到Ⅳ类水质标准。高锰酸盐指数、COD_{Cr}、BOD_5、氨氮、总氮的平均值都有大幅度下降，其中高锰酸盐指数、COD_{Cr}、石油类都能达到Ⅳ类水质标准，总磷、氨氮虽然不能达到该处断面要求的Ⅴ类水质标准，但也有很大程度的降低，向Ⅴ类水质标准靠近。在 2000 ~ 2002 年，水质基本保持稳定，溶解氧升高，其余项目有所降低(见图 2)。

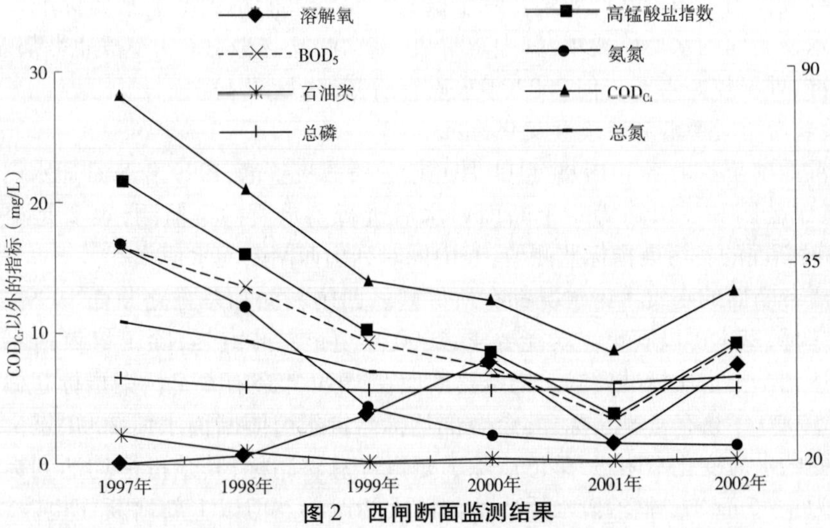

图 2　西闸断面监测结果

(2)三桥断面。三桥断面1999年的污染程度比1997年和1998年有所加重,高锰酸盐指数、COD_{Cr}、BOD_5的平均值都有所上升,溶解氧有小幅度下降。一期工程实施完成后,2000年三桥断面水质污染状况有所缓解,各项污染指标平均值较1999年有一定的降低,特别是氨氮和总氮的下降幅度较大,与1997年相比较,氨氮从27.91mg/L下降为原来的1/5,总氮下降到7.94mg/L。有3个污染指标超标,超标率为37.5%。1999年到2001年水质有所改善,但2002年又有所变差(见图3)。

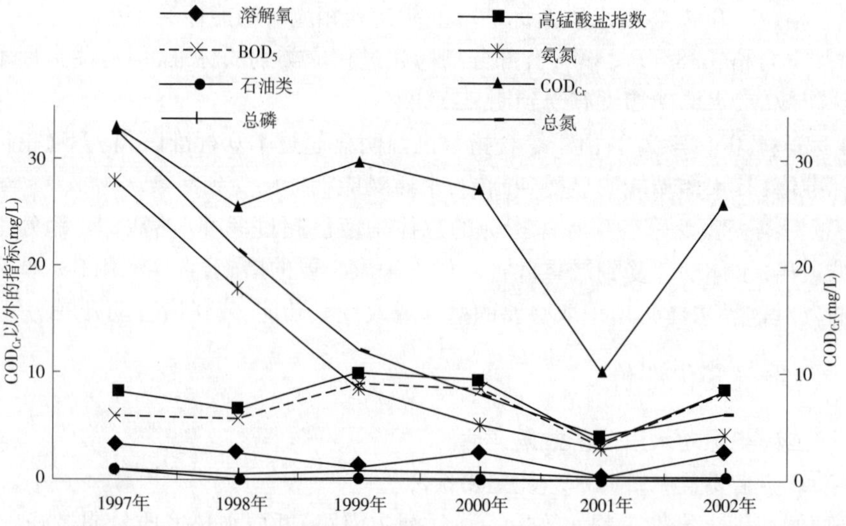

图3　三桥断面监测结果

(3)大湾断面。大湾断面变化呈现出循环波动状态,从数据上来看,1999年和2000年的水质污染程度相比前两年有一定的加重。1999年各项污染指标平均值有较大增长,溶解氧有所降低,而2000年水质状况有所改善。但从各项指标值比较来看,大湾断面的水质污染程度比另外两个断面要轻。除了氨氮和总磷不能达到Ⅴ类水质标准外,其余都能满足该水质断面的水功能要求,其中溶解氧、高锰酸盐指数、COD_{Cr}、石油类都能达到Ⅳ类水质标准,处于较好水平。但2002年水质有所变坏(见图4)。

5.1.2　*西段新增断面水环境质量变化情况*

张家浜西闸至罗山路于1998年11月开始分段截流整治,1999年8月通水。东方路、锦绣路、世纪公园和罗山路等4个断面通水后进行了水质污染监测,表2是1999年和2000年增设断面的各污染指标监测值,表中同时列出西闸断面水质指标。

整治后各断面的水质污染情况都有所好转。西闸断面和东方路断面1999年有两个污染指标超标,基本可以满足水功能要求,2000年更进一步好转,除了氨氮达不到要求,其余都能达到Ⅴ类水质标准要求。锦绣路断面在1999年还有6个污染指标超标,超标率达到75%,2000年只有氨氮超标,其余全部达标。世纪公园断面水质2000年全部达标。罗山路断面的水质变化不明显,整治后除了氨氮和总磷超标,其余指标均达到标准,氨氮浓度一般为4~5mg/L。整治段水质比整治前大为改善。但以上新增断面也表现出一个

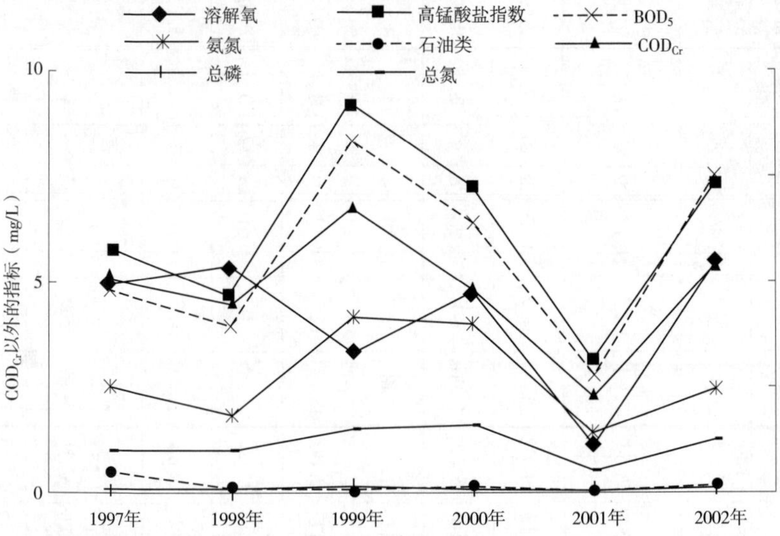

图4　大湾断面监测结果

共同的特点，经过整治后氨氮和总氮的超标倍数相对较低，对河流水质的影响有一定程度的减轻，但还达不到V类水质标准要求，两项指标的平均值有从东到西逐渐增加的趋势。

总的来说，张家浜河道断面在一期工程整治后水质状况良好，可满足张家浜水功能要求。特别是西闸断面的各项污染指标都有大幅度降低，水质有明显的改善。

三桥和大湾断面的污染程度较轻，基本满足断面的水环境功能要求。一期整治工程实施后，两个断面的水环境质量没有明显的好转趋势，各项水质指标处于波动状态；氨氮和总磷污染程度有所缓解，超标倍数相对较低，对河流污染的贡献下降，但仍然处于超标状态，这也是三个断面都表现出的状况。

5.1.3　浦东新区主要河流水质变化综合比较

从表3可以看出，张家浜以及周边水系在1997年污染状况十分严重，水质污染综合指数都处于重污染水平，尤其张家浜是浦东几条主要河流中污染程度最严重的一条，各个断面综合污染指数都在16以上，位于城市化地区的西闸断面污染指标全部超标；一期工程开始实施后，1998年各条河流污染综合指数均有很大程度的下降；一期整治工程竣工后，张家浜河道水质显著改善，以整治前污染最为严重的西闸为例，1999年综合指数为0.91，基本合格，2000年降至0.53，水质合格，各项指标基本上能达到相应的功能标准。其余两个监测断面的水质情况也有很大程度的好转，三桥断面从1997年的17.02下降到2000年的1.21，大湾从1997年的16.56下降到0.73，水质合格，各项水质指标基本上达到相应的水质功能要求。

其余河流断面的超标个数一般为2～5个，1997年的污染指数较高，其余各年份的污染指数也没有明显的变化。从张家浜与浦东新区几条重要河流的综合比较可以看出，进行一期综合整治后，水质好转的趋势非常明显，进行综合整治的目标也已经实现。

表 2　西闸和东方路断面水质情况

监测断面	西闸				东方路				锦绣路				世纪公园			罗山路			
年份	1999	2000	2001	2002	1999	2000	2001	2002	1999	2000	2001	2002	1999	2000	2001	1999	2000	2001	2002
溶解氧（mg/L）	3.71	7.85	8.01	7.3	2.86	7.62	8.3	7.52	0.91	7.6	8.4	7.18	6.61	9.01	2.9	3.36	3.7	4.2	5.25
高锰酸盐指数（mg/L）	9.97	8.38	10.3	8.93	10.14	8	8.8	8.91	17.1	9.35	8.3	8.51	7.54	7.84	2.5	9.18	9.38	8.6	9.22
COD_{Cr}（mg/L）	30.86	25.03	28.5	27.58	33.93	22.16	25.1	26.21	59.55	29.03	23.8	24.13	21.42	22.37	6.9	30.31	28.15	22.4	25.97
BOD_5（mg/L）	9.28	7.18	9.9	8.6	9.68	6.53	8.9	8.09	14.44	7.3	8.6	8.16	6.62	6.96	2.8	7.93	8.49	7.8	8.35
氨氮（mg/L）	4.15	2.03	1.7	1.16	3.78	2.04	1	0.81	4.16	2.05	1.8	1.41	2.52	0.8	0.5	4.39	4.77	4.3	3.86
石油类（mg/L）	0.14	0.25	0.1	0.13	0.22	0.24	0.2	0.13	0.84	0.25	0.1	0.11	0.06	0.19	0.1	0.22	0.23	0.1	0.12
总磷（mg/L）	0.412	0.148	0.1	0.244	0.419	0.076	0.1	0.316	0.419	0.116	0.2	0.254	0.325	0.115	0	0.61	0.742	0.4	0.403
总氮（mg/L）	5.76	4.24	4.5	3.53	5.5	4.05	3.3	3.13	5.5	4.13	4	3.42	3.88	2.64	1.3	6.72	7.01	6.3	5.65
类别	劣于V类	劣于V类	劣于V类	劣于V类	劣于V类	劣于V类	劣于V类	劣于V类	劣于V类	劣于V类	劣于V类	劣于V类	劣于V类	劣于V类	劣于V类	劣于V类	劣于V类	劣于V类	劣于V类
超标数	2	1	1	1	2	1	1	1	6	1	1	1	2	0	0	2	2	1	1

表3 浦东新区主要河流代表断面的水质情况

河流	断面	超标个数				综合指数			
		1997年	1998年	1999年	2000年	1997年	1998年	1999年	2000年
张家浜	西闸	7	6	2	1	16.56	2.48	0.91	0.53
	三桥	2	2	3	3	17.02	2.01	1.53	1.21
	大湾	2	2	2	2	16.56	0.47	0.98	0.73
三八河	洋泾	4	2	4	6	8.41	1.46	1.79	2.67
	潘桥	2	3	3	2	5.46	0.97	1.38	1.50
白莲泾	北蔡	3	3	4	4	6.42	1.13	1.57	1.42
	严桥	4	4	5	4	6.84	1.59	1.74	1.43
马家浜	团结	2	2	3	3	6.45	1.02	1.31	1.75
	金桥	2	2	3	4	9.96	1.68	1.47	1.78

5.2 二期工程实施对水质改善效果评估

张家浜二期工程实施完成后，东段水环境质量大为改善，同时也保证了西段整治工程效益的发挥。为了评价张家浜东段整治工程完成后的水环境质量状况，同时在一定程度上反映张家浜河段长效管理措施的实施情况，2003年1月在张家浜进行了水样采集分析，结果见表4。

表4 2003年1月张家浜水质监测分析数据 (单位:mg/L)

监测断面	溶解氧	COD_{Cr}	BOD_5	总氮	氨氮
川南奉公路	8.23	—	5.61	0.88	2.07
大湾	6.85	17	4.25	0.94	2.38
三桥	4.39	28	4.89	1.28	4.57
罗山路	2.78	28.4	5.15	1.36	5.55

以上断面分别代表张家浜与长江交汇处、东段、中段和西段的水环境质量。从监测数据可以看到，川南奉公路断面的溶解氧达到Ⅱ类水质标准，BOD_5 为5.61mg/L，达到Ⅳ类水质标准；氨氮超标，超标倍数为38%。大湾断面水环境质量良好，溶解氧上升至6.85mg/L，达到Ⅱ类水环境质量标准，氨氮有一定程度的下降，但仍然处于劣Ⅴ类水质标准水平。除了氨氮和总氮外，其余指标都在Ⅳ类水质标准以上，但与川南奉公路断面相比，水质状况略差。三桥断面也呈现出类似的情况，溶解氧、BOD_5、COD_{Cr}、总氮都能达到Ⅳ类水质标准，氨氮比大湾断面有所增加，达到4.57mg/L，几乎是大湾断面氨氮的2倍。罗山路断面的氨氮为5.55mg/L，劣于Ⅴ类水质标准；溶解氧浓度较低，仅能达到Ⅴ类水质标准；虽然 BOD_5、COD_{Cr}、总氮能达到Ⅳ类水质标准，但相对上面三个断面来说，各项污染指标值都有所增加，有一定程度的污染。

从以上4个断面的水环境质量来看，二期整治工程实施后，呈现出从东到西污染状况逐渐加剧的趋势，水环境质量逐渐降低。这一趋势也表明了张家浜东段挖通后通过与长江河口水体交换，水环境质量有了很大的改善，同时也保证了张家浜全线水环境质量的提高。而罗山路断面位于张家浜西段，受城市干扰的程度较大，因而水环境质量略逊于东段的各断面水体，有一定的“回潮”现象。

6 对水环境影响分析

根据对张家浜水环境质量变化状况分析，可以将张家浜的水环境质量特征总结如下：

（1）张家浜水环境质量在整治前各断面的多项指标劣于Ⅴ类水质标准，综合指数在16以上，水质受到严重污染；1998年开始综合整治后，水环境质量开始有所好转，特别是西闸断面的水质改善显著；2000年达到较好水平，综合指数大幅度降低，除了氨氮和总磷还达不到Ⅴ类水质标准，其余各项污染指标均达标。2003年水环境质量仍然保持较好水平，除了氨氮的超标幅度较大，其他各项污染指标都处于较好水质标准水平。

（2）张家浜综合整治一期工程所整治河段水环境质量好转趋势明显，几个新增监测断面在整治后的水环境质量良好，氨氮有一定程度的超标，但相对于整治前有很大程度的降低，逐渐向Ⅴ类水质标准靠近。除了罗山路断面的总磷超标，其余断面以前存在的总磷超标情况都得到了解决。整治断面的水环境质量合格，三桥和大湾断面的水质良好，但改善的趋势不明显。

（3）张家浜综合整治二期工程实施后，东段水环境质量有很大程度的改善，靠近长江河口的川南奉公路断面在几个监测断面中水环境质量状况最好。张家浜东段的开通，对于张家浜和长江口水体的交换，提高张家浜特别是东段水环境质量有较大的推动作用。但张家浜西段水环境质量相对于一期工程实施后有一定程度的“回潮”现象，说明靠近市区段水体水环境质量受城市干扰较大。

（4）张家浜经过综合整治后，水环境质量良好，呈现出东段水质优于西段水质的趋势，西段河流水质由于受城区地表径流和污水排放的影响存在一定程度的污染。同时在与其他河道的交汇处有较明显的污染带，周边河道对张家浜的影响较突出。但总的来说，张家浜综合整治对水环境质量的改善效果明显，可以满足景观用水功能要求。

参考文献

[1] 上海市水务局. 上海市水资源公报[R]. 2003.
[2] 上海市河道（水闸）管理处，等. 张家浜河道整治的环境经济社会效益后评估[R]. 2003.

长宁区河道水环境治理方法分析与探索

杨小寒

（长宁区河道管理所）

1 长宁区河道水环境现状

长宁区地处上海市水利分片淀北片的东北角，现有河道36条(段)，区内2/3的河道不足1km,1/2的河道为断头浜。目前骨干河道有一纵五横共六条，其中最主要的河道新泾港北接苏州河南通淀浦河，为区域的引排水口门。水质监测数据显示，区内河道水质均为劣Ⅴ类水，部分河道时有黑臭现象发生，均未达到环境功能区划的要求。COD_{Cr}、BOD_5、N、P等指标超标较多，其中N、P含量较高，水体富营养现象普遍，夏季温度高时蓝藻水华现象明显。

2 区域水环境存在的问题

2.1 河道地处城郊结合部管理难度大

长宁区的河道大部分位于城郊结合部，排水系统不完善，镇村范围内村宅生活污水及工业废水向周边河道排放，截污纳管施工难度大，截污设施建成后管理难度大，一些工厂敲破管道致使整条河道的截污工程遭受破坏，污水直排河道；还有部分工厂企业在河道中新增排污口。人口密集，河道附近违章搭建现象严重，居民乱排污水、乱倒垃圾现象严重。公厕、垃圾箱房等基础设施缺乏，居民粪便直接倒入河道，严重影响河道环境面貌和水质。

2.2 断头浜多水体流动性差

目前镇区范围内的河道多为断头浜，水体基本不流动，水动力不足，河道淤积严重，污染物降解速度缓慢，并且穿越城市道路的河道因没有以桥梁形式跨越而采用涵管、涵洞跨河等落后的结构形式，导致了河道流水不畅，淤积严重。

2.3 河道水源水质不佳

长宁区河道水源补给主要途径有周边河道来水、雨水、市政泵站排水，其水质都不好。①苏州河、闵行区、徐汇区等周边河道来水均为劣Ⅴ类水，由于地处太湖下游地区，苏州河水N、P含量都比较高，闵行区、徐汇区河道水体COD_{Cr}、BOD_5、N、P等多项指标不达标；②雨水尤其是初期雨水冲刷路面、土壤、树木、房屋等附着的污染物质，对河道水质有一定污染；③市政泵站排水包含了大量雨水及部分污水，黑臭严重、污染物质含量相当高。

3 区域河道水环境治理主要治理方法应用分析

3.1 截污纳管

通过截污纳管工程解决外源污染，控制工业污水及生活污水的排入，将污水截流，是一种快速有效的治理方法。野奴泾是典型的受污水严重影响的河道，剑河路口有一根大管径的市政排放口以及少量村宅小排污口，每天都有大量雨污水排入河道，导致河道严重黑臭，2005 年下半年通过工程措施修复了市政管道，将污染源截污后河道水质得到根本改善（见图 1）。截污纳管是一种治本的方法，也是进一步进行深化治理的前提，对消除河道的黑臭现象有重要作用。长宁区还有一小部分污染源由于施工条件限制没有截污，而且在村镇区域里时有新增污染源及破坏现有截污管道的现象，在今后的工作中条件成熟一部分做一部分，新增污染源就近纳入附近管网，破坏的管道纳入养护工作中。

3.2 水生植物浮床

植物主要通过直接吸收有机污染物，或植物释放分泌物和酶来刺激根区微生物的活性并强化生物转化作用，以达到吸收、固定有机物、重金属等物质的作用，植物的根系可以吸收氮磷等营养元素。陆家浜治理前水体富营养现象严重，蓝藻大量繁殖，水质恶化有腥臭味道，水体透明度降低。2005 年底开始采用水生植物修复河道水质，河道中心敷设植物浮床、岸坡带种植挺水植物，如图 2 所示，既达到了改善水质的效果，又修复了水生植物群落，一些水生花卉的种植还提高了河道的观赏水平，优点是岸坡水生植物可以长期发挥治污以及美化环境的作用，缺点是见效比较慢。

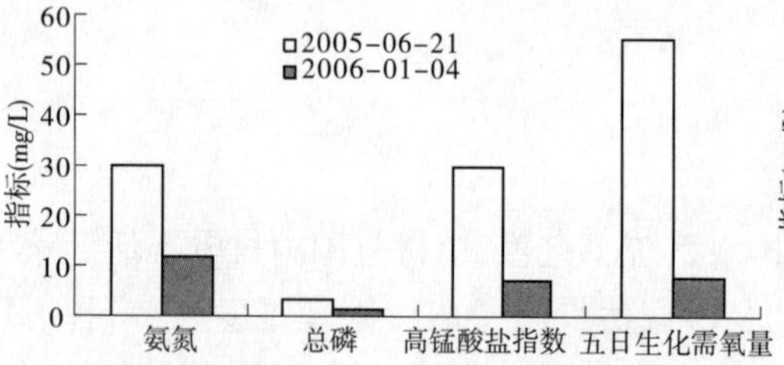

图 1　野奴泾治理前后水质监测指标对比图

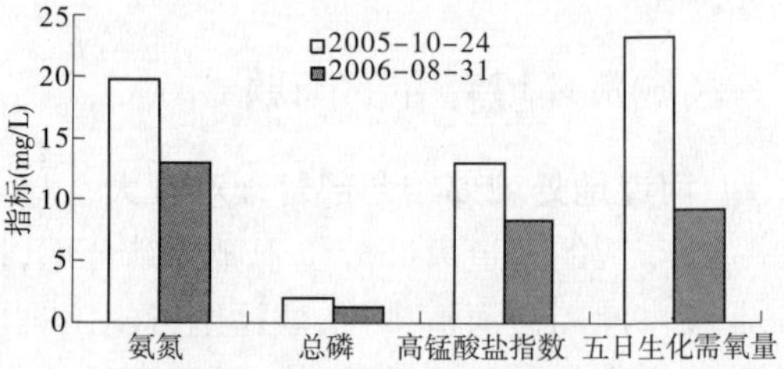

图 2　陆家浜治理前后水质监测指标对比图

3.3 微生物菌剂

微生物是自然界中的分解者，在好氧条件下，它能将有机污染物彻底氧化，分解成 CO_2、H_2O 等无机物。在厌氧条件下，能将有机物降解，转化成小分子有机酸等。因此，微生物是生物修复中污染物降解的主力军。投菌法可提高有机物降解转化的速度和处理效果，由玉凰环境生物技术公司生产的生物菌，是以一类高温放线菌为主的复合菌剂，其中的 YL 活性生物复合剂^{15}H 用于绥宁河，绥宁河主要污染源截污之后水体灰黑，有机物含量较高，经过以生物菌为主的深化治理后，如图 3 所示，效果比较明显尤其是对有机物降解比较有效，其缺点是水质容易反复。

3.4 复合酶技术

复合酶污水净化剂是一种结合多种酶类、非离子型表面活化剂、蛋白质和无机营养物的生物激活剂，它通过激活和提高土著微生物种群的生理活性，增强水体的自净能力，促进水环境良性生态系统的建立，从而改善水体。绥宁河支流水体黑臭、不流动，主要采用投加复合酶污水净化剂的技术，提高土著微生物生长、繁殖速度，加快有机污染物质的降解速度，如图 4 所示，污染应用复合酶后污染物含量下降，水体黑臭现象逐步消除，本方法具有见效快的特点，缺点是药剂费用较高，不适合长期应用。

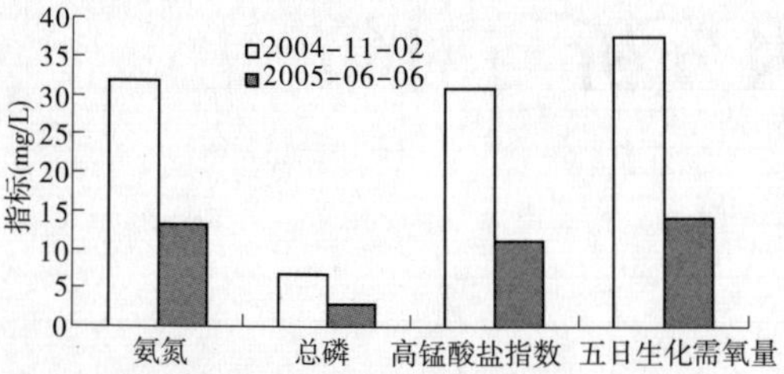

图 3　绥宁河治理前后水质监测指标对比图

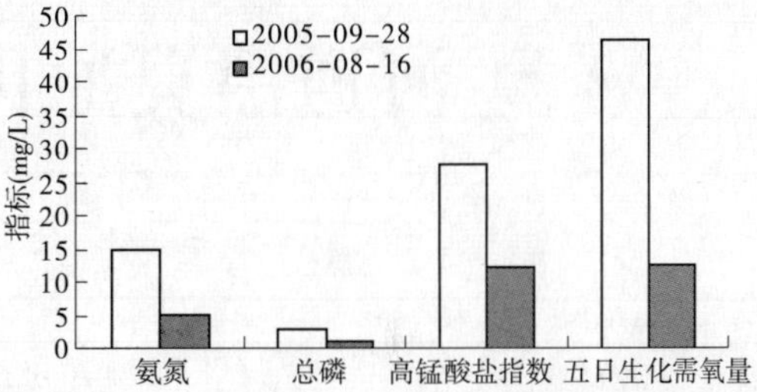

图 4　绥宁河支流治理前后水质监测指标对比图

4　结语

经过几年的治理区域内河道水质有所提高，黑臭现象大幅度减少，但是河水中有机污染物含量还比较高，水体富营养比较严重。长宁区河道治理中采用的方法远不止这几种，主要方法还有疏浚、引清调水、曝气复氧等措施，限于篇幅不一一赘述。通过以上几个典型的应用实例可以看出每种方法都有一定的作用，但是也有一定的局限性，每条河道的污染因素、驳岸现状及周边环境等具体情况不一样，所需采取的措施也不尽相同，具备纳管条件的河道优先实施截污治污以减少外源污染，疏浚底泥减少内源污染，有泵站的河道积极运用引清调水的手段，对于采用以上措施后水质改善不明显、富营养严重的河道应用微生物、酶、曝氧、水生动植物等措施强化治理水质。接下来的两年是长宁区创全国环保模范城区的关键年，对水质的要求相当严格，如何合理运用这些措施就更加重要了。今后的河道治理首要目标就是要提高水质、恢复河道的自然生态系统，使原本受损的生物链重新建立，其次应适当考虑河道的景观效应，为城区环境增彩添色。

河道黑臭原因分析与对策

徐华平

（上海市嘉定区水利管理署）

嘉定区位于上海市西北部，总面积 458.8km^2。全区现有河道 1 398 条段 1 679.6km，其中市级河道 4 条 57.46km；区级河道 16 条 174.98km；镇村级河道 1 378 条 1 447.2km，总水面积近 31.72km^2，水面率约为 6.9%。长期以来，这些河道在确保全区防汛安全、支撑社会经济发展中发挥了重要作用。

但是，经济的快速发展、城市化进程的加快，客观上也给水环境带来了很大的压力，在自然、人为等因素的综合作用下，本区部分河道出现了水体发黑发臭的现象。

1　嘉定区黑臭河道现状

2007 年的调查显示，嘉定区存在黑臭河道 124 条段，计 143.41km。在这些黑臭河道中，全年性黑臭的有 44 条，占 35.48%；阶段性黑臭的有 80 条，占 64.52%。从近 3 年黑臭河道调查的数据来看，全区的黑臭河道数量呈逐年增加的趋势：2006 年黑臭河道数量由 2005 年的 107 条段增加到了 112 条段，增加了 4%；至 2007 年则骤增 10%，达到 124 条段。

从黑臭河道的分布来看，呈现南多北少的态势，具有相对集中在城市化进程较快地区的特点。有 72 条段、占总数 64.29% 的黑臭河道集中在南部地区（蕴藻浜以南），这一地区也是本区较早实施开发、经济相对发达的地区。其他黑臭河道也相对集中在有关镇的集镇范围内。

2　河道黑臭原因分析

河道黑臭的原因是多方面的，既有水情、工情变化的原因，又有社会生产生活方式改变的原因，也有管理等其他方面的原因，是影响水环境质量的各种不利因素综合作用的结果。从本区情况来看，我们简要归纳如下。

2.1　污染物入河致使水体黑臭

造成河道黑臭的根本原因是入河污染物超过了水体降解、自净的能力，超过了水环境的承载力。

本区黑臭河道的污染源同其他地区一样，可分为点源污染和面源污染两种情况。点源污染主要是工业废水和少量的禽畜养殖排放。20 世纪 80 年代发展乡镇企业、90 年代开发工业区时，在污水处理设施不健全的情况下，大量的高污染企业落户本区，企业片面追求经济利益，对生产过程中的工业废水往往不按标准处理，有的甚至未经处理就或明或暗地将污水直排入河。发展过程中排放大量难降解复合污染物，其中相当大一部分积累在水体沉积物中，对水生态系统构成长期威胁。在水循环和变化过程中某些污染物间相互作用，如通过协同作用等使本来无毒无害的污染物在复合体系下产生毒副作用。面源污染主要是农业生产废水及待动迁地区高密度人群的生活污水。在农村，由于农药、化肥的大量应用，每年有大量的化学污染物及氮磷等营养物质通过地表径流等进入水体，造成受纳水体的复合污染和水体富营养化。据调查，进入我国地表水体的污染物有约60%以上是来自面源污染。同时，长期以来，由于生活习惯，流经村庄的河流成了周围村民的天然垃圾箱，随着大量外来人员的涌入，特别是市郊结合部待开发地区人口集聚的村庄，污染日益加剧。2000年以来，南部地区外来人口激增至20多万人，加上本地常住人口16万人，人口总规模已近40万人，大量的生活污水直排入河。

从调查情况分析，致使北部地区河道黑臭的污染源主要是畜牧养殖排放，加上少量的工业废水；中部地区主要是工业废水；南部地区是工业废水和生活污水。南翔、江桥地区有43条河道受到工业污染，46条河道受到生活污水污染，有33条河道同时受到工业和生活污染物污染。

另外，菊园地区部分河道受污水处理厂尾水排放的影响，水质变差；嘉定镇部分河道受雨污合流的影响，河道黑臭。

2.2 河道淤浅致使水体自净能力下降

在调查中我们发现，镇村级黑臭河道大部分淤积严重，河道水深不足1m。造成河床淤浅的原因除了过去潮汐泥沙的长期积垫外，还有地表径流造成的水土流失、农民岸边垦殖及农业生产方式的改变等。在上述自然和人为因素的作用下，河床以每年5～10cm的速度抬高，而有些河道自20世纪80年代末以来从未整治过。河道淤积导致库容量的锐减，使水体在相当程度上丧失了其应有的自净能力。每逢夏季高温太阳直射受污的底泥，水体往往发黑发臭，这也是部分河道出现阶段性黑臭的主要原因。

水动力的严重不足引起河床淤积，往往导致河道的阶段性黑臭。特别是夏天时，太阳直射淤浅河道受污的底泥，加剧了水体的黑臭。这些水动力不足、河道淤积和槽蓄量下降的河道，在存在水环境问题的同时往往也存在水安全问题。此次调查结果显示，我区水安全隐患最大的江桥、南翔地区的黑臭河道全部存在缺少水动力的问题。

同时，耕作方式的改变（北部地区的郊区）、河道多年未疏浚等，也会引起河床的长期淤积，底泥经过长期腐败后对水体也产生了污染。

2.3 阻水束水建筑物导致水系不畅

城市化进程中涉及河道的市政道路建设、工业园区和房地产开发的不规范行为打乱了原有的河网水系。在大量的市政建设道路中，为了节约工程投资，往往把桥梁改为箱涵，有的甚至仅埋设口径很小的涵管作为过水断面，更有甚者干脆把河道拦河截断；部分工业和房产开发商片面追求经济利益，无视河道的存在，擅自挤占河道进行开发建设，也有部分开发商对随意填堵河道可能造成的严重后果认识不足。同时，由于河道属地有关部门对镇村级河道管理权属的认识存在偏差，认为镇村级河道应属于地方政府，在未采取必要的补救性工程措施的情况下擅自填堵河道。1999年1月25日区政府批转了区建委、区水务局上报的《关于上报嘉定区镇、村级河道规划的请示》，以嘉府批[1999]3号文转发到各镇、街道，要求“认真按规划实施”，但在实际操作中，有的虽到水务部门办理了水系调整的相关手续,但执行时随意性大,"规划挂在墙上,迟迟不落地";有的仍占用河道空间开发房产或修筑道路;有的"先开后填"甚至"只填不开"。这些行为导致了众多断头浜和死水浜的出现,此次调查的镇村级黑臭河道中有29条河道水系不畅。特别是横贯南部地区的沪宁铁路几乎将原本南北畅通的河网一分为二。铁路跨河采用小口径管涵或箱涵代替,南翔编组站约6km范围内没有保留一条河道。目前,本地区河网沿沪宁铁路线仅剩7个口门(不包括外围的盐铁塘铁路桥涵和新槎浦桥孔),最大的封浜铁路桥涵跨径仅8m,最小的浅江箱涵宽0.7m,除了封浜能勉强保持铁路两侧水系的沟通外,其余6个口门基本上不能维持水系的沟通,铁路南侧的水系基本失去向北排水的口门。另据统计,南部地区镇村级河道上现有箱涵、涵管共130多处,永久性筑坝近20处,严重影响了水系的联通畅活。

需要指出的是,由于水系不能联通畅活,出现水环境问题的同时也伴随着水安全隐患。

2.4 水力边界条件失衡致使水动力不足

南部地区河道水动力原本来自苏州河的潮涨潮落。为了实现苏州河环境综合整治并带动周边地区水质环境改善的目标,1998年上海开始全面整治苏州河水环境,并实施了苏州河环境综合整治一期工程,经过5年的努力,苏州河干流已基本消除黑臭,生态系统逐步改善,生产环境有所好转,苏州河干流水质尤其是感观上已有明显改善。但是,为了确保苏州河水质的稳定,市有关部门对苏州河进行排污总量控制,我区蕴南地区沿吴淞江一线水闸长年关闭,致使河网失去了原有的水动力,无法形成水体的有序流动。

北部地区仅墅沟水闸一个口门由本区控制,为确保自来水源的供应,采用只引不排的方式运行,致使内河水位长期居高不下,水体流动性差,水体置换力度小。

2.5 体制不健全致使水资源调度效果甚微

嘉宝北片规划采用的水资源调度方式是北引、东引和东排,引水口门主要有墅沟、新川沙河、练祁等水闸,排水口门主要是蕴东水闸及其闸下北岸诸水闸。这些工程中蕴东水闸属市管,其余分属嘉定和宝山区管。由于多年来一直未具备统一管理和统一调度的条件,实际上嘉宝北片水资源联合调度对改善我区的水环境状况效果甚微。

2.6 大气污染加重了河道的黑臭

近年来,随着工业化程度的不断提高,矿物燃料的大量使用,加上交通工具的迅速增长和氮肥的大量使用等,大量的氮氧化物释放到空气中。排放到大气中的二氧化硫、氮氧化物不断增加,造成大气湿沉降中氮含量持续增加,大气湿沉降中的氨、氮等的营养盐是河流水体氮素的重要输入源,不仅能够引起水体酸化,而且其中的氨态氮、硝态氮会加重水体富营养化,进而打破整个水生态系统的物质循环和能量流动,影响水生态系统的稳定性等。有关资料显示,华东地区雨水中硝态氮浓度全国最高,这与华东地区人口密集、工业和交通发达有密切关系。近20年来,中国南方已成为继欧美之后的第三大酸沉降区。可见,大气中污染物通过降雨流入河道中,加剧了河道的水生态失衡和水环境破坏,部分河道黑臭状况不断恶化。

3 消除河道黑臭的对策

消除河道黑臭是涉及工农业发展、人民群众日常生活等方方面面的一件大事，同时也是社会可持续发展、创建人与自然的和谐社会和保护生物多样性及维护生态系统平衡的重要保障。因此，在对河道进行综合治理的同时，应从非工程措施等方面着手，加强河道的建管力度，使我区逐步形成“水质改善型、生态环境型、滨河景观型”的宜人水环境。

(1)继续加快污水处理设施建设，完善污水管网系统。

(2)加强行政管理。要做好各类水务规划的实施和监督工作，确保水务建设的规范有序。要依法制定因河道调整而引发的水系调整、补偿措施费和土地转让利益的代收制度；建立违法填堵河道的问责制度，谁填堵谁负责；要加强涉河建设项目的审批工作，从严把关，关口前移。要做到事前有控制、事中有监管、事后有验收；对不按河道规划实施的涉河建设项目，责令纠正直至停工。

(3)加强执法力度。要充分发挥水务稽查支队等执法部门的作用，利用全社会的力量，对擅自填堵河道、随意设障、向河道乱倒工农业或建筑业等废弃物及生活垃圾、粪便等破坏河道功能、影响河道景观、妨碍水安全的行为，要发现一起、查处一起、纠正一起，决不姑息，使全社会形成自觉保护水环境的良好氛围。

(4)加强长效管理。河道整治后，各镇政府应根据地区经济发展状况，结合“万人就业”项目，及时落实河道的日常河面保洁及两岸护坡、绿化长效管理，巩固整治效果，整治一条管理一条，进一步改善区域水环境。镇村都要落实长效管理经费、队伍和制度，保证管理取得成效，确保整治功效真正成为“永久牌”。

(5)严格贯彻执行工业污水达标排放，对规划企业必须严格执行“三同时”制度，控制新污染源产生。

参考文献

[1] 曲久辉．我国水体复合污染与控制[J]．科学对社会的影响，2000(1)：35－39.

[2] 张修峰．上海地区大气氮湿沉降及其对湿地水环境的影响[J]．Chinese Journal of Applied Ecology，Jun，2006，17(6)：1099－1102.

[3] 张修峰，李传红．大气氮湿沉降及其对惠州西湖水体富营养化的影响[J]．Chinese Journal of Eco－Agriculture，Jan，2008，16(1)：16－19.

[4] 雷恒毅，余光伟．珠江流域重污染感潮河道黑臭治理新技术[J]．Acta Scientiarum Naturalium Universitatis Sunyatseni，May，2007，Vol. 46，No. 3：134－136.

[5] 杨龙元，秦伯强，等．酸雨对太湖水环境潜在影响的初步研究[J]．Journal of Lake Sciences，Jun，2001，Vol. 13，No. 2：135－142.

[6] 白晓慧，钟卫国，等．市内河水体污染修复中沉积物的影响与控制[J]．Envirlnmental Science，Dec，2002，Vol. 23 S1：135－142.

体制机制研究篇

崇明县乡镇水务管理体制改革的思考

黄　英　徐德飞　许鑫华

（崇明县水利排灌管理所）

崇明地处长江入海口，受潮汐影响显著，沟河密布，水利工程初步配套。各乡镇都建有自来水厂及其配套的输送水管道，已建成了乡镇供水保障体系，达到自来水供水到户、到各企事业单位。

崇明在长三角地区经济属中等发达地区，是上海首个国家生态示范区，远景规划将建成现代化综合性生态岛，进入生态文明，作为上海市的后花园。这一定位，决定崇明水务工作要适应时代发展，必须加快实现水利现代化。

1　崇明县乡镇水务管理现状

崇明县现有乡镇16个，各乡镇有关水务工作的管理机构主要有农业公司（农办），水利排灌、河道、水闸、堤防管理站，乡镇自来水厂。农办对乡镇农业生产事务进行统一管理，水务工作作为农业生产的一部分也被列入农办的日常管理工作中。由于农办工作面广，工作量大，而机构的人员多为行政人员，并不具备专业水利知识，因此水务工作常常被忽视而边缘化，各乡镇的水利建设远远落后于社会发展的需要。水利排灌、河道、水闸、堤防管理站以及乡镇自来水厂作为崇明县水务局的派出机构，负担着大量的乡镇水务工作，而上述机构作为自收自支的事业单位，各单位人员的技术水平、文化程度参差不齐，因此开展或推广先进的水工程管理和水科学技术服务时受到一定限制。其自收自支管理体制也不利于水务管理，因为水务管理大都是公益性的工程，为农、工、副业生产及村、镇居民供水服务，通过农、工、副业整体增产和广大人民获得优美的水环境和优良的水质，体现其效益，因此不能全靠收取工程管理费或自找门路增加收入来养活管理队伍。现在全靠自收自支，各单位势必想方设法搞工程施工及其他副业追求利润，影响管理工作的正常开展。由于目前乡镇水务管理属多机构管理状态，现实形成乡镇范围内多头管理水工程的局面，管理政策措施多、工作互相推诿、矛盾多、效率低下。这种多头管理水工程的局面，已经不能适应当前社会经济迅速发展的现代化进程需要。

2 乡镇水利现代化目标任务探讨

乡镇水利现代化应是农村水利工作能满足农业现代化生产和乡镇供水需求，在水利工程建设和运行管理中，采用现代化的措施和手段，对水(地表水、地下水、降水)进行控制调节、治导、开发、管理和保护，使之能不断适应乡镇农村各阶段生产和社会经济发展变化，减轻和免除水害，变水害为水利，以及提高现代人生产、生活必需的水保障水平和更进一步提高服务水平。因此，乡镇水利现代化是与时俱进不断发展提高前进的动态过程。乡镇水利现代化工作的目标任务应是满足上海农业现代化发展阶段的都市型农业服务需求，水利不仅为农业服务，还要为镇民村民供水排水服务，农田水利和城镇水利融为一体。乡镇水务站，对乡镇范围内的防洪、除涝、治渍、灌溉、村镇居民供水、城镇排水、污水排放处理、水质水环境保护，实行统一操作，实现水务一体化建设与管理。具体目标任务应有以下几个方面的思考：

(1)从过去只注重农田防洪、除涝、治渍、抗旱灌溉转变为乡镇、村的农田灌、排、降、水源防污染保质、水环境保护保洁、满足镇村居民的供水需求与排水一体化服务考虑。

(2)从过去只满足农田灌溉、居民用水必需的量转变为满足量、质进一步需求的水务一体优化服务考虑。

(3)从过去只重视水工程基本建设转变为不断提高标准建设水工程、管好用好水工程、规划建设好水环境，造就水乡景观的水环境艺术、水资源优化配置等系统化工程考虑。

(4)从过去的只注重量调配达到农业抗灾夺丰收粗放型管理转变为以现代科学发展观指导达到适时适量优质供水，节能节水，促进社会经济、生产可持续发展的水科学管理考虑。

3 乡镇水务站管理体制改革与工作任务探讨

3.1 乡镇水务站作为国家最基层政府的水务部门，管理和行使乡镇地域范围内的一切水务工作

崇明河网内水流四通八达，涉及地域的每个角落，要想改变水环境、提高水质，必须从基层做起，在整个地区动员全民，各方协调努力配合，所以必须依靠县、乡镇政府行使行政权力才能做到。

乡镇作为国家最基层的一级政府，应成立乡镇政府一级水务机构——乡镇水务站，根据崇明目前乡镇水利多机构管理状况，由现水务局所属驻在乡镇的直属单位及乡镇自来水厂组成各乡镇水务站，党政分别接受乡镇党委、政府领导管理，业务由县水务局业务单位统一指导，各单位人员编制体制暂不变动，在区县、乡镇事业单位机构改革中解决，但工作按闲、忙不等由乡镇水务站统一调配，实行乡镇范围内一切水务工作统一管理的模式。减少行政脱产人员，增加办实事的工作人员，实行事企分离、管养分开，将乡镇区域内水工程划定范围的国有和集体的水、土、林资源合理配置利用，用于“以水养水”、“以土养水”、“以林养水”，有利于把目前乡镇水务工作提高一个台阶，有利于水工程功能的全面发挥，也是今后实现乡镇水利现代化和乡镇水务科学管理发展的必然趋势。

水务站管理本乡镇范围内的水工程或接受县委托管理的县管水工程。水务站应为全拨款事业单位，人员以4人左右为宜，即设站长一名，排灌、河道、供水，各设业务员一名。

实行事企分开,管养分开。

3.2 乡镇水务站下设自收自支性质的管理养护施工队及其工作任务

(1)堤、闸工程管理养护施工队。管理维修、养护本乡镇范围内的所有堤闸工程(无堤闸工程的乡镇不设),确保堤闸安全运行,挡潮度汛安全。

(2)河道、桥、涵(小水闸)工程和管理养护施工队。管理、养护、疏浚、施工建设本乡镇范围内的所有河道、桥、涵(小水闸)工程及其政府划定范围内的水环境(含受县委托管理的骨干河道、桥、涵),确保乡镇范围内各级河道和水环境洁净,达到岸绿、景美、水清、水质合格达标。

(3)排灌工程管理养护施工队。施工建设和管理本乡镇范围内所有灌、排泵站,渠道养护、维修和低洼圩区外围工程,确保农田灌、排、降不受灾。

(4)供水工程管理养护施工队。管理本乡镇范围内供水水源保洁保质,镇村居民、企事业单位污水排放整治;水厂、管道工程建设施工、养护、维修等。

以上工程养护施工队,应为企业编制,以服务质量和服务效益求生存发展。经费来源:本乡镇范围内的水务工程建设施工利润收入;接受上级委托管理的公益性工程管理费拨款;乡镇范围内的公益性工程管理费拨款(乡财政);供水直接收取的管理费(农、工、副、居民用水);政府划定管理范围内的水、土、林资源综合生产经营收入。

3.3 加强对农民的教育和制订乡镇级管理制度

水务工程管理工作量很大,目前问题最严重的是与镇民和村民朝夕相处的各级沟河。因此,要重视提高镇民、村民的护水意识,促使他们认识到搞好本乡镇本村水工程设施管理与他们的生产和生活是息息相关的,这不只是哪一级领导、哪一个部门的事,而是他们自己的大事,是事关子孙后代生存的大事,各级领导要通过组织发动,根据《上海市河道管理条例》和《崇明县河道管理办法》进行管理,对于乡、镇范围内的河、沟、堤的水面、堤坡,以行政区划为单位将水面、堤坡可全部承包出去利用并管理,承包的收益用于补偿管理养护人员的报酬,减轻财政负担,积极进行探索"以水养水"、"以土养水"、"以林养水"的管理方案。这样管理出效益,效益促管理。利用沟河水面、堤坡搞增值收益,将水工程设施的社会效益变成农民看得见的经济效益,逐步形成农民维护水利设施的自觉行动。乡村广播站要经常安排广播宣传市、县河道管理相关条例和办法以及乡镇政府制订的有关本乡镇村的管理规章制度,各行政村要将沟、河、堤、站、渠、桥、涵、水厂、管道等的水工程设施管理纳入村规民约,全民遵守,以此加强对农村水务工程设施的保护。

4 结语

(1)在平原河网和城乡经济发达地区,健全水务一体化管理体制势在必行,尤其是市、区(县)已成立水务局,乡镇水务站也必须尽快成立,以便实现以块为主的水务一体化管理,适应乡镇水务现代化建设进程。

(2)乡镇居民、村民供水和农作物、经济作物灌溉以及农、副业加工生产等不但要满足供应水的数量,还要满足优等的水质要求,才能适应和符合现代人类社会的生活和生产需求,这是不断提高完善的过程,也是逐渐实现人类社会现代化和水利现代化的过程,是不断提高前进的动态过程。

上海市水土保持工作现状与建议

桑保良　吴景社　刘静森　李　瑜

（上海市水利管理处）

近年来，随着水土保持事业的不断发展与人们对水土保持工作认识的不断深化，水土保持作为一门学科也开始与其他学科相互渗透。其内涵也在不断拓展，不仅从单纯的土壤学扩大到生物学、地学，而且也逐渐发展成为一门与环境科学、工程科学、信息科学等诸多学科广泛联系的交叉学科。水土保持领域不再囿于山区、丘陵区和农业、农村，而逐渐向非农领域、平原延伸，并针对在城市、交通（包括公路、铁路、机场、码头）、矿山、水电等建设中出现的人为水土流失，广为主动地去开展这些领域的水土保持工作。上海属感潮水河网地区，地势低平，雨量丰沛，植物生长茂盛，因此极易模糊人们对水土保持工作重要性的认识。对上海市自然状态与人为因素所造成的水土流失现状的调查分析表明，水土保持工作在上海不仅需要而且十分必要和迫切。

1　加强上海市水土保持工作的必要性与重要性

1.1　上海自然条件良好，水土流失以水力侵蚀为主

上海大部分地区位于坦荡低平的长江三角洲平原，土壤以渍潜型和淋溶－淀积型的水成和半水成系列土壤为主，水网密布，西南部散见小山丘，平均海拔约4m，地质基础比较稳定；降水丰沛，年均降水量1 200mm，年降水多达132天，降水的季节分配较均匀，以中小型降水为主，对植物生长较为有利；植被绝大部分为人工栽培作物和林木，天然木本植物群落仅分布于大金山岛和佘山等局部地区，天然草本植物群落分布在沙洲、滩地和港汊。

上海的水土流失以水力侵蚀为主。根据对河道断面演变的分析，自然状态下的水土流失以骨干河道边坡坍塌淤浅为主要特征，原因是受海潮、风浪和船行波影响，造成河岸“一坡一面”（边坡和堤顶面）的水土流失，流失的土壤在河床内淤积，全市约有水土流失面积220km^2，占全市总面积的3.47%。水土流失造成沿河湖耕地坍塌损失、河道湖泊淤积严重、水环境不断恶化，严重影响着航运交通和生态环境。

1.2　上海经济发展迅速，由建设项目引起的水土流失不容忽视

当前是上海筹办世博会、实施“科教兴市”主战略的重要时期，是上海“四个中心”框架基本形成的关键阶段。交通、场馆、住宅、能源等各种建设项目如雨后春笋，大小工地星罗棋布。由于降水丰沛，一到雨季，如水土保持工作做不到位，势必产生严重的水土流失，即人为因素作用下的水土流失以大型建设项目土建中的扰动土和弃渣的流失为主要特征。

目前，除由国家发改委立项的一些大型建设项目（如电力、铁路、天然气等建设工程）

编制有水土保持方案,其他大量的各种场馆建设、住宅建设、道路建设以及各种市政建设等均因缺乏有效的监督管理,在雨季施工时,泥土横流的场景并非罕见。即使是编制了水土保持方案的工程,又由于执法依据、执法机构建设等存在问题而流于形式,未能真正做到管理到位。

2 上海市水土保持工作现状与存在的问题

2.1 近年来水土保持工作取得的成效

“十五”期间,上海水土保持工作遵循因地制宜的原则,通过水土保持生态河道建设、水土保持生态镇建设、水利园区雨水集蓄利用与人工湿地建设以及建设项目水土流失防治等,取得了一定的成绩,也收到了控制和减轻水土流失的显著成效。

2.1.1 水土保持生态河道建设

自2001年以来,本市结合“以建设生态河道为抓手,大力推进水环境整治”,按照“以苏州河为重点,推动中小河道整治”的水土保持总体要求,点上集中力量实施“三港一城”(龙华港、虹口港、杨树浦港,松江新城区)的水系整治和各区县重点河道的整治,因地制宜地树立一批水土保持型、水质改善型、生态环境型的样板河段;面上重点推进淀浦河以北、蕴藻浜以南的骨干河道整治,抓好市中心区河道的“面清、岸洁”和郊区河道“面清、岸洁、有绿”工作,共整治河道5 900条段、6 800km,疏浚土方1.76亿m^3。当前正在开展的以村镇级中小河道整治为主的“万河整治行动”,计划用3年左右的时间对全市近2万条总长约1.67万km的镇村级河道进行一次全面整治,通过整治,清除多年来流失淤积在河道内的近1.5亿m^3的泥沙并将其还岸还田或另作他用。此外,为控制河道两岸的水土流失,在此次整治中特别提出了“修整边坡”、“绿化岸坡”的要求,以此来减少中小河道的水土流失。从已经整治完工的河道来看,整治后的河道两岸平整,配合两岸绿化,河道两岸水土流失加速发展的势头得到了明显的遏制。

2.1.2 水土保持生态镇建设

2002年根据市领导对郊区城镇化建设及生态建设的要求,按照水利部关于城市水土保持工作的部署,结合本市“一城九镇”及中心城镇的建设,以松江区新浜镇为试点,启动了“水土保持生态建设示范镇”建设项目。

新浜镇水土保持生态建设以示范区现有的河网为骨架,通过实施工程措施、植物措施和耕作措施,结合农业产业结构调整,发展生态农业;实行建设与管理并重,加强对河道的综合治理和长效管理,根治工业污染、生活污染和禽畜污染,控制高毒、高残留农药与化肥的使用,使全镇河道基本保持“水清、面洁、岸绿”的良好状态,河道的水土保持、生态环境走上良性循环。除了以上,该镇还积极探索水土保持新方法、新工艺,通过改变边坡植物以草为主的做法,加大乔灌木种植的比重,多种当地植物,达到与原生植被景观和谐,这样既可减少人工植草容易退化而带来的重复种植和增加的管护费用,又增加了生物多样性,避免了景观的单一性和植物群落的不稳定性。

新浜镇通过项目的实施,将水土保持工作提高到了一个新的水平,放缓边坡,降低拦挡设施的高度,加大植物措施的比重,可大大减少河道两岸冲刷,使区域河道的功能进一步得以发挥,水质得到进一步净化。通过综合治理,减少河道淤积,使河床淤积厚度每年减少 15cm，由原来的 3 年疏浚一遍延长至 6～7 年才疏浚一遍；生态环境和生产条件将得到根本的改善，通过减少化肥、农药的使用量，改善水土环境，减低了农业生产成本，促进农业增产增效。新浜镇水土保持生态建设取得了良好的社会、经济效益和生态效益，同时也产生了巨大的辐射效应，推动了整个区域水土保持生态建设工作的开展。

2.1.3 建设项目水土保持工作

近年来，我们加强了建设项目水土保持的工作力度：一是积极配合水利部加强了在上海区域内由国家发改委立项的水土保持工作的管理力度，如参与西气东输、外高桥电厂三期等 10 余个大型项目水土保持方案的审查以及落实、监督检查；二是独立开展了市水行政主管部门管辖范围内电力建设项目水土保持方案的审批和实施检查等。

我们的主要做法：一是与有关部门加强联系，及时掌握大型建设项目的有关信息，做到信息畅通；二是深入现场及时掌握工程建设情况，对工程建设可能产生的水土流失做到心中有数；三是做好跟踪服务与管理，与建设单位和水土保持方案编制单位加强沟通，为方案编制、上报与实施提供及时的服务；四是加强管理与监督，定期了解水土保持方案实施进展情况，做到科学管理。

2.2 存在的问题

2.2.1 水土保持机构有待健全

目前我国水土保持行政管理机构大体上为：国家水土保持行政管理部门为水利部水土保持司，各省（区、市）水利（务）厅（局）下设水土保持局（处），再下为水土保持科（站）等，与之平行的具体业务管理及指导机构为各种监测中心、指导站等。上海市虽有水土保持处，但缺乏与之配合的相应专职监测与指导机构，因此其机构有待健全。

2.2.2 法律法规建设有待开展

与其他省（区、市）相比，本市在法律法规建设方面的差距最大，严重制约了水土保持工作的开展。由于没有水土保持方面的法律法规，不论是对破坏水土保持设施的人和事的处理处罚，还是对建设过程中水土保持工作的监督监管等均无法可依。

3 关于加强上海市水土保持工作的建议

3.1 加强领导，增加投入，加大宣传，强化全社会的水土保持意识

针对本市水上保持工作整体落后的现状，建议加大宣传力度，在全社会形成一个重视并支持水土保持工作的良好氛围。要加强领导，将水土保持工作成效与单位考评等挂钩，促使各级政府在人才、资金、设备等方面加大投入，共同推进水土保持工作开展。

提高全民的水土保持法律意识和国策意识是搞好水土保持工作的基础。上海市特殊的地形与地质特点，水土保持工作任务比山丘平原区相对较小，但由于地区经济发展迅速、人口密集、土地资源稀缺，水土流失带来的危害更不容忽视。从目前本市的水土流失现状看，水土流失仍有加剧的势头，对全市社会经济产生的影响不断加大，尤其是对城市发展已经产生现实的压力，如日益扩大的基建规模带来的泥浆扰民事件屡见报端，尤其重要的是承担本市水安全的市级防汛河道两岸的水土流失不断加剧，直接影响到本市的防汛安全。因此，要充分认识本市开展水土保持工作的重要性，采取多种形式向社会各界特别是各级领导和开发建设单位宣传城市水土保持的重要性，宣传水土保持法律法规，以增

强全民的水土保持意识，营造一种良好的水土保持生态建设氛围。

3.2 重视法规与标准建设，建立健全管理体制

针对本市水土保持管理、监测监督机构不健全及尚无地方性水土保持法规可依的现状，建议尽快建立健全相应的机构，特别是行业管理指导、监督监测机构；抓紧制定《上海市贯彻〈水土保持法〉办法》，尽快编制《上海市水土保持工作规划》以及相关的标准规范。

3.3 遵循因地制宜的原则，推进水土保持工作开展

鉴于上海市的实际情况，水土保持工作应针对水土流失中河道坡岸坍塌淤浅和建设项目中扰动土雨季施工流失两大主要特征，遵循因地制宜的原则，有计划、有目的地采取相应的防治措施。建议开展两项调研工作：一是开展河道水土流失情况的调研，通过调研摸清全市河道水土流失程度与特点；二是赴其他省市调研，学习借鉴外面的水土保持工作经验与做法。

3.4 建立联动、联管运行机制，加强建设项目水土保持管理

《中华人民共和国水土保持法》颁布10多年来，水利部已与电力、建设、铁路、交通等多个部门联合发文，要求建设项目在立项前必须编报水土保持方案，不少省(市、区)的水利部门已基本上理顺了与发改委及其他部门的关系，大多能够做到未编水土保持方案的项目发改委不立项，相关部门不审批，这样就从源头上形成了联动、联管的运行机制。建议市水务局与上海市发改委、环保、交通、建设、电力、铁路等部门加强联系，加强与有关部门的合作与协调，建立起有效的联动联管机制，逐步实现对无水土保持方案的项目，发改委不予立项，环保局不批环评报告，以此推进上海建设项目水土保持工作的开展。

参考文献

[1] 杨家坦. 以水土保持支撑水资源可持续利用[J]. 亚热带水土保持,2007(3):4-6.

[2] 王跃,周林. 水土流失对生态环境的影响及防治[J]. 安徽水利水电职业技术学院学报,2007(1):18-19.

[3] 黎家作,刘俐. 淮河流域开发建设项目水土保持工作现状、问题与建议[J]. 治淮,2007(1):43-44.

关于防护林建设与管理的几点思考

沈　雄　黄敏俭

（上海市崇明滩涂生物研究会）

1　基本概况

1.1　林地分布面广、树种多，格局多样化

目前属崇明县水利工程管理所管辖的林地面积为1 517.51hm^2，站（闸）区域绿化园地27块，乔灌花草结合，形状千姿百态，格局呈现多样化。

（1）防护林面积分布面广。可分为八大区域，环崇明岛四周包括二、三、四线大堤。其中，绿华站区域336.85hm^2，城桥站区域89.6hm^2，竖河站区域91.9hm^2，向化站区域410.23hm^2，前哨站区域161.05hm^2，北六效站区域176.19hm^2，虹桥站区域73.58hm^2，新村站区域178.18hm^2。

（2）林木品种多。其中，乔木类有女贞、重阳木、栾树、杜英、香樟、合欢、白蜡、火炬树、紫薇、欧美杨、水杉、柳杉、落羽杉、池杉、中山杉、杂交柳等50多种；灌木类有红叶李、木槿、木芙蓉、夹竹桃、红花继木、红叶小檗、十大功劳、海桐、火棘、八角金盘、瓜子黄杨等20多种；花草类有三叶草、银叶菊、茶花、月季、紫荆花、八仙花、杜鹃花、麦冬、紫花苜蓿、马尼拉、鸢尾、高羊毛等十几种。

（3）林地类型多样化。其中有滩涂林607.18hm^2，景观林20.30hm^2，堤坡平台防护林888.18hm^2，涵养林1.86hm^2，站（闸）区域园林绿化27块。

1.2　分层管理，责任到人

为加强防护林管理，2003年1月崇明县水利工程管理所组建了防护林管理科，专项负责全所防护林建设和管理。目前管理上分两种类型，一是日常管理；二是养护管理，坚持日常管理，重点养护管理。建立了两支队伍：一支巡查员队伍；一支养护员队伍。

（1）建立管理、养护网络流程图和责任制。日常管理上形成所→总站→分站→巡查员三级管理四级责任制。养护管理上同样形成了养护社→养护队→养护小组→养护员三级管理四级责任制网络。

（2）分清职责，分工明确。巡查员职责是在岗巡查，做好记录，下情上报，及时处置，安排好养护计划并分时段组织实施，确保树木健康生长，确保林地安全。养护员职责是灌溉排水、中耕除草、扶正刷白、整枝修剪、喷药治虫、抚育间挖，按照派工安排完成养护任务，确保树木生长健壮，确保林地总体景观效果好。

（3）规范管理，组织培训。如今将统计、整理、编制、完善的所有防护林建设面积、品种、数量，以及工程合同、费用、图表、文件、计划、人员等方面的数据信息全部入库，建立了派工→核定工作量→完成时间→监督工作进度→自验→报验→复验等林木养护操作规

程，健全了《防护林移栽、砍伐和林地征占用报批制度》、《防护林管理巡查工作月报表》、《病虫报告单》、《林业养护费用申报制度》、《防护林配套用材登记制度》、《养护工作情况月报》等制度，形成了申报、审批、实施、验收、登记、月报工作程序。养护员统一着装上岗，在管理上采取了四个坚持，即坚持划段分工到人和集体作业相结合，以划段分工作业为主；坚持讲究作业时间和讲究作业实效相结合，以讲究实效为主；坚持提倡自觉作业和督促强制作业相结合，以自觉作业为主；坚持队组自我管理和所社督促管理相结合，以自我管理为主。养护员队伍已形成了在平时是一支林木管护队，在遇暴雨、台风等突发事件时是一支抢险队，在应急情况时是一支突击队。为提高业务技能，组织管理人员进行了林木政策法规、林政管理及报批规程，病虫害防治，树种特性及林木抚育养护技能操作培训与学习，为提高防护林管理水平打下了理论基础。

1.3 建章立制，严格考核

（1）建章立制。2003 年以来先后建立了《防护林管理职责》、《堤防管理员防护林管理工作职责》、《防护林管理考核制度》、《防护林管理巡查制度》、《关于加强工程化造林养护管理考核办法》、《施工企业林地养护考核制度》、《养护社社长职责》、《养护队（组）长工作职责》、《养护员工作职责》、《养护员工作作息制度》、《养护员病事假加班制度》、《养护员工作考核制度》、《养护员工作考核标准》、《关于养护员因严重违纪违规或工作不能胜任给予辞退的暂行规定》等一系列规章制度，这些制度的建立对防护林建设、管理与养护的正常运作起到了保障作用。

（2）严格考核。管理上的考核以《防护林管理考核制度》为依据，制订《防护林管理考核检查表》，采取日常抽查的形式，每月不少于一次，检查情况及整改内容及时反馈给各站，结合水利工程管理劳动竞赛，每年进行两次综合考核和检查，评分以平时抽查与综合考核检查相结合。养护上根据养护员的考勤情况和工作质量情况，按照《养护员工作考核标准》以评分表的形式每月进行考核，考核不合格的，养护社给予警告，全年三次考核不合格的给予辞退并终止用工协议，连续三次评为优秀或年终评为优秀的给予适当奖励。养护社还建立了《林业养护巡查记录》、《养护情况抽查考核》等制度，由养护社不定期检查，并即时反馈给各养护队，作为养护员考核的依据。对严重违反规章制度的养护员坚决处理，不留情面。

2 主要问题

（1）部分树种不适宜，需要改善。由于过去造林资金和适宜树种的原因，部分防护林树种比较单一。如欧美杨树种，长势快，枝杆脆弱，易倒伏断裂，抗风能力低，病虫害多，危害大。类似树种与当前生态岛建设大环境已完全不相适应，需要淘汰、改善。

（2）部分地块管护尚不到位，需要加强。特别是少数中标施工企业在养护期内重建设轻养护，缺乏责任心，林地杂草丛生，树木东歪西倒，形象十分难看。站（闸）区域绿地养护还未跟上，数据、资料尚不健全。

（3）软件管理有脱节现象，需要衔接。巡查台账记录不及时现象偶有发生，按规定上交的各类报表时间上不时出现延时现象，其原因一方面是统计不及时，另一方面是上报时途中延误，因此采用电子文档形式信息化操作势在必行。

（4）林地养护上费用的核定，需要改革。目前在林地养护上费用支出采取申报、初步核定、实施地段检查验收、用去费用（发票）登记签字、报销这样一个工作程序，在一定程度上控制了费用，但在实际操作中也不时出现违规现象或漏洞。主要表现为：一是延误费用（发票）登记审定时间。比如除草用药的费用，个别站延误一个月甚至三个月后才将用去的费用发票申报登记核定报销，使业务科室无法对实施地段的实施情况进行检查验收，无法对实施地段的实施费用进行核定，只能照发票费用“签单”，失去检查验收、核定费用的意义。二是不作申报，先斩后奏。由于目前养护社暂行的是站队一体的格局，站长就是队长，个别站实施养护项目事前未经申报自作主张，事后费用上报要求报销，养护社左右为难，碍于情面，出于信任，也只能报销了事。

（5）养护人员非常紧缺，需要增加。水工所海塘范围内公益林（防护林）约有1 513.33hm^2，目前运作养护的约有666.67hm^2（仅指2002年以前已种植移交的一线海塘岸肩、岸坡、平台林地面积）。养护社目前招用的130名养护员按1.33hm^2/人养护标准，只能养护173.33hm^2，但为了崇明一线海塘景观线靓丽起来，130名养护员要担负起约666.67hm^2的养护任务，工作量非常大。如果就1 513.33hm^2林地按1.33hm^2/人标准计算，共需要养护员1 138名，养护人员大大紧缺。

3 对策措施

3.1 营造整体景观林带，不断提高防护林档次和质量

经过数十年的大规模营造，岛上沿海沿江防护林带已基本形成，但总体景观效果不甚理想，与建设崇明生态岛目标尚有距离，因此营造整体景观林带，提高造林档次和质量已迫在眉睫。

（1）从单一型造林向生态景观型造林转变。树种上必须多样性，针叶阔叶结合，常绿半常绿落叶交替。色彩上呈现多样化，红、绿、黄、白、紫交相辉映，四季有色。立面上体现层次感，从高到低有参差感，乔灌花草相结合。

（2）对原有林地布局进行改造、完善。对于原种植的同一树种面积过大、林带过长的林地，参入其他树种隔离，一方面可形成色块，增强景观效果；另一方面可预防病虫害大面积爆发。对于成熟林地，因势利导，种植耐阴、半耐阴、半耐阳小灌木和地被植物，既能消除杂草，又使林地整洁美观。对于滩涂林地里的天然塘，适合条件的可试验种植经济型水生植物和观赏型水生植物，既增加经济收入，又使天然塘水面与周边林地交融一体，更具观赏性。

（3）合理抚育采挖（伐）调整。一是在规划设计中栽植的树木，通过科学养护观察，对证明已不能适应现在生长的环境及达不到原来绿化效果的植物应及时进行调整；二是当林地生长到一定阶段，达到一定郁闭度时，可根据“去弱留强，去密留疏”的采挖（伐）原则，在林地内实施合理的间伐或间挖，改善林地通风透光条件，确保树木健壮生长。

3.2 窗口绿化不容忽视

全县各站闸区就是水务行业的对外窗口，环境面貌的好坏直接影响到水务行业的形象，因此站闸区的绿化改造必须摆上议事日程。站闸区的绿化改造必须遵循花小钱做大事原则，利用现有资源自己动手节约成本，体现同等效果。绿化改造工程按照摸底调查、

数据统计、计划安排、方案设计、图纸确定、资金预算、工程施工、质量验收等程序进行,先重点后一般分步实施,力争2~3年完成,使站闸区绿化在原有基础上呈现新的面貌。

3.3 森林防火必须高度重视

随着绿化造林进一步发展,片林面积越来越多,范围越来越广,规模越来越大,森林防火面临严峻考验,尤其是滩涂林地。一是巡查员和养护员必须增强责任心,加强巡查观察力度,加强防火宣传力度。一旦发现火灾,一方面应及时组织扑救,另一方面应及时报警,力争把灾情控制在最小范围内。二是开通防火通道。结合林地合理抚育采挖(伐),留出防火通道,形成防火隔离带;一线大堤限制桩的设置要进一步研究,考虑消防车能通行。三是在主要道口、路口、踏步口设置防火宣传警示牌,对外告之,严禁入林玩火。

3.4 加强养护管理,完善养护管理格局,切实落实好责任制

要确保绿化成果,提高观赏效果,使绿化的生态效益、社会效益和经济效益发挥最佳,养护管理是关键。

(1)调整完善养护管理格局。所、站、分站担当管理职能,现有的站长不再兼任养护队长,但分管养护队工作,集中精力抓管理、考核。林地的管理重点放在预防树木偷盗、损毁和乱砍伐、森林火灾、擅自占用、病虫害以及灾害性突发事件上。养护社、队、组担当养护职能,分管堤防的副站长兼任养护队长,在协助站长抓好管理的同时全面负责养护队工作。另外在养护员中产生一名副队长协助队长工作,主抓养护质量。分站的巡查员仍兼任养护组长,以管理带养护重点在管理上,养护员中产生的副组长协助组长工作,主抓养护工作的落实与养护质量。为理顺工作,同样在养护员中产生一名副社长,主抓养护质量。

(2)坚持日常养护与重点养护相结合,由等待型转变为主动型。根据季节和植物特性,及时主动地对各类乔、灌、花草、地被、草坪等植物进行浇水、排水、锄草、中耕、施肥、修剪整形、草坪养护、病虫害防治、防风防寒等工作,保证植物生长良好,培育出层次参差、季相丰富、色彩多样、形态优美的生态型风景带。

(3)加强养护人员的内部管理。第一,提高养护员的责任心和积极性,进一步落实责任制,层层细化,责任到人;第二,抓好养护员队伍建设,加强养护技能培训;第三,制定完备的技术规范,进一步严格养护管理等级标准和考核办法,只有标准明确,奖罚分明,才能抓好养护工作中的每一环节;第四,养护社可建立会议交流制,养护组每周组织一次养护员会议,总结上周养护工作情况,交流养护技能和养护中出现的问题,处理和解决这些问题的手段等,布置下一周养护工作和注意事项。养护队每月组织一次养护组正副组长会议,养护社每季度组织一次养护队正副队长会议,进行有关养护工作的研讨、交流。

(4)加大对施工企业绿化工程建后养护期内的监督、检查力度。通过所、站、分站三级巡查进行查处,发现问题及时通知整改,对整改不到位或不整改的施工企业依照《关于加强工程化造林养护管理考核办法》第三条所属条款分别给予处罚,促使施工企业的林地养护同步跟上,确保整个林地面貌保持一致性。

3.5 添置设备,提高养护效率

俗话说“三分种,七分养”,养护工作对植物健康生长起着至关重要的作用。随着站闸区绿化养护的纳入,养护工作从粗放型转向精细型,要提高养护效率,确保养护质量,除

了人的因素,必须有必要的养护设备作为保障。一是要添置大中型养护机械设备,如高射程喷雾机,油锯、高枝剪、绿篱剪、草坪机以及用于大面积片林喷药治虫的车辆等;二是要组建专业队伍,专项负责站闸区与堤肩景观林带上各类乔、灌、花草、地被、草坪等植物的修剪、造型以及大面积片林喷药治虫。三是要健全站闸区绿化的日常养护,除专业队养护,一般养护如浇水、排水、锄草、中耕、施肥、病虫害防治、防风防寒等工作由各养护组集体负责。

3.6 强化信息化管理,使防护林管理逐步系统性、科学性

充分利用所网站资源,通过传输系统,采取信息化操作,建立电子文档上报制度。一方面简化报表上报程序,加快上报速度;另一方面强化资料管理,使防护林管理逐步系统性、科学性。

3.7 养护费用实行核定包干,责任到站

坚持按照已制定的申报→审批→实施→验收→登记→报支程序进行,不留情面,按章行事,有规矩才成方圆。为节约成本,控制费用,日常养护费用采取核定包干使用原则,责任到站(队),所(养护社)把关审核。特殊要求产生的养护费用由所(养护社)直接安排。

3.8 引进人才,逐步改善防护林养护上人力资源紧缺的状况

就目前已经养护的约666.67hm^2 林地按1.33hm^2/人标准就需要500名养护员,2003年已移交110hm^2,2004年造林项目2006年准备移交101.07hm^2,还需要158名养护员,至目前共需养护员658名,除去已有的130名养护员,尚缺528名养护员。因此,建议上级部门再增加养护员名额,目前至少需要200名,以后再逐年招收,逐步改善防护林养护上人力资源紧缺的状况。另外,建议招聘1~2名懂管理、养护、设计、预算及具有园林绿化专业的人才,使防护林管理工作再上新的台阶。

落实长效保洁机制　创建全国模范城区

丁学沪

（长宁区河道管理所）

近年来，随着长宁区经济的高速发展、城市化进程的加快和产业结构的调整，水环境整治和长效管理的必要性、迫切性日益凸现。加强河道日常管理，保护河道生态环境，是实现水资源可持续利用，促进经济社会可持续发展的需要。河道保洁工作作为改善水环境的非工程措施，是落实河道长效管理的有效举措之一，在水环境整治工作中起着巩固现有成果的作用。2008年，长宁区将承载着创建全国环保模范城区和文明城区的重任，水环境的质量将是一个重要的指标，而对于我们水务工作者来说，"创模"只是一个起点，把"创模"的着眼点和着力点定位为最大限度地提高群众身边的环境质量，充分体现了"以人为本、执政为民"的理念和"创模重在过程"的宗旨才是重中之重。所以，要全面落实河道长效管理，建立起河道长效保洁机制，进一步巩固和完善河道管理保洁措施，切实落实河道管理保洁制度和考核办法，变被动工作为主动工作，真正实现"河面洁，水质清，水流畅"的总体管理保洁目标，为"创模"打下坚实的基础。

长宁区河道管理所自2004年起，为了不断改善长宁水环境面貌，加快现代化城区的建设步伐，提升长宁的城市形象，组建了专业河道保洁社——亲水保洁社，负责市、区两级36条河道的日常保洁工作。经过几年的探索和发展，在区建委的政策扶持和市水务局的大力支持下，长宁区保洁队伍日益壮大，保洁做到了全面覆盖，保洁成效也日益提高。2007年6月，"创模保洁机动队"的成立，更是将河道保洁工作推向了一个新的台阶，人员的不断壮大，设备的日益更新，为河道保洁的长效管理提供了一个良好的平台，落实河道长效保洁机制，促进河道水环境的可持续发展，是一项急需完善的工作。对此，结合长宁区的河道保洁情况，提出以下几点意见。

1　加强河道保洁的力度，做到水域水清、面洁，陆域岸净、有绿，加强保洁循环作业

随着保洁工作的逐步开展，长宁区的水环境也发生了翻天覆地的变化，一年步入一个新的台阶，这和保洁队员的辛勤努力、敬业爱岗是分不开的。随着"创模"工作的要求，以及"创模保洁机动队"的成立，在新的时期，河道保洁工作被提到了一个新的高度。"没有最好，只有更好"，河道保洁依然需要加强力度，我们要做到保证保洁范围内河面无漂浮物；新增漂浮物的漂浮时间不超过2小时，而且不允许出现大面积的明显漂浮物；保洁船要始终保持在正常工作运行状态中，循环进行，严阵以待。对于河坡周边环境也要保持整洁，陆域范围内无废弃物（垃圾）、吊挂物和杂草；防汛通道、景观区等也应保持清洁，无散落物。在河道周边种植绿化带，可以有效地改善水质，提高水土的涵养能力，美化环境。

因此,水域、陆域保洁工作应该相互协调、相互促进、相辅相成。

2 确立河道保洁工作的规章制度,落实每一位保洁队员的工作职责

在河道保洁工作中,为切实有效地推进河道保洁工作,落实河道长效管理机制,需要结合实际工作情况形成并不断完善各种规章制度和职责范围。

我区的河道保洁范围分为南片、中片、北片、水上片。保洁社在社长直接管理的基础上,由8位正、副片长进行日常保洁工作的调度统筹安排。这种制度人员流动性较大,保洁队员往往会根据片长的安排,经常从事不同的岗位,这对保洁队员的工作经验积累和河道保洁的长效管理机制是不利的。在河道保洁工作上必须定河段、定人、定岗、定责,逐条逐段落实河道保洁工作,使河道保洁不留死角,河道保洁达到"岸净、面洁、有绿、畅通"的要求。这种制度的实施,也有利于明确各自片的责任范围,方便管理部门的工作管理和考核,更有助于调动保洁员的工作积极性。通过细划职责,长宁区的河道保洁工作更加接近于规范化操作和管理,更加符合"创模"的总体要求和目标。

3 建立河道保洁巡查队伍,负责监督河道保洁工作,并对突发事件提前预见

完善的组织结构,有效的监督机制是保证保洁工作高效运行的重要前提之一。近期的绿萍泛滥成灾,导致众多河道成为网格化案件的焦点,有些案件甚至处理后仍然被网格化中心退回。对于这些潜在的不稳定因素,我们必须有一套行之有效的办法。

建立河道巡查队伍就可以有效地监督河道周边的情况,好比"移动摄像头",一旦发现河面、两岸有漂浮垃圾等保洁不到位的情况及时与管理部门联系,管理部门可在第一时间组织保洁人员在最快时间内清除,确保保洁范围不留死角,避免网格化案件的发生。

同时,河道巡查员对河道检查中发现的一些违章建设、违章排污、违章填堵河道等水行政违法案件做及时的举报,有利于水政执法人员的执法的工作效率,也有利于保障河道周边的百姓的权益。

4 定期开展考核工作,突出考评"公信力",对河道保洁员进行奖励或惩处

河道保洁考核可以分为季度和年度考核,以及定期和不定期考核。考核范围是保洁社负责对各队员的考核,区河道管理所负责对社长、副社长、队长及各工作片片长考核。考核标准根据长宁区区长办公室会议纪要附件暨《关于逐步规范区万人就业项目队伍工资外收入发放管理通知》的有关精神,以及参照年度保洁社工作考核实际发生经费的基础上拟进行进一步的工作考核及奖惩。在考核中对表现突出的先进保洁队员进行表彰和奖励,带动保洁队良性竞争的工作积极性。对于那些考评不合格的河道,要追究其相关工作人员的职责,酌情扣除奖金,防止此类事件再次发生。

5 加强业务知识的学习培训,提高管理人员的管理素质和水平

随着时代的发展、科技的进步,给我们的河道保洁人员特别是管理人员提出了更高的要求。为了能更好地胜任各自的岗位,加强学习培训显得越来越重要。在今后的工作中,每年要安排更多的时间,对河道管理人员进行岗位培训,帮助他们掌握现代管理方法和工

作技能，提高工作效率。同时自我能力的提高，也有助于增强单位的综合素质，提升单位的社会影响力，为2008年“创模”工作打下坚实的社会基础。

6　注重河道保洁的信息宣传，提升公众关注力度

信息交流有助于各保洁责任单位和保洁队伍取长补短、互相学习，最终达到共同进步的目的，已成为长宁区保洁工作的又一个重要抓手。长宁区河道管理所为了及时向各责任单位反映保洁情况，指导、督促、调动各责任单位做好河道保洁工作，在2008年和各个临河岸段专用单位签订了《守约责任书》，明确了各临河单位的权利和义务。

在2007年创办了《水之声》，该简报每月一期，以当月河道工作情况为主要内容，注重对外进行水务宣传，提升公众水环境保护意识，从源头上做好河道保洁工作。此外，在每年“世界水日”、“中国水周”期间，组织力量深入居民区进行水环境保护主题宣传，增强社会影响力。

综上所述，落实河道保洁长效管理机制是社会经济发展的客观需要，是加强精神文明建设的迫切需要，是切实改进区水环境的需要，是加快推进城镇化进程的重要保障，也是2008年长宁区“创模”工作的具体体现。要把长效保洁机制建设作为一项重要的工作来抓，建立规范有序、责任明确、服务到位的环境保洁运行机制，坚决不做表面文章，不搞形式主义，坚持重点抓、经常抓、反复抓，确保长效稳定运行，使河道保洁工作取得实效。

加强小型水利工程质量管理的思考

唐洁平

（青浦区排灌管理所）

1 前言

小型水利工程，顾名思义即除大中型水利工程之外的水利工程。此类工程尤其以区以下（简称基层）水利主管部门组织建设的居多，诸如电灌站、小农水护岸、倒虹吸、渠系、堤防建设等，参与建设的各方资质较低或根本无资质，许多工程由村或农民自营，施工方法落后、检测手段单一、没有一整套质量保证体制，工程质量管理常常不被重视，其做法多数欠妥。虽然这类工程单项规模小，但总体数量多，影响面较大，且在实际使用过程中与老百姓的生活息息相关。我们也不可忽视其质量。

水利工程质量是对水利工程“安全、适用、经济、美观”等特性的综合要求。“安全”是指工程满足运行稳定，“适用”是指工程满足使用功能，“经济”是指工程投入的费用较少，“美观”是指工程形象符合美学要求。

2 国家的有关规定

为了加强对工程建设的管理，控制工程质量、工期、造价，提高经济效益，国家自20世纪80年代中期起，先后出台了一系列针对大中型水利工程质量管理的改革措施，如《国务院办公厅关于加强基础设施工程质量管理的通知》，已显示出较强的优越性和生命力，其核心内容可归纳如下。

2.1 工程建设质量分工负责

工程建设质量管理由项日法人（建设单位）负责、监理单位控制、施工单位保证和政府部门监督。项目法人对工程质量负全面责任，监理、设计、施工单位按照合同及有关规定对各自承担的工作负责，质量监督机构履行政府部门监督职能。工程建设质量分工负责制明确了工程质量管理者的权利和义务。

2.2 注重科技进步和质量管理

改革开放以来，国家加大了科技开发的资金投入，推动了各行业科技水平的不断提高，在中国加入世贸组织后，崇尚“质量第一”的宗旨已为人们所普遍接受。著名质量管理专家朱兰博士曾提出“21世纪是质量的世纪”。水利建设的单位都要推行全面质量管理，采用先进的质量管理模式和管理手段，推广先进的科学技术和施工工艺，依靠科技进步和加强管理，努力创建优质工程。

2.3 工程建设实行招标投标制

大中型水利工程以及配套和附属工程，要按水利部《水利工程建设项目施工招标投标管理规定》进行公开招投标;地方小型工程,由地方水行政主管部门制定具体管理办法。在市场经济体制下水利工程实行招投标管理制度正是为了适应水利建设行业健康、有序的发展需要,体现了"公平、公正、公开"的原则。

2.4 对各类质量事故的防范处理办法

施工管理单位应推行全面质量管理,建立健全质量保证体系,制定和完善质量岗位规范、质量责任及其考核奖惩办法。施工过程中应加强质量自检、互检、交叉检验工作。切实做好工程质量全过程控制。

一旦发生工程质量事故,施工管理单位必须及时按有关规定向有关部门报告,保护现场,接受调查处理,并采取措施防止事故扩大。

2.5 对工程竣工验收的处理办法

必须按国家有关规定,严格履行工程验收程序,未经质量等级评定或不合格的工程,不得组织阶段(中间)验收或竣工验收。未经阶段验收的工程,不得进行后续工程的施工。验收不合格或未经竣工验收的工程,不得交付使用。

3 基层水利单位常见的问题

基层水利是实施小型水利工程的主体,肩负的任务既虚又实,存在的常见问题有以下几个方面。

3.1 技术力量单薄,业务水平偏低

设计或监理工作多由县(区)级以上相应单位负责,基层水利人员从思想上有了靠山并产生了惰性,致使整体技术水平徘徊不前,有的还出现下降趋势。

另外,基层水利技术人员从事上传下达等事物性工作较多,没有或很少有时间进行深造,技术水平提高的速度慢。部分年长的技术人员虽具备较丰富的实践经验,但文化水平较低,在阅读施工图、技术资料方面有点力不从心;相反,一些年轻技术人员缺乏深层次的实践经验,难以承担有一定深度的工作。

3.2 技术资质不具备,多种职能融一身

设计单位按其资质等级及业务范围承担勘测设计任务,监理单位依照核定的业务范围承担相应的监理任务。

基层水利部门管理范围窄、级别低、直接面向农村,其职能不单纯是行政管理,技术服务也是一项很重要的内容,兼有设计、监理、施工、政府监督等多种职能,但一般不具备相应资质。目前,基层水利部门在其直接管辖的范围搞勘察、设计、施工、监理"一条龙"作业的比比皆是。

3.3 设计施工不规范,因陋就简意识浓

小型水利工程立项很少组织可行性论证,工程建设常常不合理或不规范。如规划变动大、规划不合理、重复建设、设施利用率低等现象屡有发生。国家或水利部已经出台了一系列法律法规、技术标准和规范,但很多水利基层单位和个人并没有掌握并付诸实施。小型水利工程多以民办公助为主,建设资金较为紧张,存在能省则省、因陋就简的意识。

基层水利技术人员由于缺乏足够的建筑学知识和艺术训练,往往只注重使用功能的需求而甚少涉及艺术和美观的需要,使得大部分水利建筑给人们的印象是粗老笨重。

3.4 监控措施不完善,检测手段太落后

多数基层水利部门没有建立起完善的质量保证体系,也没有行之有效的质量监控措施,有的甚至从思想意识上根本没有这根弦,出现工程质量问题也就在所难免了。

对小型工程施工质量的监控多停留在目测上,凭直观印象下结论,很少有先进的监测设备、仪器,更缺乏监测人才,在实施质量监控活动时没有强有力的说服力。

3.5 重建轻管、设施利用率低、维修费用大

小型水利工程建后移交至村。但由于托管方管理上的种种陋习,建后管理不到位,未遵循操作规程操作,常规保养不到位,致使大量水利工程缩短了使用寿命,造成了维修保养费用的增加,但实际利用效率却在降低的局面。

3.6 工程验收马虎,质量得不到保证

许多工程在建设过程中缺乏过程验收,更多强调的是文字材料的验收,造成关键部位隐蔽工程质量问题多。较多的小型水利工程由于面广量大,验收时以点代面走走过场,更有甚者,验收时连现场也懒得去,工程质量得不到保证。

4 几点建议

鉴于基层水利部门的现状,短期内在基层成立具有法人资格的水利设计、水利监理单位也有难度,但实行全面质量管理是大势所趋,不能含糊,小型水利工程也要参照国家有关规定做好全程质量监控工作。

4.1 开发人力资源,培养行家能手

高度重视基层水利行业整体人力资源的开发。要有计划、按步骤地选拔人才去深造,以适应岗位需要和市场需求;鼓励职工在职学习,不断提高整体素质,使基层水利人力资源切实得到保值和增值。

对基层现有水利技术人员进行适当分工,明确每个人的业务主攻方向,尽早造就农田水利、水土保持、水资源管理、地质及地下水、水行政执法、财务管理等方面的行家里手,并能统揽全局,承担起相应的工作。同时,加强对乡村水利技术人员的培训,并向其做好技术交底工作,使他们也能独当一面。

4.2 加强质量意识教育,建立质量保证体系

"百年大计,质量第一"。要加强对全体水利职工质量意识和质量管理知识的培训,建立和完善质量管理的激励机制,积极开展群众性质量管理和合理化建议活动。国家兴建大中型水利工程前要组织专家审查论证,我们在小型工程立项时也应组织专家进行技术方案讨论,及时弥补设计中的不足,将隐患消灭在萌芽之中。

俗话说"麻雀虽小,五脏俱全",质量管理决不能因小而不为。如果因陋就简,虽然一次投入较少,但将来的运行费用高,使用寿命短,结果并不节省投资,反而有可能劳民伤财。

基层水利部门需要综合监督、设计、监理、施工等多种职能,参照国家的有关规定,建立自己的质量保证体系。工程设计要符合国家及水利行业有关工程建设法规、工程勘测设计规程、技术标准的要求,加强设计过程质量控制,健全设计文件的审核、会签、批准制度。在工程施工时,做好"三控制"、"两管理"、"一协调"工作,用经济手段制约建设各

方,确保工程质量达到优质。

4.3 改进监控方法,提高检测水平

为了提高质量检测水平,需购置必要的检验、测试仪器和设备,对工程所用材料和施工质量进行全面检查或抽样检查。通过实测、实量、实敲、实弹等手段,获得准确、客观、公正的监控数据。该好就好,该孬就孬,增加质量监控的说服力和威慑力,减少或避免工程质量评价中的错误、纠纷和矛盾,减少"人情工程"、"关系工程"的弊端。

首先,严把材料、设备的进货关。批量购置的材料、设备等,要根据国家、部颁技术标准先检测后使用,不合格的不使用。

其次,加强施工质量监测。对重点工序和部位,设置质量监控重点;对关键工序实施旁站监理,严格监控施工质量;技术人员在施工现场要做到"腿勤、手勤、眼勤、嘴勤"。

4.4 注重美学研究,营造景观工程

水利工程与其他建筑工程一样,要注重美学研究与景观设计,这将会取得良好的社会效益和环境效益。人类已经从原始水利阶段、工程经济水利阶段进入生态经济水利阶段,水工建筑物的建设必须与维护生态和保护环境相协调。

在物质文明和精神文明飞速发展的现代社会中,各种建筑越来越多地开始注意视觉效果,水利建筑也不应该例外,其外表形态应成为人类美学的载体。

4.5 进行科学管理,确保永续利用

要把小型水利工程管理作为一门科学来对待,注重向管理要效益,扭转重建轻管的局面。建后形成的小型水利资产要及时移交给有关单位和个人,向他们颁发产权或使用权证书,采取专业管护、拍卖经营、个人承包等形式,以便形成切实有效、适合当地社会情况和不同工程类型的运行管护模式,使新老水利工程都进入良性运行轨道。

5 结语

水利工程质量包括"安全、适用、经济、美观"四个方面,只有四者全优,才是真正的优质工程,小型水利工程也必须遵照执行。

上级对水利工程质量管理的要求越来越细、越来越严,而基层水利技术现状远远不适应形势的变化。

实行全面质量管理包括"纵向"和"横向"两个方面,"纵向"即自始至终(全过程),"横向"即全面覆盖(大、中、小型),小型水利工程也不例外。

小型水利工程须从项目的论证、设计、建设、监理、管理等环节抓起,做好质量全程监控工作。

基层水利部门多数集监督、设计、监理、施工等职能于一体,应注重开发人力资源、加强质量教育、提高检测水平、搞好建后管护等,建立起适合自身情况的质量保证体系。

建立健全长效保洁机制
巩固河道环境整治成效

蒋国强　金鹏飞　梅丽珍

（上海市水利管理处）

随着水环境整治工作的不断深入，上海市郊区河道保洁工作大体经历了三个阶段。一是自20世纪90年代末，各区（县）逐步认识到河道保洁工作的重要性，陆续开展了对部分骨干河道的保洁工作，即起步阶段；二是自2004年实施万人就业活动以来，在市区各级政府的支持下，结合解决下岗职工和失业人员的就业问题，以“4050”人员为主体，建立起一支有人员、有装备、有资金保障的专业河道保洁队伍，即发展阶段；三是自2007年“万河整治行动”实施以来，为巩固面广量大的中小河道整治成果，各区（县）又相应招聘充实了一批专门负责中小河道环境的保洁工作人员，几年来，随着保洁队伍的不断壮大，保洁装备的不断更新，保洁覆盖率的不断提高，保洁管理模式也日渐成熟，即巩固阶段。今后我市河道保洁工作将逐渐向规范化、专业化方向发展，必将为巩固本市河道水环境整治的成效发挥越来越大的作用。

1　河道保洁基本情况

1.1　保洁队伍

目前，全市共有河道保洁员15 252名，大致分市属与区（县）属两支队伍。市属即通过万人就业项目建立起来的正规保洁队伍，有人员9 557名，主要承担市管、区管和部分镇管骨干河道的保洁任务。区属即各区（县）水务部门为解决中小河道保洁问题，由区（县）自行建立起来的地方保洁队伍，有人员5 695名，主要承担镇村两级中小河道的保洁任务。

1.2　保洁装备

据统计全市现有保洁船只2 477艘，以中小型无动力船只为主，其中动力船只615艘，无动力船只1 862艘（2005年市财力补贴采购了98艘，2006年市财力补贴采购了85艘）。中小河道保洁装备的船只多为小型木质和水泥材质的无动力船，也有一些少量的玻璃钢无动力船。

1.3　保洁覆盖率

市管河道保洁覆盖率为75%，区（县）管河道保洁覆盖率为90%，镇管河道保洁覆盖率为93%，村级河道保洁覆盖率为70%。

1.4　保洁员待遇

由于保洁队伍分属两种类型，在待遇上也分为两个档次。即由万人保洁项目招募的正规队伍相关费用由市、区（县）两级承担，待遇相对较高，如浦东新区一般人均950

元/月，南汇人均850元/月，另由政府为其缴纳保险等，除此之外，浦东新区还为保洁员提供10元/（月·人）的办公费；而区（县）所属保洁队伍其相关费用由区（县）和乡（镇）两级承担，待遇较万人就业人员明显偏低，如南汇村级保洁员工资人均仅为500元/月。

2 中小河道保洁模式

经过几年的探索与发展，各区（县）水务部门均围绕水清、岸洁、有绿的目标，结合各自特点，形成了一些适合当地中小河道保洁管理的模式。

2.1 属地化分级管理模式

目前，该模式在全市各区（县）河道保洁中占主导地位。基本模式是以镇、村为单元，成立相应的保洁社，有些区（县）由水务站站长、排灌站站长、街道环卫所所长兼任社长。通过对河道分等级，对保洁任务实施定人、定量、定标准、定报酬和定奖励等，实现对镇、村、宅河不同等级河道的分级管理。通常是由正规保洁队伍负责骨干河道，地方队伍负责镇村级河道及宅河。

2.2 以"水"养"水"管理模式

以"水"，即在保洁员负责管理的中小河道中，通过开展水产养殖，增加保洁员收入，部分弥补地方保洁员工资收入不足。养"水"，则是因郊区广大中小河道的水质问题，主要源自富营养化，因此在河中养殖鱼、虾，可以水中营养物为食，从而达到减轻水体富营养化、改善水质的目的。目前，这种模式尚属试验阶段，仅在南汇区个别镇、村有所尝试。

2.3 以"岸"养"岸"管理模式

以"岸"，即在保洁员负责管理的中小河道岸边，通过种植具有较高经济价值的花卉、蔬菜等，增加保洁员的收入。养"岸"，则由于在岸边种植花卉、蔬菜，从而收到既绿化了河坡、美化了环境，又稳固了河岸、减少了水土流失等综合效益。目前，这种模式也属刚开展阶段，仅在南汇区大团镇等有限的河道上开展尝试。

3 中小河道保洁的成功经验

3.1 政府主导，资金保障

中小河道保洁既是巩固"万河整治行动"成果的重要基础，又是关系到新农村建设中"环境改善"的目标能否实现的关键。因此，市区两级水务部门均非常重视此项工作，在"万河整治行动"开始之初，市局即在实施意见中对巩固"万河整治行动"成果提出了明确要求。各区（县）水务部门则通过与相关部门沟通，对已有保洁工作政策加以补充与完善，从而将面广量大的中小河道保洁工作逐步纳入了河道保洁工作范畴。同时拿出相当大部分资金，以解决这支保洁队伍的工资待遇等问题。如浦东新区、闵行区等近郊，中小河道保洁人员的工资待遇与万人就业保洁人员待遇基本相同。

市水利管理处也正在积极与市财政局、局计财处等部门加紧研究，拟定通过以奖代补形式，帮助区（县）解决部分资金不足问题。

3.2 落实责任，分级管理

为明确责任主体，将中小河道保洁工作落到实处，各区（县）根据两级政府三级管理原则，通过完善机制，层层落实，从而形成了比较完善的管理网络。如南汇区明确了由河道办负责全区保洁队伍的行业管理、业务指导与技术监督；乡(镇)政府负责对本乡(镇)河道保洁社的领导与建设；各保洁社作为保洁工作的实施主体，按照区河道办关于保洁工作的定人、定量、定标准等具体要求，从而形成了一个责任明确、上下配合的三级管理体系。

3.3 建章立制，严格考核

在体系建立健全的基础上，各区(县)均通过借鉴近些年在市管、区管等大型河道保洁工作上取得的经验与教训，意识到只有通过建章立制，明确责任，严明纪律，才能管理好这支年龄偏大、文化水平较低、工作经验不足的保洁队伍。为此不少区(县)通过分解保洁责任、明确考核目标等，来规范中小河道的保洁工作。

如奉贤根据河道等级、规模、区域(城区、非城区)等因素，将河道分为三个等级，一等为市、区两级以及流经镇区、社区和主要交通干道两侧的镇、村级河道；二等为一般镇级及流经村民居住集中区域和村级主干道两侧的村级河道；三等为一般村级河道。另外，还拟定了《奉贤区河道保洁整治标准》，按照不同等级制定出每位保洁员的工作量、保洁标准及工作报酬。年终由区(县)专业部门组成考核工作小组，依据平时检查情况及考核标准，根据对每条河、每位保洁员的考核结果，实施相应的奖惩，以起到鼓励先进、教育和帮助后进的效果。南汇区也是通过建立与实施月检、季查、年考制，加阶段推进等措施，以便及时发现和解决问题，从而确保中小河道保洁工作收到成效。浦东新区由河道管理署负责对各镇保洁工作的监督检查与考核；保洁服务社的日常管理由镇政府负责；保洁社负责本镇河道范围内的保洁工作，根据区域和保洁方式进行分组，配备巡视员进行日常检查考核。为实现规范管理，各单位均建立了管理网络、岗位责任制、内部考核管理办法、内部运行管理制度等规章和运行制度。

4 存在的困难和问题

(1)管理困难。由于保洁员队伍是由政府出资为“4050 人员”解决就业而由基层推荐组成的，其中不乏一些问题人员，加上从业人员年龄偏大、有些体弱多病，因此整支队伍身体、业务素质、工作态度参差不齐，造成所分管河道的保洁效果差异甚大。加之人员录用、业务管理、经费拨付分属不同部门，工资由劳动部门每月一次性打入个人银行卡，同时又因在部分区(县)尚未建立起有效的联络统管机制，因此难以形成对保洁员和保洁社工作的优劣评价及相应奖惩机制。同时也存在“出口”不畅、录用容易退工难、病退也难等问题。从而造成部分保洁人员工作热情不高，甚至出工不出力，保洁效果不佳等问题。

(2)经费不足。由于中小河道面广量大，保洁任务繁重，所需保洁员众多，而不少区(县)财政在保障万人就业招聘的正规队伍费用时已显力不从心，因此再要保证服务中小河道保洁的地方队伍的费用更是捉襟见肘。即便经济实力较强的浦东新区和闵行区也颇感经费资金压力大，从而造成保洁工作难以正常开展和一些不规范现象。如浦东反映多数保洁社无资金购买打捞设备(如打捞船、工作服、打捞工具、柴油)等；闵行反映保洁船只无定期维修保养，出了故障无法及时维修，影响保洁工作正常开展。每个保洁社每天都需要处置保洁垃圾，由于没有处置经费，无法请环卫部门处置，只能采取焚烧、就地填埋等不规范处置方式。

（3）界内他人区域管理困难。在崇明等一些分布有外省、农场等的土地的区（县），还存在着对这些区域内河道保洁难的问题。由于所在区（县）对这些他人区域内的河道没有管辖权，而河道又通过水系相互贯通，各种污染物、绿萍、水葫芦等也随之相互交流，给保洁工作带来一定困难。

5 建议

（1）鉴于中小河道保洁工作是一项持久性工作，故建议由相关部门负责，尽快组织制定关于保洁工作的规范性文件，以便为区（县）提供在用人管理、工资待遇、绩效考核等方面操作的法律依据。

（2）鉴于保洁员队伍文化、业务素质参差不齐等问题，建议建立从业人员岗位培训及持证上岗制度，以提高队伍的整体水平与保洁效果。

（3）鉴于经费不足、保洁装备不足及维修保养难等问题，建议由市水利管理处会同各区（县）对现有和需要的保洁装备数量、性能、所需资金等进行一次全面摸底调查，专项报局计财处等处室，向财政部门申请，争取专项解决。

（4）鉴于保洁员待遇偏低问题，建议由劳动、财政和水务部门建立专项办公室，统一资金管理与工资发放。为确保保洁效果，宜采取每月预拨部分工资，待考核合格后，再补足剩余工资，以激发保洁员的工作热情和责任心。同时建议根据物价上涨水平，由各级财政落实人员福利经费等必需的待遇。

（5）建议总结推广"以水养水"和"以岸养岸"等保洁模式。建议由有关部门对采用这些模式的区（县）、保洁社进行跟踪关注，及时总结其成功经验，并在全市适宜应用这些模式的中小河道保洁上加以推广。在推进"以水养水"模式时，一是要注意只能在适宜放养鱼虾的河道中实施；二是需要渔政部门的配合；三是要注意不得在河中布设网簖等阻水设施。在推进"以岸养岸"模式时，有些区（县）可能因沿河住户曾将河边与河坡视为自己的土地，并在河道整治前种有农作物，因此应避免可能引发的争议。同时也需注意对种植作物种类的控制，以及在耕作过程中产生的水土流失等。

（6）鉴于有些区（县）他人区域内的河道保洁存在无人管理的问题，建议一方面由相关部门组织协调，争取使劳教局、监狱局、光明集团等所属农场能够享受万人保洁方面的有关政策，帮助其建立起相应的保洁队伍；另一方面做好相应协调工作，鼓励其重视自身水环境建设与保护，自觉建立起相应保洁机制。

闵行区水面积保护管理措施初探

华文艳　沈晓清

（上海市闵行区水务局）

水是人类的生命之源，河道是水的载体。大大小小的河湖沟汊，犹如城市、地区的血管，为人们输送着生活的养分，提供生存的空间。河湖面积的多少，并不是简单的数字比较，而是与防洪排涝、引排水、灌溉、航运、景观、大气环境乃至社会的可持续发展休戚相关的。闵行区原是一个河网密布的地区，随着经济的快速发展，城市化进程的大力推进，不可避免地造成了随意填河、与河争地的局面，导致河道被蚕食、被侵占，河湖面积日益萎缩，连贯的河网被阻断等诸多后遗症，并产生水位抬高、水质恶化、排水不畅等连锁反应。水面积的保护已成为水资源保护的重要前提和主要措施，在闵行区快速发展的今天，更是显得刻不容缓。笔者从近年来全区河道现状出发，分析问题症结所在，根据工作经验，对水面积保护提出一些管理上的措施，以供探讨。

1　闵行区河道现状及水利工程建设情况

闵行区地处上海市西南腹地，黄浦江由西南向东北蜿蜒流经境内，苏州河在北端过境，大治河、淀浦河贯穿其中。本区域为黄浦江感潮河网地区，内河众多，河网纵横，分属于淀北、淀南、浦东三大水利控制片。据2001年水资源的普查，全区共有大小河道3 274条，总长1 546km，水面积25.48km^2，水面率6.86%（未含黄浦江、苏州河）。其中市管河道6条段，长31.34km；区管河道16条段，长148.38km；镇管河道189条段，长393.42km；村管河道671条段，长527.98km；村宅河道2 392条段，长445.14km。

闵行区水资源丰富，总量为27.3亿m^3，主要来源为黄浦江进潮量及本地径流量。降水丰富，年平均降水量为1 114.7mm，从年内分配看，汛期降水量占全年降水量的65.5%。全区现有农村排涝泵站44座，城市雨水泵站40座，已敷设雨水管道370km，水闸40座，黄浦江110km一线防汛墙和淀南片黄浦江新增防洪工程的建设已经完成，各支河口门控制工程建设也基本完成。

2　闵行区水面积变化情况及原因分析

据统计，1982年我区的河湖面积为49.84km^2，水面率为13.41%，到1999年河湖面积为34.01km^2，水面率9.15%，截止到2001年河湖面积再次减少8.53km^2。2001年至今，通过加强社会宣传、加大对擅自填堵河道违法案件的查处力度、水系调整等措施，擅自填堵河道的现象明显减少，但仍未得到根本遏制，究其原因，有以下几个方面。

2.1　河道布局与开发建设的矛盾突出

闵行区在改革开放的大好形势下，利用区位优势，配合市区中心城人口的疏解，大力发展居住区和公建配套设施建设。经过几年的建设和发展,闵行区的城市化进程呈跨越式推进,城市面貌日新月异。与此同时,开发建设与河道布局的矛盾日益突出,分布散乱的河道尤其是村宅河道,难以适应建设项目总体规划的要求,又缺乏合理的调整方案,往往一填了之,忽视水系的连通性,导致河网功能的退化。

2.2 区域性水系规划调整滞后于经济社会快速发展的需要

近年来,闵行区的行政区划、用地性质、人口规模等发生了很大变化,新一轮的闵行区城市总体规划提出到2020年闵行要成为100%城市化地区,原本单纯为农业服务的河道水系布局已不能适应“三个集中”的需要,而“水系、排水、供水”三位一体的水务新机制从“安全、资源、环境”协调发展的角度对水利规划提出了新的要求,为此原先制定的区、镇两级水利规划有必要进行调整和修编。但由于受诸多因素的影响,区域性规划水系调整滞后于开发建设的发展速度,造成部分地区无序填河。

2.3 重建设,轻水利,水患意识淡薄

在开发建设过程中,某些领导干部、开发商的水患意识淡薄,认为小河浜仅仅起到农田灌溉的作用,片面追求经济利益,为提高土地利用率,往往将开发地块内的小河浜甚至骨干河道的部分河段随意填堵,埋管筑路或建房造屋,造成原本通畅的河道形成瓶颈或断头,导致全区可调蓄水面积的整体下降,水位抬高、水流不畅、水系难以沟通等问题日益凸现。

2.4 先填后开,水面积补偿与项目建设不能同步实施

较多涉及填河的开发项目,虽然按规定程序办理了水系调整相关手续,但由于项目分块实施,施工进度逐步推进,常常是急着填掉先开发地块内的河道,而新开河道要过1~3年才能全部完成,导致在一段时期内仍存在水面积减少的现象。

3 闵行区水面积保护管理措施

要真正保护好闵行区的水面积,并不是说要对现有的水面积严加看管,一点也动不得,而是要从根本上解决存在的问题,研究合理利用、合理调整的对策,并采取行之有效的长期管理措施,三管齐下,达到标本兼治的目的。

3.1 开拓进取,应变发展,高起点开展水务规划工作

水务规划作为水务工作的基础和保障,在水务建设中起到龙头的作用。水务建设要在防汛抗灾上强调安全第一、在水环境整治中体现人与自然和谐相处、在水资源配置和利用上注重科学合理,就必须倡导规划先行。为此,从2002年起,我局立足于高标准、高起点、前瞻性和可操作性的原则,以闵行区总体发展规划和上海市水利分片治理规划为依据,按照水务一体化的目标要求,编制了《闵行区水务规划(水利篇)》、《闵行区雨、污水系统专业规划》、《水功能区划》等重点专业规划;配合紫竹科技园区教育、科研、高新技术产业孵化基地、浦江镇“一城九镇”、闵北工业区及上海旗忠森林体育城等重点项目的开发建设,及时编制了各项区域性水系调整专业规划。这些规划较好地解决了区域开发中土地利用、水系、排水之间的矛盾,为领导决策和水环境建设的实施提供了科学依据,对在开发的同时促进水环境治理工作的开展具有指导意义。如今紫竹科学园区内的道路、河网、绿化、建筑布局合理,新开的蜿蜒自然的景观河道,已在全区成为典范;浦江中心镇区河

网、道路形成一个“申”字，河在路中穿，路在河边行，体现了具有意大利特色的城市河道风貌。

在区水务规划完成的基础上，针对各镇、工业区的功能定位、开发特点，结合各镇、工业区的总体规划和结构布局，编制了更为细致、指导性强的镇域水务专业规划。进一步完善河道网络，确立水面率、除涝水位、排水模式等规划指标，为各镇、工业区的水环境治理工作打下了良好的基础。在编制过程中，不断向镇、工业区领导宣传水面积保护的重要性，反映水面积减少产生的一系列问题，在领导头脑中牢固树立水患意识，扭转轻水利、重建设的观念，提倡既要兼顾地方的开发建设，又不以破坏水资源为代价的可持续发展的治水理念。

3.2 采取五大管理保障措施

3.2.1 水系调整，以水还水

闵行区除了规划骨干河道，还有大量的宅河、水塘、沟汊等可调蓄水面，凡是涉及这类水面的建设项目，如果原封不动地保留，既会影响项目的布局，也不能有效发挥河道的功能，为此编制合理可行的水系调整方案，通过以水还水的方法来保障水面积的平衡。2004年以来共办理了水系调整项目35项，涉及规划河道39条（段），目前，已有17项实施了或正在实施水系调整工程。

在水系调整方案编制过程中，通过现场踏勘，摸清开发地块内水系现状及雨水排水等情况。遵循“连、通、畅、活”的调整方针，本着“开大河填小河”的思路，提倡建设单位利用地块内骨干河道加以拓宽补偿水面，满足防汛排涝及安全的要求，并适当布置与干河相连通的景观河、湖，营造丰富多样的水环境。通过河道布局、排水间距、室外地坪标高等参数选择合理的排水模式，并深入考虑在填河过渡时期将会产生的排水问题，提出具体的临时排水措施。

对住宅开发项目的水功能补偿措施，提倡“以拓宽骨干河道为主，以新开景观河道为辅”。骨干河道能够通过蓝线控制河道用地，与小区总体布局基本没有冲突，拓宽后增强了排涝、调蓄的能力，而景观河道在平面布置上似乎可以落地，但在后阶段的深入设计中会碰到很多问题，如从小区安全性、内部管线铺设、地下车库布置等方面考虑，景观水系不宜挖深，最好水深保持在0.8m左右，而这么浅的河道对于地区的防汛排涝作用是微乎其微的，不能在功能上给予补偿。为此，在编制水系调整方案阶段时，就要注重景观水系今后挖深的可能性。

水系调整原则上要求内部就地调整，如碰到地块内及周边均无现状或规划骨干河道的情况，则要求建设单位与当地镇政府、水务站协商，能否在地块所在镇域范围内进行补偿。镇政府提出可操作的实施方案和工程估算（包括工程费、征地、动拆迁等费用），由建设单位出资，镇政府负责工程实施，双方协商达成一致后签订协议。通过这种模式来落实水系的易地补偿，促进骨干河道逐步达到规划标准。

3.2.2 沟通水系，搞活水体

随着水务规划的编制完成，闵行区河道网络基本定型，但由于历史的原因，这张水网上有不少的受堵点和断线处，还需要逐步对这些地方进行通经疏脉，让闵行的水真正能够四通八达、畅通无阻。2005年我局对七宝、莘庄、颛桥、华漕、马桥五镇的三桥港、五桥港、

创新河、小排河、张正浦、小横河和张家浜7条段河道实施了水系沟通，因地制宜地通过实地开河或铺设管涵，使之与周边骨干河道连通，并同时实施了截污、疏浚、护岸和绿化工程，为更好地发挥河道的防汛排涝功能、调活水体、改善水质起到重要作用。

由于水系沟通工程往往涉及土地征用、动拆迁、管线搬迁和穿越已建道路等诸多问题，前期费用大大高于河道开挖的工程费用，还需要与水、电、煤、通信、规划、道路、交通等部门反复协调，工程开展难度很大，为此，对条件不成熟的地方先进行河道蓝线的控制，今后抓住道路改建、地块开发等机会进行水系的同步治理。

3.2.3 部门沟通，源头控制

水务规划作为一项专业规划，只是全区总体规划中的一部分。为保障水务规划的操作与落实，要积极与规划、建管、国地、发改委等部门沟通，树立全局观念，使水务规划能更好地融入区总体规划中，并获得相关部门的支持和配合。特别是区规划部门，凡是涉及水系的建设项目，在进行规划设计或规划选址阶段，就要求建设单位先到水务局划示河道蓝线，便于我们掌握情况，从源头开始控制。开发地块的方案设计或控制性详规、修建性详规等都应事先征询水务部门的意见。我们对这些规划设计方案进行认真审核，严格控制地块内骨干河道规划标准，并对其中的村宅河道面积进行测算，要求建设单位在方案设计过程中事先考虑宅河水面积的补偿，特别对涉及宅河面广量大的项目，不但要求尽快编制水系调整方案并纳入总体规划中，确保两者互不冲突，而且根据河道现状和分布情况，从有利于地块排水的角度出发，提出增加新的骨干河道或者提高河道规划标准的建议，并用蓝线加以控制，以确保水面积的落实。

3.2.4 利用河道管理网络，加大执法监督力度

填堵河道的执法难度取决于能否及早发现、制止填河行为，越早发现填河迹象，稽查支队就越能掌握主动，执法工作越容易开展。充分利用闵行区已形成的“区水政执法稽查支队→各镇、街道兼职水务稽查员→河道保洁员”的河道管理网络，联手合作，对全区的大小河道加强监督力度。河道保洁社是最基层的河道管理部门，保洁范围覆盖全区各类河道。保洁员日日与河接触，最容易发现违法违章行为，应把保洁员作为稽查支队遍布在全区河道的耳目，由稽查支队对保洁员进行水法规宣传，并在保洁员的岗位职责中明确要求一旦发现填堵河道等违法行为，及时上报稽查支队。对于及时提供案发信息的人员，稽查支队给予一定的奖励，以调动保洁员的积极性。

3.2.5 加强科技合作，开展水务数字化建设

学习、吸收、利用先进的技术，不断提高对水资源保护和开发利用的管理水平。我区由信息委牵头，“十一五”期间重点规划开发区地理信息基础库，深入拓展地理信息库在防灾应急、交通管理、市政规划、房屋土地、环保绿化、水务等专业领域的综合应用，促进各专业信息系统的信息共享与跨部门协同办公。我们将通过区公共地理信息平台以及与其他行业部门的交换平台，建设、更新包括地形地貌、河流、行政区划、道路和遥感信息等内容的水务空间背景基础数据库，利用数据库对全区水面积进行调查和分析，统计出各类河道的总水面积，并通过遥感影像展示全区水面分布情况及具体位置，提高水务基础数据的正确性和完整性，对开发区等填堵河道高发区进行有效监控。

4　水面积保护管理中需注意的问题

4.1　抓紧河道蓝线控制和规划泵站选址工作

水务规划能否落地取决于是否有地可落，骨干河道尤其是新开河道（段）及泵、闸，一旦理想的位置已被征用，规划就要调整甚至难以落实，为此，我们在规划编制完成的基础上，着手划示全区骨干河道蓝线。河道蓝线的划示既要考虑新、老规划的衔接，又要综合考虑河道周边开发情况及道路位置，确保河、桥将来能按规划标准实施。同时，委托市水务规划院编制外围排涝泵站选址规划，通过与镇土地管理部门的沟通和现场踏勘，确定合理的泵站用地范围。这两项工作初步完成后，征求区规划局、镇土管所等相关部门意见，最终确定河道蓝线规划和泵站选址，抢占用地，为今后的规划实施创造条件。河道蓝线一旦确定，将严格遵照执行，不得随意更改。即使需要调整，也必须征求水务部门的意见并酌情考虑，以维护规划的严肃性。

4.2　加强对水系调整项目后期的监督、管理

根据地块开发进度，水系调整项目实施需 1 ~ 3 年，较长的时间跨度，决定了对水系调整项目不但要注重“事前调控”，更要加强“事中监督”及“事后管理”。根据项目实施的时间节点，定期与执法支队、水务站进行联合检查，时时关注施工进度，督促建设单位及早落实水系调整方案设计，制订开河施工计划，严格按调整方案要求实施，并妥善处理好施工过程中的临时排水、防汛安全等问题。对于已实施的项目，涉及骨干河道的，可由镇、街道的河道管理部门与物业等单位签订河道专用岸段管理协议，落实“洁面、清岸、护绿”等长效管理措施。

4.3　采取制约措施，确保工程质量

对于水系调整项目，建设单位如未按规划标准实施或擅自改变方案，目前尚无有效的制约对策。鉴于住宅开发项目交房前必须办理排水证，建议水务部门加强内部协调、沟通，对涉及水系调整的项目规定办理排水许可证前应提交水系调整工程实施合格表，以此把关，约束建设单位的行为。

参 考 文 献

[1] 朱逸俊. 遥感技术在浦东新区水务管理中的应用[J]. 上海水务，2005(4).

上海市郊区基层水务管理体制改革若干问题的探讨

刘静森[1]　桑保良[1]　王其楼[2]

（1. 上海市水利管理处;2. 上海市水务局）

1　概述

我市郊区水管机构历史悠久，早在1963年11月，市委就发文批准成立上海市电力排灌公司和上海郊区各县电灌专管机构，对全市农田排灌进行统一规划、统一建设、统一管理，作为郊区水利管理的执行主体。1987年2月，上海市编制委员会批文同意县、乡排灌管理所、站的机构、编制改由各县管理，同时将乡排灌管理站改为乡水利排灌管理站。以乡（镇）水利排灌站为主的基层水管机构自成立以来，紧紧围绕本市郊区经济社会的发展，搞好水利配套服务，在郊区各个不同历史发展阶段均发挥了巨大作用：发展机电排灌，对农田水利按水、田、路、林、村综合整治，推广农田排灌“三暗技术”和喷滴灌等节水灌溉技术，提高农田抗灾标准，组织实施冬春水利建设，农村水土保持建设，水利血防工作等。另外，随着郊区经济社会的不断发展，还承担了乡（镇）防汛部门的日常管理工作，在镇村级中小河道的整治、长效管理等方面开展了大量工作，为郊区的水安全、水资源、水环境等水务建设管理发挥了不可替代的基础作用。

2　困难与问题

长期以来，乡（镇）水利管理机构对促进郊区水利发展水平的不断提升起到了不可取代的重要作用，但是随着时间的推移和人员队伍的不断扩大，原有机构的管理方式逐渐暴露出体制不顺、机制不活、保障不稳、设置不规范，以及与当前主倡的社会主义新郊区新农村的建设发展不相适应等问题。

2.1　经费来源不落实

多年来，乡（镇）水利排灌站承担了大量的基层水利建设管理和服务等公益性工作，其日常运营经费应由同级财政拨付。然而，郊区105个水利排灌站中有超过半数被当地人事部门核定为自收自支单位，其余基本上都是差额预算单位；而即便是这些被列入差额预算的单位在实际执行中大多数也没有真正得到公共财政的支持。机构定性不准就得不到公共财政的有力支持，绝大多数排灌站无稳定可靠的经费来源。不少排灌站为了维持运行，只能依靠水利工程施工等经营性活动收入弥补经费缺口，而其应该行使的基层水利建设管理和服务等职能受到比较大的削弱，由此造成事企不分的职能错位现象。

2.2　职工队伍不稳定

由于经费短缺，大部分乡（镇）水利排灌管理站条件差，现有管理人员、专业技术人员年龄偏大,专业人员奇缺,很难适应新形势下水务一体化建设管理的需要。在现有近900名从业人员中,35岁以上的占到74%,队伍老化现象严重;具有初级职称的技术人员仅占28%,具有中级职称的技术人员凤毛麟角,只占3%,其余均为普通工作人员,水利专业人员匮乏。这些严重影响到我市水利现代化进程的深入和推进,也同当前上海市提出的"四个率先"的目标要求相距甚远,亟待改善。

2.3 水利设施失修、失养严重

由于管理运行经费不到位,大部分排灌站又将大部分精力集中到经营创收活动上,行业管理被弱化,由此导致大量水利设施失修失养严重,一旦发生大的水旱灾害,就难以充分发挥水利工程的综合效益,无法适应水利现代化建设管理的需要。

3 基层水务管理体制改革适逢良机

3.1 全国上下高度重视基层水管体制改革工作,为推进此项工作提供了有力的政策支持

基层水务管理体制滞后于当前经济社会发展水平可以讲是一种普遍现象。为解决这一问题,2002年初,水利部颁布了《水利工程管理体制改革实施意见》,同年9月,该文作为《国务院办公厅转发国务院体改办关于水利工程管理体制改革实施意见的通知》(国办发[2002]45号)的附件发送至全国各地水务部门,促进了各地尤其是不少大中型灌区的水管体制改革工作的进展。2006年8月,国务院又颁布了《国务院关于深化改革加强基层农业技术推广体系建设的意见》(国发[2006]30号),对各地基层农业技术推广体系,包括排灌体制的深化改革工作提出了指导性意见。市政府高度重视国发30号文的要求,要求相关委、办、局认真学习文件精神,尽快拿出全市推进基层农业技术推广体系改革工作方案,市水务局高度配合,在充分调查了解基层实际的基础上,迅速拿出具体实施意见。总体来看,我市基层水务体制改革都处在一个相当难得的良好氛围中,可以说正逢"天时",我们应该牢牢抓住良机,迅速采取措施,全力推动这项工作的开展。

3.2 郊区近年来大力开展的撤乡并镇的基层行政体制改革工作,为实施此项工作提供了良好机遇

近年来,郊区大力开展撤乡并镇,基层行政机构大大精简,原先在行政区域交界处屡见不鲜的互相扯皮现象所依附的现实基础被彻底扫清,这为明确改革后的基层水务管理机构的工作范围和工作对象以及更好地同当地政府合作提供了良好机遇,可以说基层水务管理体制改革具备了"地利"条件。

3.3 郊区基层水务工作者全力支持基层水管体制改革工作,为实施此项工作铺平道路

现在实施基层水管体制改革工作还有一个非常难得的"人和"基础,那就是区(县)绝大部分基层排灌站的领导和工作人员都非常支持基层水管体制的改革工作。从目前基层排灌站的运营现状来看,为数不少的排灌站用来维持运营的"三产"项目红红火火,但是不少有远见的基层排灌站领导已经看到了在表面效益良好的背后所隐藏的生存危机。这种以建代管的运营模式已经影响到自身公益性职责的履行,常此以往,基层排灌站在地方经济社会中的地位及作用必将逐步下降,最终只能自尝苦果。因此,对于此次基层水管体制的改革工作,绝大部分区(县)基层排灌站可以说是翘首以待,这对改革工作的具体实施来讲打下了难得的"人和"基础。

4 郊区基层水务管理机构改革若干关键问题的探讨

4.1 基层各水务管理机构的性质

多年来,负责我市基层水务管理的各排灌站作为当地水行政主管部门的派出机构,所承担的防洪、除涝、水资源保护、农业灌溉、水环境治理与保护等均属于公共服务,是政府职能的延伸。因此,从这个意义上讲,改革后的基层水务管理机构应该作为事业单位配合各地水务局做好本职工作。

4.2 基层水务管理机构与上级水务管理机构以及当地政府间的行政关系

按照国务院最早提出的规定,对乡镇水利站实行的是"条块结合、以条为主"的双重管理体制。国务院办公厅在1986年50号文件中明确规定:乡镇水利站是上级水利部门的派出机构,实行县水利局与当地乡镇政府双重领导,水利站的人员编制、业务工作、经费开支由上级水利部门统一管理。但是一些地方的乡镇政府一直想独管这块阵地,特别是对发展多种经营后资产比较殷实的水利站,更是想统揽这一领域的人、财、物资源配置权,因此每隔几年特别是每遇乡镇机构改革,这一争论就会出现,有的县(市)甚至不经水利部门同意,就擅自将水利站划交乡镇政府管理,造成了体制的不顺、管理的混乱和国有资产的流失。为此,1992年国务院又以49号函通知全国各地,再次明确乡镇水利站应作为县(市、区)水行政主管部门的派出机构进行管理。1992年上海市实施《中华人民共和国水法》办法中第十一条明确指出:灌溉、排涝、农业生产的计划用水和节约用水,由水利排灌管理部门负责管理。结合上海近40年来的水利排灌系统管理实践,郊区基层水务管理机构仍应实行"以条为主、条块结合"的双重领导管理模式。以条为主,就是把乡镇水务站作为区(县)水行政部门的派出机构,实行人、财、物统一管理;条块结合就是乡镇水务站工作人员在防汛抗灾等以块为主的相关中心工作,服从乡镇指挥;区(县)水务局对乡镇水务站的工作人员考核考察时,要充分听取所在乡镇的意见。

4.3 基层水务管理机构的设置

2005年3~4月,水利部副部长翟浩辉率队对江苏、北京等地的乡镇水利站的建设情况作了实地调研。江苏省、北京市的经济发展水平同我市相似,尤其是江苏省毗邻上海,与上海有着极为相似的地貌特征和人缘脉络,因此这两地尤其是江苏省的水管体制的改革经验对上海有着重要的借鉴意义。江苏省按照精简、效能和水资源实行流域管理的原则,结合乡镇撤并,在新的中心乡镇所在地设立区域水利站(有的叫中心水利站)或流域水利站(所),并重新定编定员。北京市按照水资源实行流域管理的原则,为实现建设"清洁小流域"的目标,打破乡镇界限,建立流域水务站(所)。参考两地取得的成功经验,结合我市实际情况,在基层排灌体制改革过程中,可根据各地行政区划、水系分片或圩口分类等不同类型,因地制宜,成立水务中心站,并进行事企分离,减少事业编制,财政解决事业编制人员的收入,分离出的企业成立养护公司,实行管养分开,或参与其他的综合经营。

4.4 经费的落实

2006年国发30号文中提出要在深化改革农业技术推广体系中"明确公益性职能"、"放活经营性服务",并要求相关财政部门"保证供给履行公益性职能所需资金"、"对各类经营性农业技术推广服务实体参与公益性推广,可以采取政府订购服务的方式";另根据

《水利工程管理体制改革实施意见》,在推进水管体制改革过程中,要“划分水管单位类别和性质,严格定编定岗”,按照该文件的指导意见,“纯公益性水管单位,其编制内在职人员经费、离退休人员经费、公用经费等基本支出由同级财政负担”。基层水务机构是纯公益性事业单位,按照上述有关文件精神,在实施基层水务管理体制的改革过程中,我们应该加强同各级地方政府的沟通联系,争取得到各地财政的大力支持,一方面请各级财政承担基层水务管理机构的日常运行经费;另一方面也请各级政府及各级水管部门加大对经营性水管企业的扶持力度,以确保此次改革的顺利推进。

5 结语

当前,全国上下都在为构建和谐社会不懈努力,在党中央一系列惠农政策的支持鼓励下,社会主义新农村建设在全国范围内蓬勃开展,而我市的基层乡镇水务管理机构改革涉及广大基层水务职工的切身利益,改革过程中不可避免地会遇到一定的阻力,但是有各级领导的大力支持和相关配套政策的保驾护航,又能够得到大多数基层水管单位的大力理解和全力支持,这项事关基层排灌机构的长远发展的重要工作必定能在市政府和相关部门的正确指引下稳定有序推进。

参考文献

[1] 张嘉涛. 深化乡镇水利站改革的政策探讨[J]. 农村水利,2006(15):24-26.
[2] 翟浩辉. 设置区域(流域)水利站是深化乡镇水利站管理体制改革的有益形式——对江苏、北京乡镇水利站建设情况的调查[J]. 中国水利,2005(14).

松江区圩区小型农田水利工程设施管养的实践与思考

李　瑜

（上海市水利管理处）

上海市位于长江流域和太湖流域的下游，松江区位于上海的西部、太湖蝶形洼地的底面，地势低洼，地面高程在3.2m以下的低洼地面积约2.66万hm^2，汛期容易遭受洪涝灾害的威胁。自古以来，上海先民就采用塘埔圩田来治理低洼地；20世纪50年代中期松江率先开始进行联圩并圩、并港建闸的试验，探索洪涝分治、御洪除涝措施。经过几十年的努力，该地区明显减轻了洪、涝、渍灾害的影响，大部分圩区达到了“围起来、控制住、排得出、降得下”的要求，改善了当地的农业生产条件。

当前，松江经济快速发展，城市功能日趋完善，区位优势更加突出。松江着眼于整个长江三角洲城市群和城市带的发展中，注重各行业协调发展，以电子信息产业、旅游业、文化创意产业、现代农业为产业重点。为了保证社会经济持续稳定发展，松江区水务部门不断加大圩区更新改造力度，同时本着“经常养护、随时维修、修重于抢”的原则，非常注重日常管理和维修养护。

1　圩区管理概况

近几年来，松江区农田水利围绕“安全、资源、环境”协调发展的要求，经过了西部地区防洪除涝配套工程建设和低洼圩区达标工程建设，至2006年底，松江区共有圩区106个，总控制面积5.23万hm^2，占全区总面积的86.6%，农村圩区的排涝模数提高到1.11$m^3/(s\cdot km^2)$，形成了防汛防台一条重要的防线。目前圩区内有水闸525座，排涝泵站436座、589台套，圩堤754.12km，镇村级河道1 216条段、1 323.9km，极大地增强了圩内设施的防灾抗灾能力，为了充分发挥圩区内水利设施的作用，大部分的圩区管理主要是“以块为主，条块结合”的形式，由各镇、街道的圩区组、河道保洁服务社负责具体的管理和日常养护工作，区水务局、排灌所及排灌站对其进行业务指导。

2　圩区水利设施管护的方式

2.1　泵站设施

（1）所属的村委会管养模式。泵闸建成后移交所在的村委会管理，村委会委派管理人员负责日常的维修、养护及管理；管理人员的工资和管养的费用全部由村委会承担。

（2）所属行政镇管养模式。由镇及街道成立圩区管理小组，对全镇范围内的泵闸等排涝设施进行管理和养护，管理人员的报酬及日常管理和养护等费用由镇财政承担，排灌站、圩区组对泵闸管理人员进行考核。

(3)镇、村分担管养模式。有些镇的圩区整体建好后,由镇或园区的排灌站统一管理,管理人员的报酬及日常管理和养护等费用由镇财政承担。这些镇其他圩区都由村委会管理。

2.2 圩堤

圩堤是圩区防汛的一道重要屏障,一直以来发挥着极其重要的作用。圩堤管理共有两种模式:①城区、工业区圩堤以及市区级河道的护岸由区水务局统一管理,每年根据实际情况建设应急护岸工程,所需经费一般由市、区两级财政共同承担;②其他圩堤的养护属地化管理,一般按照冬春水利建设管理办法进行规模较小的维修,所需经费由镇、村里支出。但由于圩区面广量大,管理上还存在着一定的疏漏,甚至有些圩堤处于无人管理的空白状态。

2.3 河道

松江区的河道长效管理实行统一管理和分级负责相结合的原则,建立了"五定一考核一公开"(即定人员、定任务、定河段、定标准、定报酬,检查考核,公开河道保洁具体内容)的管理机制。松江区的河道管理主要有以下三种模式。

(1)专业的保洁公司管理模式。根据2002年国务院体改办下发的《水利工程管理体制改革实施意见》的精神,水利工程管理要"建立市场化、专业化和社会化的水利工程维修养护体系",松江区水务局突破常规,实行市场化管理和运作,探索性地将佘山旅游度假区的部分河道分别委托给上海文奇疏浚工程有限公司、上海滨新疏浚工程有限公司进行长效管理工作。另外,中心城区内的河道由上海米泾水上服务公司负责长效管理工作。

(2)河道保洁服务社与圩区组相结合的管理模式。为了提高工作效率,有些镇的圩区组、河道保洁服务社为两块牌子一套人员,大部分工作人员管理泵闸和河道保洁相结合,一部分工作人员只负责河道保洁工作。

(3)河道保洁服务社管理模式。由镇成立河道保洁服务社,配备充足的人员进行河道的日常管理和保洁工作。

3 圩区水利设施管护的经验与机制

3.1 管理经验

(1)管理人员薪酬是保证正常管养的重要因素。不论哪一种管养模式,管理人员到位是至关重要的因素。松江区根据各个镇不同的经济实力为泵闸管理人员确定薪酬。有了稳定的收入,管理人员可以有更多的精力投入到工作之中,保证水利设施的管理养护到位。

(2)管养制度是保证正常管养的重要保障。圩内水利设施的维修养护是一项系统工程,涉及水工、水文、机械等多个专业的知识。因此,为加强水利设施维修养护管理,提高维修养护的质量和水平,积极落实《上海市水闸维修养护技术规程》(试行)、《上海市水利泵站维修养护技术规程》(试行)及《上海市河道维修养护技术规程》等,确保水利工程的运行安全和功能发挥。同时,松江区根据相关规章制度,每月对管养人员进行考核,汛期进行不定期抽查,监督水利设施管理人员的日常工作,促进各个镇的圩区组和河道保洁服务社将管养工作落到实处。

(3)维修养护定额是落实管养经费的重要依据。水利设施管理养护离不开各级政府的财力支持,松江区依据上海市水务局发布的《上海市农田水利设施维修养护定额》(试行)、《上海市河道维修养护定额》(试行)来确定泵闸、河道等设施的管养经费,保证损坏的设施能得到及时的修复和保养,使得圩内设施发挥防洪除涝的巨大作用。

3.2 管护机制

圩区内水利设施多为小型的排涝泵站、水闸和大量的圩堤、河道等,且分布范围广,需要日常性的管理和维修养护,因此存在很大的难度。为了保证大量水利设施不会失管失养,松江区形成了独具特色的管理机制,主要有以下几方面。

(1)拥有一支相对固定的管理和维修养护队伍。圩区组和河道保洁服务社(服务公司)聘任的人员包括:①"万人就业"项目中招收的下岗人员;②年龄在50~60岁的村里退休人员;③其他非正规就业人员。这些人员心态平稳、熟悉水利设施、农业生产经验丰富,经过培训后,完全可以胜任水利设施管理和养护工作。

(2)落实相对固定的维修养护资金。松江区非常注重水利设施的管理养护,三种管养模式,都保证了一定的水利设施维修养护资金。镇、村财政负责了所有泵闸的维修养护资金,河道保洁经费区财政补贴一小部分,其余由镇、村财政来承担。

(3)形成相对固定的工作规范。松江区水务部门在充分调研的基础上,统一制定了《排涝泵闸岗位责任制》和《松江区河道长效管理实施办法》,规范管理人员的行为,同时作为检查考核时的重要依据,以规范制度建设提高管理水平。

4 圩区水利设施管护存在的不足及以后的发展方向

4.1 存在的不足

由于各个镇、区域的客观情况有所不同,产生了良莠不齐的管理方式,因此松江区在圩区内水利设施的管理养护上还存在一定不足。泵闸管理维护的不足有:①管养标准难以统一;②管养的工作覆盖面不统一;③管养的经费投入不统一;④管养工作人员素质、技术水平不统一。圩堤维护经费不足,管理没有全部覆盖,容易造成水土流失,给防汛带来安全隐患。

河道管理维护的不足有:①市区级河道与镇村级河道管养经费投入差别较大;②对保洁员缺乏行之有效的监督制约措施。

4.2 发展方向

随着水利工程管理体制改革的不断深入,圩内防洪除涝设施的管理及日常维护工作将更加完善,逐步形成一套成熟的管理养护模式和机制。社会的进步、经济的发展也要求所有水利设施的维修养护管理水平不断改善提高,建立市场化、专业化和社会化的水利工程维修养护体系,以适应社会发展的步伐。

(1)管养分开,将维修养护的职能和人员从管理机构中剥离出来,在社会中进行招投标委托管理,实行市场化运作。

(2)建立综合考核机制,对管理人员定期进行考核,以提高水利设施管理水平;同时加强对管理人员的相关知识、技能的教育和培训,落实一支更加专业的管理养护队伍,实现专业化管理。

(3)对与农民利益密切相关的小型水利工程、村管水利工程,通过产权转让、股份制等形式,使之成为自主经营、自负盈亏、自我发展、自我约束的水利企业实现社会化管理。

小型农田水利管理体制改革对策浅析

——以崇明县港沿镇为例

黄　英

（崇明县水利排灌管理所）

建设社会主义新农村是提高农业综合生产能力、建设现代农业的重要保障。目前作为农业基础设施的农田水利工程条件较差，经营管理也较粗放。建设社会主义新农村必须加强农田水利建设。港沿镇是崇明县的农业大镇，农田水利的投资和管理体制模式在全县具有一定的普遍性。笔者在港沿镇工作期间，就镇农田水利的投资和管理体制进行了调查，以此来浅析小型农田水利改革思路。

1　小型农田水利设施投资体制和管理体制现状

1.1　水利基础设施现状

港沿镇地处崇明中东部，共有21个行政村，2个垦区，人口5.46万人，其中农村劳动力3.5万人。全镇总耕地面积4 046.67hm^2，劳动力人均耕地0.104hm^2，镇域内流经市县骨干河道8条段、长70.184km，镇属横河14条段、长69.24km，村属泯沟1 715条段、长487.88km。全镇共有固定灌溉机站104座、129台套、动力1 564kW。

这些机站大都建于20世纪六七十年代，从1991年起由县财政补助和镇村自筹结合，进行了一轮机站改造，目前已更新改造机站104座、129台套，占应改造数的100%，但目前又有8座（机站改造周期为15年，今后每年将有6～10座超期服役的不合格机站）超期服役的不合格机站等待新一轮的改造。全镇灌溉渠道工程现有干支斗三级渠道383.10km，其中地下渠道25.49km，占6.65%；混凝土衬砌渠道75.89km，占19.81%；土质渠道为281.72km，占73.54%，土质渠道仍占灌溉渠道的大多数，正亟待改造。

根据县水利规划提出的河道疏浚周期为：县级河道10年，镇级横河5年，村级泯沟3年。近5年来，全镇共疏浚河道58km、55.39万m^3，疏浚村级泯沟487.867km、48.8万m^3。5年平均每年疏浚横河11.6km，占5年疏浚周期的83.7%。从2004年起按照县水务局的要求，各乡镇的村级泯沟（含引水河）疏浚要在3年内全部完成。2004年、2005年两年内共疏浚泯沟322km，占3年疏浚总量的66%。

1.2　水利投资体制

疏浚沟河资金投入形式为：横河疏浚由镇财政出资；泯沟疏浚由县财政补贴1元/m；其余由村自筹。

排灌工程以机站改造、机泵更新为重点，大力发展渠道衬砌化、地下化。1991年以来总投入建设资金571.08万元。资金投入方式由县财政补助、镇财政补贴和村自筹三级筹资。其中,县财政共补助296.96万元,占52%;镇财政补贴159.90万元,占28%;村自筹114.22万元,占20%。县财政的补助资金从小农水专项资金中列支;镇财政补贴从提取的以工补农资金中列支;村自筹资金,经济条件好的村由村集体资金负担,经济条件差的村由农业税退税和农户按责任田集资。

1.3 农田水利设施经营管理体制

农田水利设施经营管理体制是由镇农业分管部门和镇水利排灌(河道)管理站管理。镇水利排灌(河道)管理站是县水务局的派出机构,负责全镇范围内所有水利工程的规划设计、施工建设、运行管理和服务指导等,属技术业务范围。镇范围内的镇村水利工程的所有权、管理权、经营权均属镇村集体所有,镇农业分管部门是直接管理者。

排灌工程资产产权按投资主体不同划分为国家和集体两种。由国家投资、群众投工兴建的工程其资产产权属国家所有;由镇村集体组织兴建、国家给予补助的工程其资产产权属镇村集体所有。全镇所有机站均属集体性质,由镇村日常管理并使用,其运营费用即排灌成本费用由受益农户负担,有的村从农户上交五项费用中列支,部分村则在灌溉结束后按受益面积分摊到农户。2004年全镇各座机站收取的排灌费用为1.038元/hm^2,其中,电费0.951元/hm^2,人工工资0.083元/hm^2,排灌管理费等其他费用0.004元/hm^2(不包括应收取而未能收取的工程折旧费和大修基金)。经营形式为村集体经营、管理,每座机站聘请机司和放水员2~3名,负责日常的开机、放水。日常维修和岁末保养由镇排灌站督促完成。

镇属横河的经营所有权由镇所有,村级泯沟由村所有。

2 目前小型农田水利设施投资体制和管理体制中存在的问题

经港沿镇历届党委和政府的努力,镇水利设施和水利建设得到了长足的发展,但还必须看到存在的诸多不足:横河疏浚有欠账,大多条段超过5年的疏浚周期。灌溉机站虽已基本改造结束,但按15年使用年限要求为新一轮的改造还刚起步,离灌溉渠道衬砌化、地下化还有很大差距。这些在一定程度上制约着镇农业生产的发展。究其原因主要如下。

2.1 资金投入不足,农田水利工程建设滞后

一是农村税费改革以来,各地认真落实党中央关于减轻农民负担、让农民休养生息的政策,特别是逐步取消"两工",严禁强行以资代劳,这使农田水利的投入形式发生了较大的变化。由原来市县补贴资金、农民投入劳力或以资代劳变为只有市县投入资金这一块,使农村投入水利的劳力和资金相应减少。

二是随着社会主义市场经济体制的建立,粮价已经放开,特别是中国加入WTO后,外国的农产品已经占领了我国的部分市场,加之农民增收缓慢,种粮的积极性不高,农民投劳投资兴办农田水利工程的积极性不高,自觉维护水利设施的认识下降。

三是各级财政资金普遍紧张,尤其是镇财政的可用资金和村集体资金比较困难,而想办的事、要办的事很多,对农田水利基本建设难以顾及。

2.2 农田水利工程重建轻管,缩短了使用周期

在充分肯定农田水利建设取得成绩的同时,也须看到重建轻管现象还比较突出,主要表现为:乱插网簖、圈围养殖、河道随意浸树枝,导致引排不畅;扒坡种植、随意挖掘,缩小

了过水断面;乱倒生活垃圾、工业垃圾和建筑垃圾,特别是居民点附近的沟头更是布满垃圾,既堵塞河道又影响环境;大量沟河,尤其是泯沟中长满了水花生、野茭白,往往只见水草不见水,引起水质恶化、污泥淤结加快;随意向河中排放污水,造成水体污染;机站机房改作他用,设备流失,设施损坏等。由于各种重建轻管现象的大量存在,尽管每年都完成相当大规模土方,但各段沟河特别是泯沟在疏浚后不到二三年已面目全非,杂物、水草、坝头、坝埂随处可见。这样就大大缩短了水利工程的有效使用周期,降低了水利建设效益,浪费了大量的人力、物力、财力,制约了农业现代化发展进程,影响到农业的持续稳定发展。

2.3 产权制度不明晰,吃“大锅水”现象严重

从20世纪50年代到70年代,我国农村实行合作社和人民公社集体所有的经营管理体制。按照“民办公助”原则,国家对集体经济组织兴建的小型农田水利给予补助。建成的设施归公社或生产队集体所有,实行集体管理。那时,所有权是清晰的,所有权与经营管理权一致,工程维护管理主体较为明确。

农村实行家庭联产承包责任制以后,土地包到了农户,生产工具分到了户,但沟、河、渠、泵等不能分,仍实行集体所有、集体管理。新形势下产生的问题是:没有集体经济组织依托的“集体”到底是谁?集体所有制以什么形式来实现?由于不明确,“集体”虚设,水利工程所有者主体自然就“缺位”。随之而来的问题是基层政府代替“集体”承办本该由“集体”办的事,造成政府“越位”,政府与农民在农田水利中的角色“错位”。农民兴修农田水利,改变生产和生活条件,本来是自己要干的事情,结果变成政府要农民干,甚至被人理解为兴修农田水利是政府加重农民负担。由于工程集体所有的体制与农村分户经营的体制这对矛盾没有解决,维护管理责任自然就很难落到实处,造成“集体”所有的工程,有人使用,没人管理,老化、损坏、丢失严重。这种体制已经影响着水利工程的建设和管理。

3 小型农田水利建设改革的建议和对策

积极推进小型农田水利工程产权制度改革。对小型农田水利工程产权制度进行改革,是贯彻落实党的十五大和十五届三中全会精神的重大举措,是农村生产经营体制的革命。目前,全国许多省(市)都在搞小型农田水利工程产权制度改革,小型农田水利工程产权制度改革是大势所趋。根据国发[2006]30号文精神,既要清楚地认识小型农田水利工程的公益性职能,又要放开经营性服务。因此,改革可以采取独资、合资、合作、项目融资等形式,明确产权关系、完善管理体制、拓宽投资渠道、提高工程效益。全面推进小型水利工程的产权制度改革,逐步建立与社会主义市场经济体制相适应的小型农田水利工程建设、管理新体制。笔者通过对崇明县港沿镇的投资体制和管理体制现状的调查认为小型农田水利改革应从以下几方面着手。

3.1 明确公益性职能

小型农田水利工作最主要的职能就是它的公益性职能——面对镇、村的小型农田水利服务工作。

(1)合理设置机构。每个乡镇设置一个水利站,从事乡镇农田水利服务工作,行政和业务上接受县水务局的统一领导,属全额拨款事业单位,编制以4~5人为宜。

（2）创新人事管理制度。改革用人机制，实行人员聘用制度，实现由固定用人向合同用人、由身份管理向岗位管理转变；坚持公开、公平、公正的原则，采取公开招聘、竞聘上岗、择优聘用的方式，选拔有真才实学的专业技术人员进入农田水利建设队伍，人员的进、管、出要严格按照规定程序和人事管理权限办理。完善考评制度，将技术人员的工作量和实绩作为主要考核指标，将乡镇和农民群众对技术人员的评价作为重要考核内容。改革分配制度，将技术人员的收入与岗位职责、工作业绩挂钩，切实搞好技术人员的培训和继续教育，完善技术人员技术职务评聘制度，不断提高农田水利建设队伍的整体素质。

3.2 放开经营性服务

积极稳妥地将农田水利建设中的一部分内容分离出来，按市场化方式运作。鼓励其他经济实体依法进入农田水利服务、建设和管理领域，采取独资、合资、合作、项目融资等方式，参与农田水利基础设施投资、建设和运营。积极探索农田水利建设的多种实现形式。明晰小型农田水利工程所有权，落实小型农田水利工程的管理职能，充分发挥已建成工程经营管理活力，促使工程良性运行。

（1）要明晰小型农田水利工程所有权，建立起“用水受益人”的“业主组织”（关于组织形式、组织名称可进一步探讨），明确“用水受益人”受益范围的小型农田水利工程产权归该“用水受益人”的“业主组织”这个集体所有并建设和经营。“谁受益、谁负担，谁投资、谁所有”是农村水利体制改革要遵守的重要原则。

（2）要通过明晰水利工程的产权，使“用水受益人”真正成为小型农田水利工程的建设者主体、投入者主体、所有者主体、受益者主体、管理者主体。只有发挥农民群众主体作用，才能解决已建成工程的经营管理活力的问题，促使工程良性运行，发挥较好经济效益。

3.3 开通多方面的建设资金投资渠道，加大农田水利工程的建设力度

农田水利建设工程耗资大，建设周期长，投资回报率低，应从中央、地方、农民群众和社会各界多方面筹资。

（1）要积极争取从中央到地方各级财政增加投入，畅通扶持农田水利建设的资金渠道，扶持农村公益性水利设施建设，充分发挥国家建设投资的引导和调控作用，各级财政要按规定的比例投入水利，包括用足用好村提留中的公积金，保证其不受挤占，并优先用于农田水利建设；农业综合开发、土地复垦整治、设施粮田建设等各方面专项资金，都要保证有较大比例用于农田水利建设，并加强管理、提高投资效果。逐步建立和完善农田水利工程检修和维护费的稳定来源，不断积累，滚动发展。

（2）积极引导农民投资投劳。只有把农民群众真正地发动起来了，农田水利基本建设才能真正搞得起来，要加大对群众的宣传引导工作，要让农民真正明白，兴修水利始终是农民群众的根本利益所在，是改善农村生产条件的生产经营行为，也是实现经济效益、社会效益和生态效益统一的重要途径，只能加强，不能削弱；只能前进，不能滑坡；只能发展，不能停滞。要坚决克服那种认为农村劳动积累工取消后农村水利就会滑坡的思想。要调整工作思路，改变工作方式，通过优惠政策、灵活机制、资金扶持、技术服务、流通服务、耐心细致的思想工作来引导农民自愿兴修水利。

（3）制定政策，发展民营水利。通过制定政策，积极鼓励和吸引社会资金，鼓励广大农民群众和民营资金投入农田水利基本建设，鼓励单位和个人按照“谁受益、谁负担，谁

投资、谁所有”的原则，根据农田水利建设总体规划，采取独资、合资、股份合作制等多种形式，兴修和经营农田水利工程。

3.4 加强政府引导扶持，做好服务监督，提供必要的公共服务和公共产品，为体制改革创造有利的环境条件

依靠农民“用水受益者”业主组织建设管理农田水利工程后，政府的责任不是轻了，而是更重了。第一，研究制定有利于推动符合当地农村水利事业发展的政策和法规；第二，制定符合当地农村水利发展的规划和指导性计划，做好工程建设前期服务工作，包括工程布局、项目设计等合理性的审查等；第三，做好农民群众的宣传、组织、引导工作，帮助农民自己组织起来，兴办自己的事业；第四，提供资金、材料设备等扶持，包括正常情况下的资金补助和发生特大自然灾害时的补助；第五，通过建立和完善基层技术推广服务体系，提供工程建设与管理中的技术指导、信息、培训、科普宣传等服务。

庄行镇镇区范围水利小包围工程

张福春[1] 徐德明[2] 黄军平[3]

（1. 奉贤区水利工程学会;2. 奉贤区河道管理所;3. 奉贤区水务局农水科）

1 前言

庄行镇位于南沙港西侧,区域面积为 78.5km^2,属古太湖蝶形边缘沉积相平原,成陆历史已有 6 000 多年了,故庄行镇历来是古华亭地区古镇之一,也是上海市的名镇之一。

庄行地区的土层结构以 0.002 5mm 的微细粒为主,土层中褐色的湖泊植物沉积物也较多,这种土层沉降速率相对较快,结果使庄行地区的地面标高要普遍比其他地区低 0.5 ~ 1.2m,这就给区域的防汛排涝工作带来了很大困难。每次 100mm 以上的大暴雨,都会使该地区受到不同程度的损失。例如,在 1999 年的梅雨期间、2005 年的“麦莎”及“卡努”台风期间该地区遭受了巨大的经济损失。尤其是 2005 年“麦莎”台风期间,这个百年古镇自 1963 年 12 号台风以来再度受到水淹,因此人民群众要求根治庄行镇水患的呼声较高,历届人代会也都有代表联名提案要求治理。

庄行镇人民政府以科学发展观为指导,以构建人文化的和谐社会环境为目标,为保障人民生活稳定安全的需要,迫切需要对庄行镇镇区范围的防洪排涝问题进行研究,主要内容为周边的水系情况;地理地势状况;计算分析该区域的降水径流情况;分析该区域的蓄洪排涝能力;分析特大暴雨受涝水淹的频率;研究该区域泵站、涵闸、箱涵等水利工程的建设规模等,为庄行镇镇区的可持续发展、循环经济的保障发展提供必要的硬件设施和安全的水环境。

2 区域位置与自然环境

2.1 区域位置

庄行镇位于上海市的南郊,奉贤区的西部。东以南竹港为界,与南桥镇一水相依;南以老镇区为界,与柘林镇相连;西以千步泾、龙泉港为界,与松江区、金山区隔河相望;北以黄浦江为界,与闵行区相滨。整个镇区区域面积为 78.5km^2。

庄行镇镇区范围水利小包围工程的区域:东以冷泾为界,折线距离为 2.267km;南以原大亭公路为分水岭,折线距离为 1.968km;西以叶庄公路为界,直线距离约为 1.950km;北以浦南运河来划分,直线距离为 1.585km。整个研究范围约为 3.735km^2。

2.2 自然环境

（1）降水特征。根据奉贤区气象站的降水资料,1959 ~ 1998 年多年降水量平均值为 1 110.6mm;1959 ~ 1979 年年降水量平均值为 1 057.3mm,而 1980 ~ 1998 年年降水量平均值为1 169.5mm,若将区内有史记载的降水量最大值的 1999 年 1 817.3mm（相应频率

0.4%)参加统计，则近20年降水量平均值为1 201.9mm。由此表明，奉贤地区降水总趋势在增多。同时降水方面存在着季节性降水强、大暴雨趋势增多的特征。

(2)水文。奉贤区域各河道支流属黄浦江水系，黄浦江为感潮河流，其潮位、潮时受东海潮汐的动力作用与太湖流域上游来水影响。东海潮汐先进入长江口再进入黄浦江，长江口是中等强度潮汐河口，属非正规浅海半日潮；杭州湾是我国有名的强潮海湾，具有风大、浪高、流急、潮差大的特点。

(3)水位特征。奉贤区20世纪70年代开始沿江沿海造闸，1989年基本形成了大包围控制型的区域后，区域内的水位升降变化主要取决于特大暴雨及闸群控制。同时由于大气候因素作用与区域水利条件变化，奉贤区的外部水位特征也在变化(见表1)。

表1　奉贤区水位站历年最高水位　(单位:m)

测站	观测年份	1981年前	近20年	说明
沙港站	1956~1999	3.97	4.56	9711台风形成
南桥站	1965~2005	3.49	3.71	暴雨形成
金汇港南闸外	1981~1999	5.95	6.24	9711台风形成
中港	1981~1999	3.75	3.77	暴雨形成
金汇港北闸外	1981~1999	4.26	4.82	9711台风形成

从表1历年最高水位的对比可以看出，近20年来各代表站最大值的水位均大于1981年前的数据，证明了近年来由于世界性的气候变暖，灾害性天气的力度与频度都在增加。

(4)河网水系。庄行镇经过50多年的水利投资建设，现有4条区级河道贯穿庄行镇，镇级河道46条，合计长度为140.3km，加上4条区级河道，总计长度为164.75km。按现镇区面积78.5km^{2}计算，每平方公里占有2.099km，大于奉贤区的相应值1.6km。但存在的问题是北半侧区域的河网密度大于南半侧区域的河网密度，且南半侧河网横七竖八、不规则。

庄行镇镇区范围水利小包围工程格局涉及的河道东有冷泾(即巨潮港)，折线长2.267km；南有高麻泾，直线长1.968km；西有孙家浜，直线长1.950km；北有浦南运河，长度为1.585km(但不能将其框算在有效水面积内)；中有北新河、南桥塘及2条村级河道，合计长度约为5.35km。

3　庄行镇镇区范围内水安全评估

3.1　水安全评估的各项因素

(1)水位。洪水位出现在1963年9月12号台风期间，其时该地区日降水量在280mm左右，历史洪水位为4.01m。近年来浦南运河庄行段最高水位为3.75m。出现在2005年8月的“麦莎”台风期间，其时庄行区域的日降水量在156mm左右。

(2)日降水量。庄行地区在1963年9月12号台风期间的日降水量达到280mm左右，其时奉贤区的面雨量为196.6mm，采用20年一遇除涝标准的雨量频率曲线为

200.2mm。而本次庄行镇镇区范围的水安全评估我们采用国家基本测站——青村站的雨量资料为基准，其暴雨频率相当于25年一遇。2005年8月“麦莎”台风期间、“卡努”台风期间雨量资料分别见图1、图2。

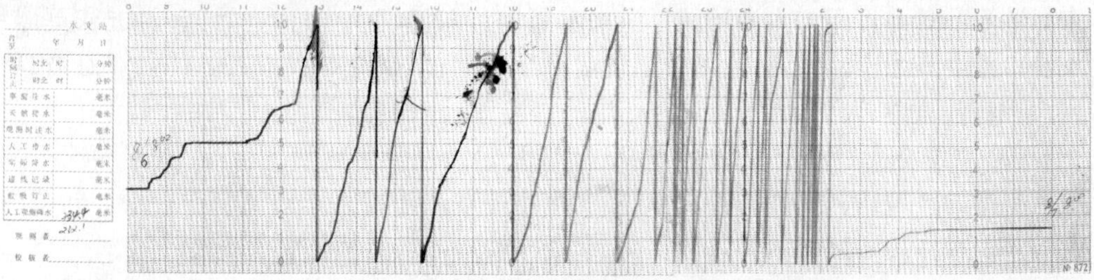

图1 “麦莎”台风期间雨量资料

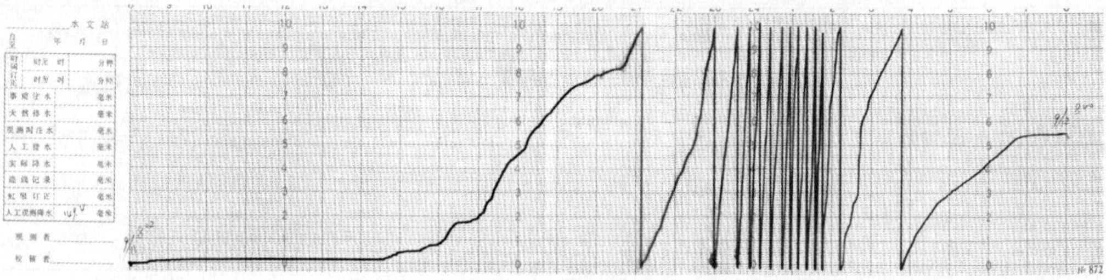

图2 “卡努”台风期间雨量资料

(3)镇区范围内水面积现状。按庄行镇镇区范围3.735km^{2}来计算水面积率，镇级骨干河道所占的水面积率为3.14%，按骨干河道的长度来计算，每平方公里拥有骨干河道2.11km。存在的问题是骨干河道河面太窄，面宽仅10~12m。镇区范围内骨干河道水面积现状见表2。

表2 镇区范围内骨干河道水面积现状

序号	河道名	宽度(m)	长度(m)	水面积(m^2)
1	孙家浜	18	2 260	40 800
2	东风新村河	12	980	11 760
3	南桥塘	12	1 134	13 600
4	北新河	10	1 540	15 400
5	高麻泾	18	1 980	25 640
合计			7 894	107 200

3.2 水安全评估

3.2.1 洪水位影响

庄行镇镇区范围在1963年特大暴雨期间受到过水淹，在1999年梅雨期间有水淹的隐患，在2005年“麦莎”台风期间局部地区再度遭受水淹。由于该居住小区内建成后的底楼高程一般仅在4.00m左右，路面标高也在4.00m左右，底楼场地标高、车库场地标高仅在3.7m左右,加上区域内水面积的填没而引起库容的减少,洪水位对该区域的威胁还是比较大的。2005年"麦莎"台风期间,庄行地区的日降水量在156mm左右,庄行段最高水位为3.75m(南桥站为3.71m),庄行新苑的居住房场地,车库进水淹已达8~15cm,足可证明这一点。

3.2.2 特大暴雨积水影响

以2005年"麦莎"台风影响奉贤区时的特大暴雨为模型进行庄行镇镇区的暴雨受灾影响分析,当日降雨量为234.4mm。

降水与径流的平衡公式如下:

$$R = P - E - I_s - V_d - V_a - P_r - P_u \pm V_c \qquad (1)$$

式中:R为径流深; P为总降水量; E为蒸发量; I_s为地物截雨量,一般在1.0~2.0mm; V_d为填洼量、降雨初期流入河道的水量; V_a为地面蓄水量,降雨后期主要用于农田的蓄水; P_r为土壤入渗补给量($P_r = u \cdot \Delta h \cdot f$,式中:$u$为土壤给水度,取0.042;$\Delta h$为地下水升幅;$f$为区域面积); P_u为土壤给水增量; V_c为侧向补给量,平原地区一般不考虑。

将相关数据代入公式(1)得:

$$\begin{aligned} R &= 234.4 - 4.0 - 2.0 - 34.5 - 3.8 - 14.3 - 0.7 - 0.0 \\ &= 175.1 \end{aligned}$$

计算分析:①"麦莎"台风当日蒸发量为4.0mm;地物截流为2.0mm,骨干河道可容水量34.5mm,现有水面积蓄水量3.8mm,土壤入渗补给量14.3mm,土壤给水增量0.7mm。②径流系数=175.1÷234.4=0.747。③"麦莎"台风当日庄行镇镇区需要排出雨水量为63.40万m^3左右,而按156.0mm日降水量计算,则需要排出的雨水量为36.64万m^3。

由此得出庄行镇镇区降水量与径流量关系,如图3所示。

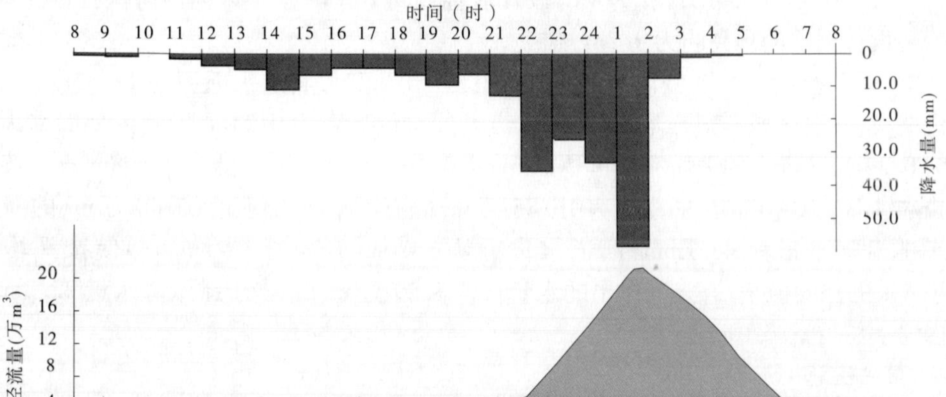

图3 庄行镇降水量与径流量关系

3.2.3 评估结论

庄行镇镇区范围"麦莎"台风期间受淹的主要原因为地势太低,3.7m的地面标高本身已低于水位线3.75m。而"麦莎"台风期间奉贤区国家基本点青村站的降水量为234.4mm,奉贤区面雨量为200.7mm,庄行地区日降水量仅为156.0mm,可见庄行镇镇区范围内受淹的另一个原因是周边地区客水来水影响。即使按156.0mm日降水量计算，当日庄行镇镇区范围内需外排水量为36.64万m^3。现有设施也无法满足要求。因此，从城镇建设中安全、资源、环境的和谐发展、可持续发展来衡量，该区域建立水利小包围工程是必要的。

4 庄行镇区范围水利小包围工程设计方案

庄行镇镇区由于成陆的原因不同而地势低洼，这种自然条件就形成了特定的建设水利小包围的必要性；从庄行镇城镇建设发展与农民宅基地置换后庄行新苑建设的安全性来考虑，说明了实行水利小包围的重要性；从当前世界性气候变暖而引起气候反常、风暴潮频率增多及奉贤西部地区每年以7.5mm的速率沉降的自然因素来考虑，说明了实行该水利小包围的紧迫性。

实行庄行镇镇区范围水利小包围工程的主要工程内容有涵闸工程、泵站工程、围堤工程、箱涵工程等。

4.1 涵闸工程

涵闸具有挡潮、引清排涝、照顾性通航作用。与泵站翻水相比，不但可节省电费，其排水量也远远大于翻水泵站。同时从该区域发展的基本建设中的运输工作考虑，以从今后该区域河道长效管理保洁船进出、疏浚船进出考虑，建立涵闸工程还是必要的。

(1)地点。依据周边的水利工程现状，涵闸工程地点选择在孙家港临浦南运河口门较好。其一，浦南运河河宽水深，向北排水通道有千步泾、巨潮港、大寨河、南沙港、南竹港等，风暴潮时水位降低的速度要较冷泾快，比降也相对要大；其二，待千步泾拓宽工程完成后，其清水走廊来源的水质要比冷泾好。

(2)涵闸规格。涵闸口径为4m，设计底标高为0.5m，按圩区内河防洪标准4.2m的高程来设计闸门的顶高同为4.2m规格。

(3)排涝分析。当区域内最高排涝水位达3.7m时，其过水断面为12.8m^2。风暴潮排涝期间，奉贤区域群闸开足，一潮排水最大的水位下降为0.34m，即闸内外的水头差最大为0.34m，其产生的平均流速可达0.61m/s，故产生的最大流量可达7.8m^3/s。按6小时排水计算，一潮可排出的水量为16.85万m^3，相当所需排出水量65.40万m^3的1/4，相当于排出降水量为45.1mm，河道水位可从3.70m下降到3.51m。即使按平均流速0.30m/s的保险值来计算，其排出的水量可达8.29万m^3，相当于排水降水量22.2mm，河道内河水位可下降10cm。

4.2 泵站工程

在风暴潮来临的过程中，庄行镇镇区范围内的河道水位是与附近周边水系同涨同落的，而在此种状态下涵闸工程就发挥不了应有的作用，小包围区域的抗灾排涝需要建造泵站工程进行强排。

(1)泵型选择。泵站配置应视区域需要强排的水量来定，以控制区域内最高水位不超过3.4m为原则。按2005年“麦莎”台风型的暴雨模型计算(相当于25年一遇)，庄行镇镇区范围内的河道水位从3.70m下降到3.40m，需要排出的水量约为26.3万m^3，故泵站最低配置为28英寸泵两台。配置55kW的电动机，每小时能排水5 670m^3，则两台泵站

等于 $5\ 670 \times 2 \times 24 = 272\ 160(m^3)$，完全能够在 24 小时内把水位降低 30cm。加上涵闸工程的一潮排水量，则能在 16 小时内把水位降低 30cm 左右。

（2）泵址选择。从区域内河道的分布方位来看，理想的泵址选择是排在北新河交冷泾的河口位置。但北新河河床断面太小，2.6m 常水位时水面宽仅在 6m 左右，3.7m 高水位时水面宽在 8m，其过水断面为 $14.85m^2$。当两台泵站开机排涝时产生的流量为 $3.15m^3/s$，过水断面产生的平均流速为 0.21m/s，断面产生的极端最大流速要达到 0.40m/s 左右，会对目前在建的北新河护岸工程产生一定的冲刷作用。

泵址选择的另一方案是设在高麻泾交冷泾的河口位置。高麻泾规划断面底标高为吴淞零点，河底宽为 5m，边坡为 1∶2.5，2.6m 常水位时水面宽可达到 18m 左右，3.7m 洪水位时其过水断面要达到 $42m^2$ 以上，相应产生的流速为仅 0.075m/s，不会对岸滩形成有害冲刷。存在的问题是该泵站位置在区域的东南角，偏离老镇区与庄行新苑居住区，故这两区域的水位下降时间由于比降的原因要迟缓 1 小时左右。

4.3 箱涵工程

需要筑坝修建箱涵工程的河口断面有 3 个，其一为孙家港交高麻泾的南河口筑坝建造箱涵；其二为浦南运河交东风新村港的河口建箱涵；其三为南桥塘交冷泾，或北新河交冷泾，或高麻泾交冷泾断面建箱涵。不同位置各有利弊，具体位置由庄行镇人民政府研究决定。

箱涵的坝体按规定即为常水位水深的 1/3，按洪水位 3.7m、河床断面 0m 河底高程计算，则 3.7m 洪水位的坝体宽度应该是 11.1m，4.2m 标高的坝顶宽度应该是 9.1m。

管涵的通水管道可以采用直径为 1.0 ~ 1.5m 的素混凝土管，箱涵可采用钢筋混凝土浇筑，箱涵、管涵都应考虑常水位 2.60m 时的过水面积，箱涵、管涵的中线位置标高宜定在 2.60m 左右，并加强基础处理。

4.4 围堤工程

围堤工程的设计以尽量利用周边地形地物改造、加固为主，按照内河圩区土堤的标准，堤顶高程为 4.2m，堤顶宽为 3m。

4.4.1 东侧围堤工程

东侧围堤工程可分为二段：其北段在南亭公路北面的老镇区，可以利用沿河一条南北向的小支路。该支路的标高为 3.8 ~ 3.9m，可以在支路的东侧用素混凝土筑起一道 0.30m 宽 ×0.40m 高（埋深 15cm）的梗体，起到阻挡洪水位作用。

中段为南亭公路到北新河，可利用岸边浆砌护岸进行砌砖加高与土堤相结合的办法进行。

北新河南侧围堤以土堤为主，并考虑尽量利用鱼塘塘梗进行连接。

4.4.2 南侧围堤

南侧围堤可利用原大亭公路，大亭公路路面标高为 4.5m，是一道自然的围堤。

4.4.3 西侧围堤

西侧以叶庄公路为镇区防洪分界线。目前叶庄公路竣工后的标高一般都在 3.6m 左右，最低路段仅 3.4m，属非标准公路（一般道路的平均高程应高于平均地面高程的 50cm 以上）。针对上述情况，目前较简单的办法是抬高叶庄公路东侧路边绿化带的地面高程，现该绿化带的地面高程在 3. 7 ~ 4. 1m，考虑以东高西低斜坡式提高、统一到 4. 2m，形成一道绿化型的圩堤。

4. 4. 4　北侧围堤工程

北侧围堤工程可利用老镇区北侧的支路，采用浇筑或浆砌混凝土体与土围堤相结合的办法进行。该道路路面标高在 3. 8 ~ 3. 9m，故路边土围堤堆土也不高，一般在 0. 3 ~ 0. 4m，靠围墙段可以设计成斜面，绿化后会增加城镇的景观。

5　结论与建议

（1）从庄行镇镇区范围内的历史条件、气候水文条件、地理地势、地面沉降速率、城镇建设的规划实施、欧洲工业园区的招商引资、农民三个集中后庄行新苑的建设工程等综合因素来分析，建立庄行镇镇区范围水利工程小包围格局很有必要。

（2）按照庄行镇镇区范围 3. 735km^2 中的骨干河道水面积 117 200m^2 来计算分析，目前该区域可承受的暴雨为 137. 0mm，其时河道水位可由 2. 60m 上升到 3. 40m，可保该区域基本不受淹，其相当于 5 年一遇的频率。

（3）庄行镇镇区范围内 2005 年“麦莎”台风期间受淹的主要原因是镇区范围内地面高程较低，而区域住宅区建设的地面标高控制也较低，再加上周边区域的降水量远大于庄行镇区域 50mm 以上，形成周边来水涌高而造成受淹受灾。

（4）鉴于奉贤西部低洼地区水利工程中包围项目已委托上海市水务规划设计研究院做设计，故“庄行镇镇区范围水利小包围工程”的实施处于两难阶段。其在中包围实行前期有很大的作用；但在中包围实施后的 10 年中其效应不大；但随着后 10 年的气候变化、地面沉降等自然因素影响，工程可能还将发挥效益。

水利信息化篇

发挥水闸泵站自动监测系统作用 优化防汛预排预降预警及应急处置方案

——“麦莎”台风侵袭上海后的思考

李珍明

（上海市水利管理处）

1　系统结构及功能

1.1　系统结构

上海市水闸泵站自动监测系统实现了对控制全市大陆片80%以上水资源量的89座一线重要水闸的内外河水位、雨量及闸门水泵的运行工况等数据和闸站现场实景图像信息的实时监测。该系统由位于华隆大厦的市中心系统（双机热备）、位于水务大楼的第二中心系统（异地备份）、9个区分中心系统和89个闸站系统组成，通过中国电信提供的专用光缆、ISDN和PSTN通信网络进行信息传输，可在本地监测的同时提供远程实时在线监测（见图1）。系统采用B/S模式，通过浏览器进行监测，数据的采集频率为500ms一次、存储频率为5min一次。

1.2　系统功能

该系统共分为“系统管理”、“实时监测”、“设备管理”、“闸站介绍”、“数据列表”、“运行调度”和“远程维护”等七大功能模块。

系统首页以新的苏州河河口水闸为底图，上部是新的七大功能模块的链接菜单，下部是常用功能的快捷键菜单的界面。用户可以根据实际需求直接进入“实时数据”、“历史数据”、“沿线水位”、“视频监测”、“统计报表”及“使用说明”等常用功能界面（见图2）。

1.2.1　实时监测

该模块结合GIS地理信息系统显示闸站实时的水情、雨情、工情数据和闸站现场实景图像，除GIS的常用功能，还根据业务工作的需要开发研制了一些新的功能：

（1）所有闸站的实时数据列表。数据项包括闸站名称、数据采集的时间、该水闸当前的内河水位、外河水位、每扇闸门的高度、水泵的流量等实时数据。

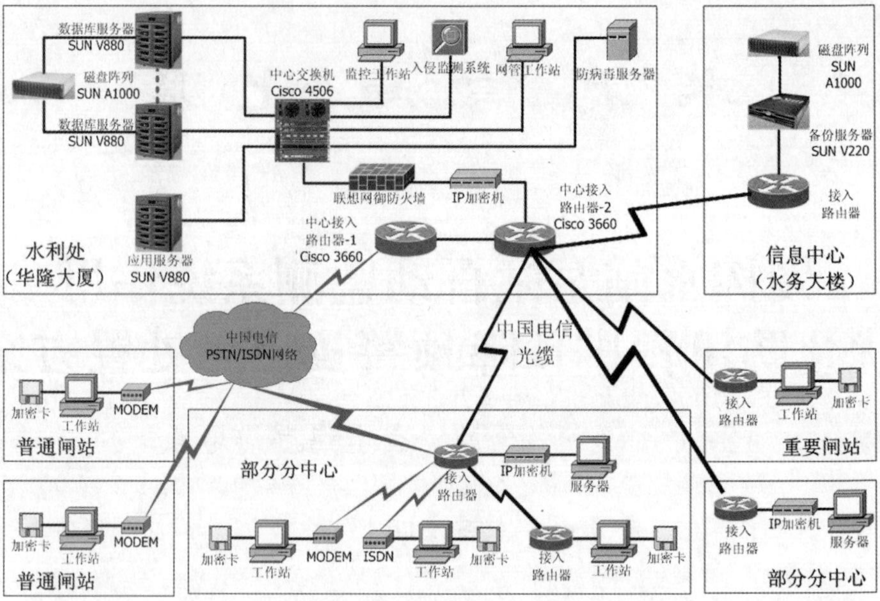

图1　上海市水闸泵站自动监测系统网络拓朴图

图2　上海市水闸泵站自动监测系统首页

（2）多视频图像集中监测。可分成16屏、9屏的任意画面组合进行集中监测，可分多页显示，可任意调用某个闸站的图像，也可预先设定，图像还可点击放大成单屏，部分图像可控制云台。

（3）数据图上标注。在GIS系统中增加了分水利片显示和分区县显示的图层，能进行实时数据的标注,可分别选择内外河水位及闸位等进行显示,也可全选。

(4)单个闸站信息。对 GIS 放大后点击闸站图标进入基础信息画面,这是该闸站的基础数据,包括闸站名称、建成年份、闸门宽度、高度、水泵数量、设计流量等从闸站静态的基础数据库内调用的信息,并设置视频监测和实时监测两个控制:视频监测是显示该闸站的两幅监测图像,实时监测是对整个水闸的模拟,能够将一个比较大的水闸进行形象直观的演示,内河水位、外河水位、闸门的高度等状况可与闸站的实际数据同步,并保持模拟画面的实时刷新。

(5)专题图。为集中监测某一区域的河道水系和闸站情况,设置了专题显示功能,如点击“苏州河水系专题显示”即以最佳全屏方式用闪亮的金色标注出与苏州河水系有关的主要河道和水闸,以方便对整个苏州河水系的实时监测。

1.2.2 其他功能

其他功能包括数据列表、远程维护、权限管理、闸站简介及调度指令群发等。其中数据列表包括实时数据、历史数据、日报、月报、年报、任意时间段数据及报表和统计图表等。新版软件增加了一个专门用于生成报表的数据库,可以随时生成日报,在日报的基础上生成月报,再在月报的基础上生成年报,大大提高了报表的生成速度。

2 系统在抗御“麦莎”台风中的作用

由于上海市水闸泵站自动监测系统能够实时监测控制全市大陆片 80% 以上水资源量的一线水闸的内河水位、外河水位、闸位、水泵启闭情况、重要闸站雨量及所有闸站现场的实景图像,并能对历史数据进行查询和统计分析,所以各闸站基本上完全按照防汛防台预案进行操作,各级领导和干部职工不必像以往一样在狂风暴雨中奔赴第一线,避免了积水过深、车辆抛锚、现场混乱、风大浪高、视线模糊、闸站地处偏僻交通不便、站点众多跑不过来等多方面的不利因素,彻底改变了以往在防汛紧急情况下千军万马上前线的人海战术,实现了在现代化的指挥大厅对多个闸站实施宏观决策指挥和统一调度,提高了调度指挥决策的效率和正确性、及时性和全局性,以及对突发性故障的应急反应速度,缩短了调度指令下达后的流转时间,为防汛应急抢险赢得了宝贵时间。在“麦莎”台风期间,监测系统的闸站在线率为 100%,所有具备在线条件的闸站全部在线,市领导、局领导在市防汛指挥大厅就能监测到全市重要河道上关键水闸的内河水位、外河水位、闸门水泵开启情况及重要闸站的雨量和所有闸站的现场实景图像等实时信息。监测系统的主要作用有以下几点。

2.1 监测水位情况

2005 年 8 月 5 ~7 日,“麦莎”台风严重影响上海,上海出现了大风、暴雨、高潮和上游局部洪水四碰头的严峻局面,上海地区 8 月 6 ~7 日普降大暴雨,局部地区降特大暴雨,绝大部分水闸的内河水位刷新历史记录:2005 年 8 月 6 日 2 时 30 分淀浦河东闸闸内水位 4.33m,7 日 5 时 5 分龙华港水闸闸内水位 4.06m,7 日 3 时 35 分苏州河水闸闸内水位 4.55m,7 日 2 时 10 分虹口港水闸闸内水位 4.36m,7 日 2 时 45 分彭越浦水闸闸内水位 4.57m,7 日 4 时整木渎港水闸闸内水位 4.39m,7 日 4 时 5 分北新泾水闸闸内水位 4.31m(超历史最高水位 0.21m)。

2.2 监测闸门水泵运行工况

“麦莎”台风期间，各水闸一律只排不引。各水闸在接到台风警报后，充分利用潮汐动力，当外河水位逐渐下降，与内河水位持平时开闸放水；当外河水位逐渐上升，与内河水位持平时关闸挡水，监测系统提供了清晰的开关闸过程及水位的组合曲线（见图3），而部分有泵的水闸在内外河水位都严重超高时采用了泵排的措施以降低内河水位，如龙华港水闸在8月6~7日6台水泵全部开启，共排水18万m^3。

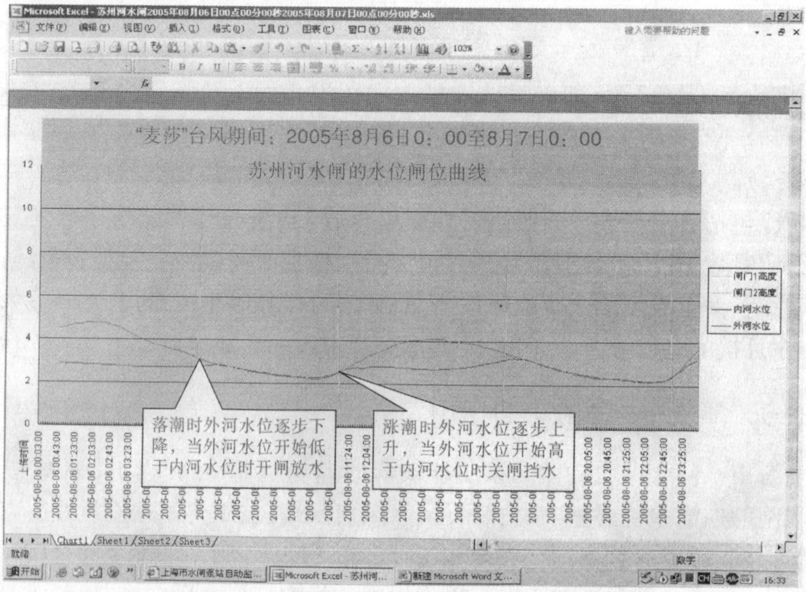

图3 “麦莎”台风期间苏州河水闸的水位闸位曲线图

2.3 监测闸站现场实景图像

监测系统提供的集中的图像监控也为防汛提供了重要手段，图像传输速率满足：23个重要站点达到25帧/s以上，非重要站点达到2帧/s以上。在市中心集中了89个站点的图像信息，23个重要闸站的摄像机还具有变焦功能，可以360°旋转及完成其他一些对图像的控制功能，以便全方位监视水闸现场情况，还可以按照行政区、水利片、河道水系等对不同闸站的图像进行9屏或16屏的组合及翻页显示。

2.4 动态模拟闸门水泵运行工况

由于部分水闸规模较大，闸室之间相距数百米，如果直接到现场的话可能也是见首不见尾，因此在监测系统中对水闸进行了模拟，模拟图（见图4）中内外河水位及闸门开启的高度等都根据实时的数据同比例变动，在防汛抢险中较为直观地监测闸站水情工情的动态变化过程。

2.5 防汛应急指挥调度

“麦莎”台风期间，市区内河水位猛涨，普遍超过历史最高水位，为确保内河防汛墙的安全，市防汛办及时指令虹口港、杨树浦港等沿河排水泵站停机直到早晨黄浦江退潮，沿江水闸可以开闸排水，待内河水位下降排水泵站再继续排水，经此应急调度，既确保了内河防汛墙的安全，又能最大限度地加快排除道路积水，从而避免了万一防汛墙倒塌可能带

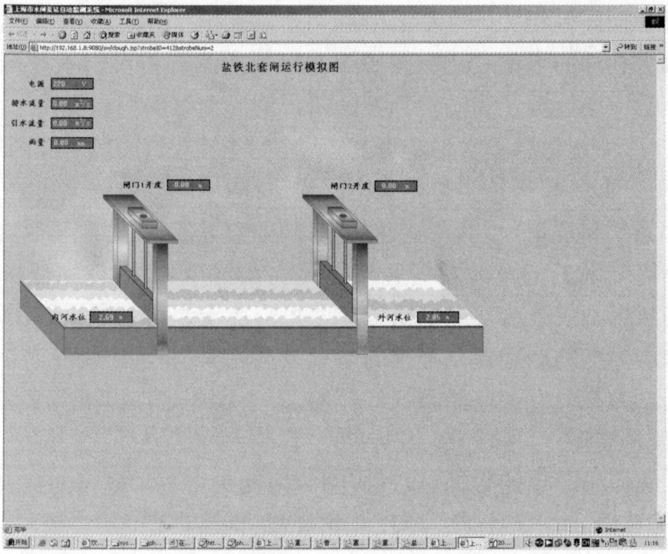

图4　水闸运行过程实时同步动态模拟图

来的巨大的经济损失和恶劣的社会影响以及由此造成种种不良后果。

2.6　防汛预警

监测系统对超警戒水位采用多种方式进行提醒，根据防汛和水资源调度的要求，监测系统对每个闸站超越最高或最低警戒水位采用了多种不同的提醒方式，闸站系统除在任意界面的弹出框提醒外还在报警记录中用红色显示超出最高警戒水位上限，用绿色显示低于最低警戒水位下限，而在市中心系统中，除报警记录中有提醒外，还直接在GIS地理信息系统上进行显示，超过最高警戒水位上限则闸站图标红色闪烁，低于最低警戒水位下限则闸站图标绿色闪烁，直至人工干预后闪烁停止，从而提醒对超限闸站进行重点监测，以防止意外险情发生。监测系统提供调度指令的短消息群发功能，可以选择任意多个闸站进行调度指令的短消息群发，系统对消息发送成功与否及时进行反馈，提高了防汛应急指挥调度的效率。

2.7　历史信息查询调用

实时的水情、雨情和工情及闸站现场实景图像则为防汛应急抢险等方面提供了有效的远程监测手段，而对于各主要水闸在汛前、汛中及汛后所采取的一些相关操作，在监测系统的数据库中都有历史数据的记录可供查询、调用和统计分析，监测系统的数据库软件采用最新的ORACLE9I企业版，并分别建立了原始记录数据库、校正记录数据库和统计报表数据库等3个数据库，对各种偶然因素可能造成的数据误差进行了校正以确保数据的可用性，并大大提高了数据查询、调用、显示及报表生成的速度。同时，监测系统还提供对重要现场图像的可调节时间长度的录像功能，以备事后查证。

3　下一步的发展方向

鉴于监测系统在防汛减灾中的重要性，各方面对系统的关注程度越来越高，系统所发挥的作用越来越大，许多市区及郊区的水务局、防汛办及市水务局的规划、设计、水资源、水文及堤防泵闸管理处等相关处室都需要调用监测系统的历史数据为水利工程规划、设计及河道、水闸、水利片的水情、工情、雨情等方面的监测分析等提供基础数据作为依据，监测系统所提供的历史数据还为防汛预案的执行情况和结果分析提供了有效依据。由于监测系统维护较好，系统运行正常稳定可靠，系统在今后较长一段时间内还将得到更好的应用，特别是历史数据的累积将为防汛预案的优化、防汛应急处置方案的完善和防汛工程基础设施的配套完善和规划计划等提供准确的基础数据依据，若干年后，电子化的数据处理将显示出相比传统手工记录的数据无比强大的数据运算、处理和分析方面的优势，完整、准确、可靠的数据不仅能为实时的防汛应急抢险决策提供参考，而且能为百年一遇、千年一遇的防洪除涝标准的制定提供准确的基础数据资料，作为防洪除涝工程规划、建设和管理的重要依据。为充分发挥监测系统的作用，下一步还将在以下几个方面进行拓展。

3.1 河网水力数学模型

利用监测系统积累多年的数据，通过成熟的河网水力数学模型的运算，根据当前的河道断面、河道槽蓄容量、防汛墙标高、潮汐变化规律、区域降雨量、径流量、引水量、排水量等基础条件，模拟在不同的闸门水泵运行工况下的不同结果，分析河道水体的流量和流向，寻找最佳的防汛预排预降预警及应急处置方案。

3.2 洪水演进过程模型

利用最先进的三维的 GIS 地理信息系统进行洪水演进过程的模拟，形象演示暴雨洪水高潮位在区域范围内的演进过程，计算分析如何使淹没面积和淹没深度最小化，增加蓄洪泄洪的防洪工程设施以调节洪峰，采用错峰错时错位的办法来分散减轻集中的暴雨洪水的袭击，从全局的角度整体联合调度，力求将灾害损失最小化。

3.3 防汛应急处置系统

针对在防汛应急抢险过程中可能发生的各种问题，需要在系统中增加有关防汛应急处置方面的内容，在原有 GIS 地理信息系统中有关河道、水闸信息的基础上加载防汛墙、堤防设施及市政排水泵站的信息，并与实时的水情、雨情、工情相链接，一旦出现水位接近防汛墙标高或者堤防的堤顶高程等险情时及时发出警告信息。

3.4 防汛调度专家系统

对历年来的防汛调度经验加以总结提高，上升到规则的程度，一旦有与此相类似的情况发生则系统立即自动弹出相应的经验化的调度规则，并增加系统自学习、自适应的功能，对每次执行调度规则后的效果进行分析提炼，对规则本身进行修改和完善，以不断提高规则的实用性和可操作性，形成最佳的经验化的调度规则。

3.5 防汛指挥决策支持系统

通过河网水力数学模型的运算和洪水演进过程模型的模拟，结合防汛应急处置系统和防汛调度专家系统的规则、经验和预警机制，综合分析考虑各方面的情况，形成一整套防汛指挥调度的决策支持系统，择优选择最佳的防汛调度预案并在执行过程中进行不断的优化完善和发展，使之能够较好地应用于防汛应急指挥调度的实战过程。

3.6 水闸泵站智能控制系统

水闸泵站智能控制系统综合应用最新的计算机技术、网络技术、数据库技术、决策支持技术、专家系统分析技术及通信和远程控制等技术，在监测中心通过专用软件对各种信息进行综合分析决策后形成最佳方案，并以指令形式下达到各闸站自动执行，实现水闸泵站的智能化运行，达到防汛保安全的目标。

4 结语

上海作为一个国际化大都市，防汛安全涉及国际名声，关系到人民群众生命财产安全和地区的长治久安，一刻也马虎不得，要及时引进利用当今国内外最先进的技术，大力推进以科技服务、信息服务为主的防汛保安体系建设，逐步建立起与国际化大都市相适应、具有较高标准、较高科技含量的防汛保安体系，充分发挥已建水利工程在防汛工作中的作用，确保上海地区的防汛安全，把台风暴雨高潮位及上游洪水等不利因素带来的损失降低到最小程度，维护上海的繁荣、稳定和持续发展。

参考文献

[1] 上海市河道(水闸)管理处，上海大学，上海市水务工程设计研究院有限公司．上海市水闸泵站计算机自动监控系统二期工程苏州河子系统项目建议书[R].2005.

[2] 上海市水利学会防汛专业委员会．进一步提高上海防汛能力对策研究[R].2007.

[3] 李珍明．上海市水闸泵站自动监测系统应用浅析[J]．城市道桥与防洪，2007(4).

RS 和 GIS 在上海市河道变化调查中的应用实践

梅丽珍[1]　蒋国强[1]　金鹏飞[1]　钱　伟[2]

(1. 上海市水利管理处;2. 宝山区排灌管理所)

1　前言

高空间分辨率遥感技术是近几年内发展起来的一项新技术,遥感(Remote Sensing,简称 RS)作为一种先进、高效的空间信息处理技术,为数据更新提供了一种崭新的手段,其特点是:遥感信息源获取渠道通畅、室外工作量小、室内处理相对简单、成本低、周期短;数据宏观性和整体性强、形象逼真、直观易判、数据几何精度和属性精度高。利用遥感影像分析提取河道、湖泊等水体的分布情况,与传统的水资源普查相比较,能节约大量的人力、物力和财力,提高了数据获取的速度;另外,遥感影像客观、真实地记录了地面水体要素的分布,能有效排除一些人为因素的影响,保证了数据的准确性。

遥感技术的另一优势是能够监测动态变化。同一空间不同时间序列的遥感影像可以真实、具体、形象地反映水资源的变化情况。

地理信息系统(Geographic Information System,简称 GIS)通常泛指集数据采集、存储、显示、检索、分析和应用地理空间数据和相关信息于一体的计算机综合系统。它把空间的逻辑思维延伸到了形象思维。近 10 年来,随着水利信息化建设的发展,GIS 被广泛应用于水利行业中的防洪减灾、旱情监测、水土保持、水环境监测、水资源管理等方面。在水资源管理领域,RS 与 GIS(地理信息系统)的结合,可以在 GIS 环境中建立空间数据库,通过不同时间的河道历史数据的叠置,监测出水资源的动态变化。这是上海市河道变化调查项目的理论和技术基础。

2　上海市河道变化调查

上海地处长江三角洲之滨,北部为长江口,东临东海,南枕杭州湾,西部与江苏、浙江两省交界,位于太湖流域的尾闾。市域内江河纵横,湖塘密布,水资源丰富,属于典型的平原感潮河网地区。近年来,随着上海城市的不断发展和现代化建设的需要,各区(县)在水系调整规划的基础上对全市水系进行了大量调整,尤以面广、量大的中小河道表现最为突出。同时,随着以三轮“三年环保行动计划”及“万河整治行动”为代表的水环境整治活动的持续推进,一些新增河道、湖泊相继竣工并投入使用,全市水资源在空间分布及数量上都发生了较大的变化。在遭到填堵的河道中,大部分是按照城市规划及水系调整的要求而填没的,但也有不少属于未经审批的非法填堵,如不法开发商甚至少数地方政府在招商引资的过程中受短期经济利益的驱使,产生了与水争地、盲目填河、缩河等人为填堵河道现象。河道的减少造成了一系列问题，如原有自然水系遭到破坏、水面积减少、防洪排涝及调蓄能力下降、水环境质量下降等。因此，摸清河道（湖泊）的现状分布及其变化状况，既是水资源管理调度的基础，也是进一步推动水环境整治的需要。

为此，上海市水务局于1998年进行了全市的水资源普查，并建立了相应的数据库和地理信息系统，在水资源管理方面发挥了重要作用。但是，受当时数据基础及技术条件的限制，数据与资料更新比较困难，并且需要投入大量的人力、物力。近几年来，随着上海持续高速全面的发展与建设，河道、湖泊等水体又发生了一系列的变化，迫切需要利用先进的技术手段来调查河道的现状与变化，更新原有数据并形成高技术手段、低成本的快速更新机制，在此基础上建立长效管理的河道监测和预警系统，为水资源管理、水务规划、水务执法等提供科学依据和动态管理手段。

3 建设目标

基于RS和GIS的上海市河道变化调查工作是按照"立足现状、寻求创新、注重实效、兼顾发展"的指导思想，在现代水务建设的大框架下，以平原河网地区的遥感影像水体解译工作为切入点，逐步建立并充实上海市历年河道分布情况，实现河道数据的及时更新与管理，并以搭建、完善上海市河道管理信息系统，构筑长效的河道监测预警系统与信息发布系统为目标。

4 研究方法与技术路线

针对目前遥感技术发展的状况及平原河网地区河道特点，系统采用RS和GIS相结合、目视解译与计算机自动提取相结合的研究方法。首先，以高分辨率的遥感影像为基础，利用目视解译方法提取出河道、湖泊等水体信息，按照管理等级分类，利用GIS建立空间图层，以此作为基准数据并进行属性处理。然后，以基准数据（矢量数据）作为基础，叠合后续年份的遥感数据（栅格数据），利用计算机自动提取河道变化信息，产生新增水体与减少水体图层。河道变化信息经过核实修正后，利用GIS与原有矢量数据进行合并产生新的基准数据。以此循环，逐年监测出全市河道变化情况，并对违规填堵河道区域进行预警。项目整体工作流程如图1所示。

5 系统设计与开发

5.1 系统结构

根据需求调研，系统建设分为市、区两级，河道变化监测与预警信息系统采用C/S结构，河道变化信息发布系统采用B/S结构，并归入上海市水利行业基础数据库发布系统进行开发。河道变化监测与预警信息系统放置在市水利管理处。市水务局属相关单位、区（县）水务局可通过2M水务专网查询、浏览WebGIS信息；区（县）水务所作为基层河道管理单位，可通过Web浏览器访问业务应用服务并提供属性数据维护更新服务；河道空间数据则依据上海市每2～3年一次的航空遥感数据更新机制，由市水利管理处应用河道变化监测系统统一进行维护管理。系统网络结构如图2所示。

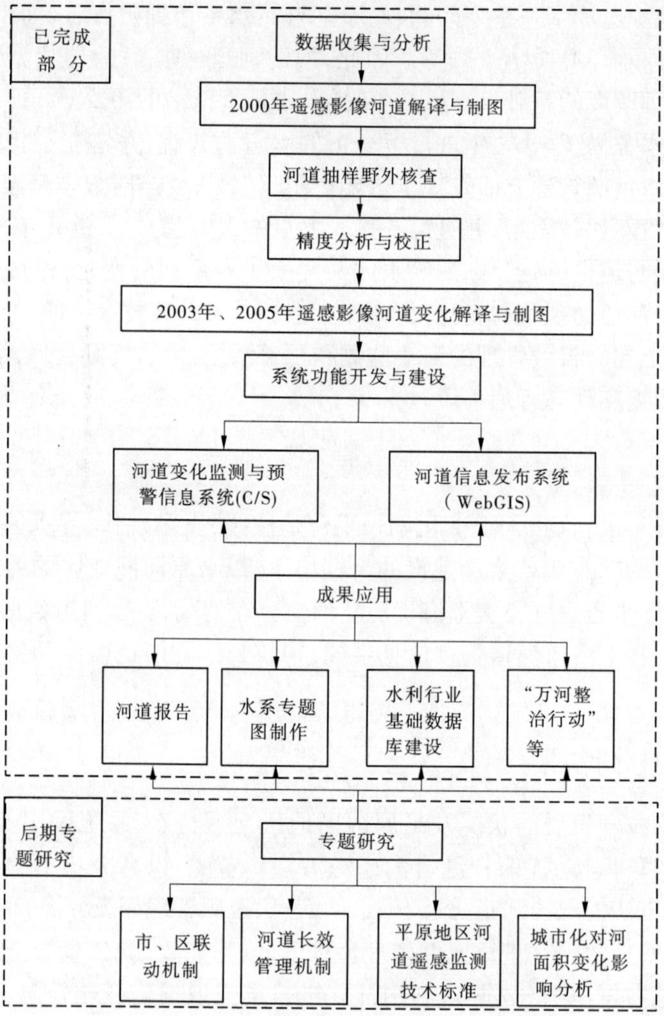

图1　项目整体工作流程图

5.2　数据库建设

河道变化监测与预警信息系统及河道信息网络发布系统涉及遥感影像数据、河道(湖泊)等水体空间数据、河道管理属性数据、行政区划、道路、河道附属设施、水利工程设施、河道整治规划与计划以及元数据等,数据内容多,应用程度深,需要对数据库进行精心设计、周密组织。为实现各类数据输入、查询、统计、分析及不同数据源的集成与后期数据共享,数据库建设严格按照《上海水务信息管理标准》及《行业数据库建设导则》要求,充分考虑后期数据的扩充与延伸,以 Oracle 10G 为数据库管理系统,利用 ESRI 公司的 ArcGIS、ArcSDE、ArcIMS 为平台,按照遥感影像数据、空间图层数据及属性数据等进行了分类与分析,建立了系统空间数据库。

5.3　遥感影像数据

上海市河道变化调查主要是基于遥感技术,因此遥感数据源的选取是调查的一个关键。目前商业化的遥感数据很多,遥感数据的选择要考虑到几个方面因素:①遥感数据的

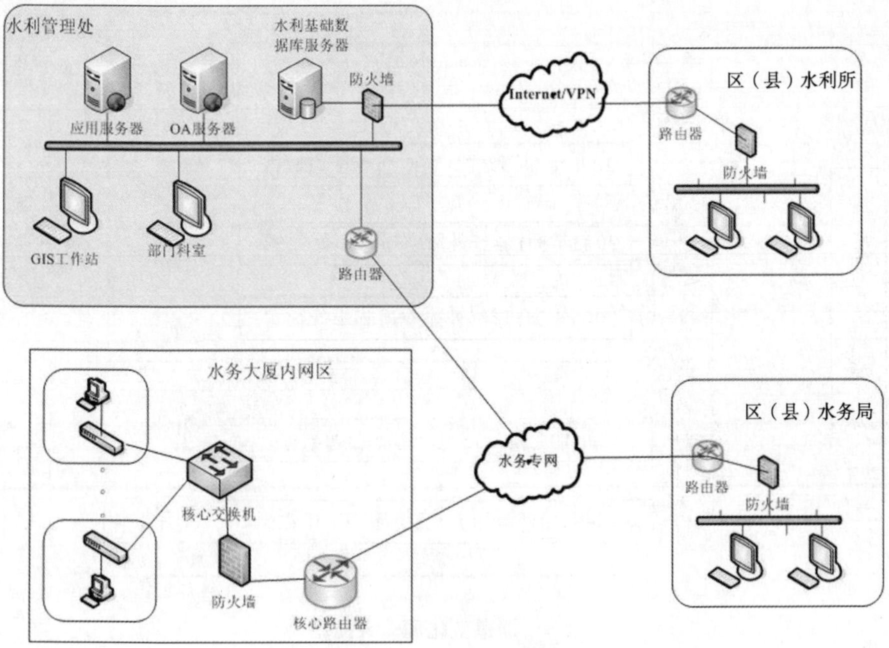

图2　系统网络结构图

空间分辨率；②遥感数据的成像时间；③遥感数据的成本及可获得性；④遥感数据后期更新的可持续性。

综合考虑上述因素，本次调查以全市范围的2000年1月、2003年3月、2005年3月彩红外航空遥感影像数据为基础，数据分辨率为2～1.27m；以2003年10月Spot－5卫星遥感影像数据（全市范围）和2002年5月QuickBird卫星遥感影像数据（中心城区范围，分辨率0.61m）为辅助，实现重点区域的重点监测；同时，充分利用1998年水资源普查成果，提取河道常规管理属性，如河道名称、管理等级、常水位、典型断面信息、管理单位等（见图3）。

以上数据坐标系统均为上海市地方城建坐标。

5.4　空间数据分层及建库原则

空间数据包含河道、湖泊等水体图层，同时包含河道附属设施（河道监测断面、河道里程桩等）及水闸、泵站等水利工程、市区两级行政区划界线、水利控制片、道路等。空间数据库建设首先是按照数据类别进行分类，如河道（湖泊）、水利工程、基础数据等；然后再对分类数据进行具体的分层处理，如水利工程类别中包含水闸（水利枢纽、节制闸、船闸、其他等）、泵站（排涝泵站、灌溉泵站、排水泵站、市郊结合部泵站）、防汛墙等。其中，河道数据是本次河道变化调查的核心。按照《上海市河道管理条例》确定的“两级政府，三级管理”的河道管理原则，结合实际管理中存在的村级河道管理层面，空间数据图层上将河道、湖泊等水体分成了13个图层，按照上海市水务信息的统一标准进行数据编码和属性数据建库，空间图层采用geodatabase格式。具体分层如下：①市管河道（中心线、边线）；②区（县）管河道（中心线、边线）；③乡（镇）管河道（中心线、边线）；④村级河道（中心线、边线）；⑤市管湖泊；⑥区（县）管湖泊；⑦乡（镇）管湖泊；⑧浜沟（单线河道），主要

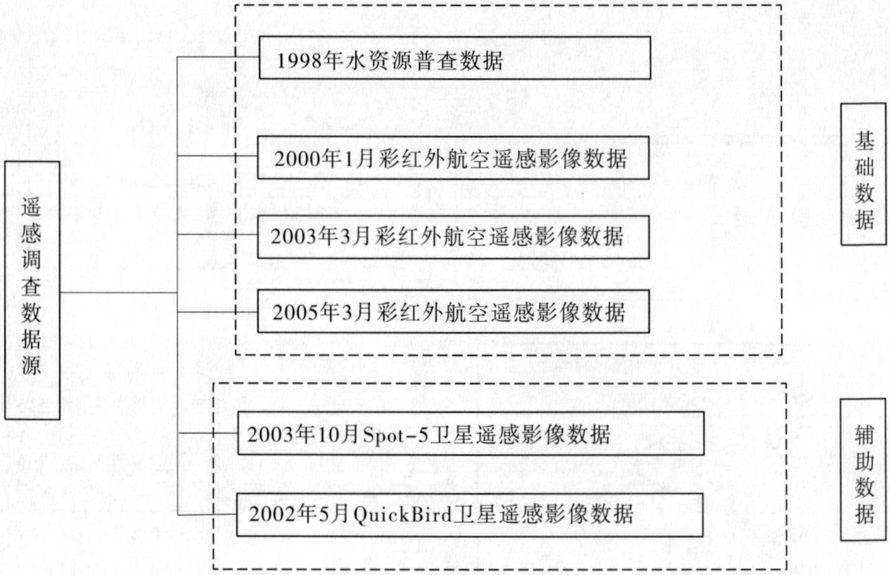

图3　河道变化调查数据源

表现为崇明三岛田间排灌工程（南汇、奉贤两区农场区域也有少量部分），其在遥感影像上不超过3个像元，难以用面状勾汇，采用单线示意性表示泯沟位置；⑨景观水体，主要指公园、绿地及居民区内的水体。

为满足空间数据建库、查询显示及河面积统计等的需要，河道数据图层在数据整理及建库上须遵循如下原则。

5.4.1　河道数据分层及连通规则

(1)按照市管、区(县)管、镇管、村级、景观水体、泯沟等进行分级入库，每个河道等级一个图层。

(2)一条河流在电子图层中的记录为一条记录，显示为连续的河流，保证其地理属性上的连通。

(3)空间上相连的河道，河道多边形也应相互邻接，即相互之间不能有空隙，也不能重叠。

(4)低等级的河道与高等级河道相连，以高等级河道连通为准。

5.4.2　河面积统计规则

进行面积统计时，将指定区域内（如行政区划、水利控制片等）或任意面状统计范围内的河流进行合并，统一汇总与计算，达到既保证任一图层的河流在地理上的连通，又保证面积统计时河流交叉口处面积不重复计算的要求（见图4）。

5.5　属性数据

属性数据的组织既要考虑满足本系统的功能需要，更要从关系数据库本身及数据的长远利用和无缝共享上来考虑。因此，系统属性数据既包含描述各类图形信息的基本属性及附加信息，还包含大量的管理信息，其主要内容包括河道名称、代码、等级、起始（终止）位置、流入（流出）河流、典型断面信息、规划断面信息、整治情况、管理单位等。数据

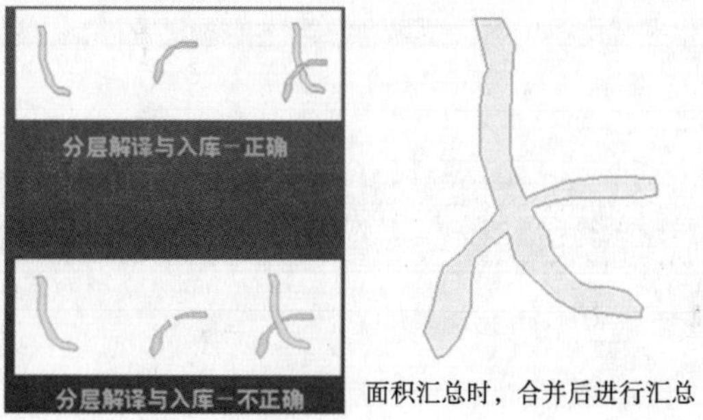

图 4　河面积统计规则示意

的组织严格按照《上海水务管理信息标准》及《行业数据库建设导则》要求建立统一编码体系，保证后期数据的互连互通及无缝集成。

6　系统功能及成果应用

河道变化监测与预警信息系统功能是在 ArcGIS 应用平台基础上，以河道日常管理及应用为导向，以严格监控中小河道的填堵为目的，应用 ArcObjects，采用面向对象的组件开发技术来实现。系统主功能界面如图 5 所示。

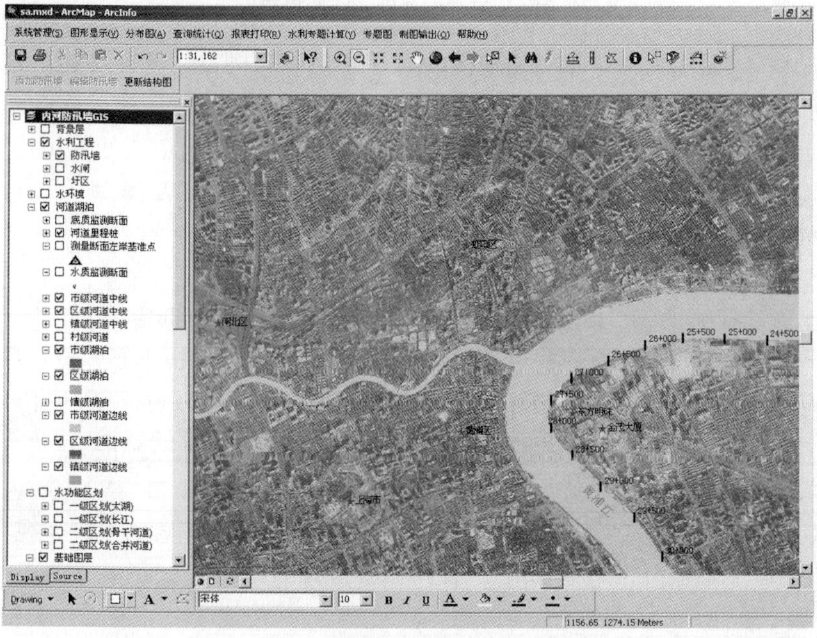

图 5　系统主功能界面

河道信息作为水利行业基础数据库的核心部分，其信息发布系统也一并归入上海市水利行业基础数据库信息发布系统的建设中。其功能界面如图 6 所示。

通过以上两应用系统的建设，不仅实现了 GIS 图层管理、分层显示、专题查询、统计分析、报表与图形输出、用户权限管理、数据分发与信息发布、数据动态编辑与更新等常规功

图6　河道信息发布功能界面

能，更建立了一套适合上海平原河网地区的河道变化计算机自动解译功能。它是根据河道、湖泊等水体的遥感影像特征自动预提取河道、湖泊等水体信息，然后通过人机交互方式对预处理的结果进行编辑、校核与确认，在建立时间序列的河道空间数据库（1998 年、2000 年、2003 年、2005 年、2007 年将于近期实施）基础上，运用模式识别方法自动识别河道演变及水面积变化情况，达到动态监测与预警目的。

目前，项目的实施已取得了阶段性成果：

（1）建立了标准、科学、现势的上海市河道信息库和历史数据库，构筑了河道信息共享平台，促进了河道管理信息化建设，充分发挥河道管理在上海市水利建设中的作用。

（2）对全市 33 127 条河道、26 个湖泊、1 980 余座水闸、6 000 多个泵站、400 余个圩区等进行了统一编码，目前，河道、湖泊编码部分正在申报上海市地方标准，这将为后期数据管理与共享奠定坚实基础。

（3）利用最新遥感信息源，识别和解译河道、湖泊的变化情况，全面、客观、准确地查清上海市河道、湖泊的分布与变化信息，保持调查成果的现势性及图形、属性数据、实地三者的统一和一致性。

（4）根据“两级政府，三级管理”的河道管理体系，按照市管、区（县）管、乡（镇）管和村级河道以及新增河道、减少河道、人工景观水体等进行分区分类统计，并建立一套完整的数据管理与分发机制，将影像数据与解译后统计数据统一管理，为“万河整治行动”、水资源管理、水务规划、水务执法等工作提供准确有效的数据基础。

（5）探索了一套高效的、适合平原河网地区的自动化半自动化的遥感影像水体解译标准，辅助人工核实和属性录入，完成河道变化监测与预警。

目前,系统成果已广泛应用于《2006 年上海市河道报告》、《上海市水系分布图》、《中心城区水系分布图》、“万河整治行动”、“水利行业基础数据库”建设等方面,很好地服务于市、区两级水资源管理部门,同时,也为水务规划、水行政受理、水务执法、水环境整治等提供数据依据、奠定科学管理基础。

7 结语

上海市河道变化监测与预警信息系统的建立,为我们展示了 RS 和 GIS 在河道变化调查方面无可替代的优势,尤其对中小河道的填堵实施了有效监控,奠定了河道长效管理的数字基础,是上海市河道管理信息化的重要组成部分。下一步我们还将综合运用数据挖掘技术,结合水系调整规划、水行政受理与审批、水务执法等资料,实现与上海水务办公自动化系统及水务信息公共平台的无缝集成,达到市、区联动,针对中小河道填堵事项,变被动的事后监测为事前预防—事中监督—事后整改模式,推进河道长效管理机制;同时进行河道数据成果更新、城市化进程对水面积变化的影响分析等专题研究。

参考文献

[1] 李纪人,黄诗峰. RS 与 GIS 在水利行业的应用与展望[J]. 中国水利,2004(11).
[2] 魏立飞,文正敏. GIS 在水利现代化中的应用和发展趋势[J]. 中国水运,2006(11).
[3] 陆家驹. 应用多时相遥感资料分析水库区围垦面积的影响[J]. 遥感信息,2001(3).

浅谈杨浦区水情自动测报系统建设

蒋青柏

（上海市杨浦区水务管理所）

1　杨浦区水文概况

杨浦区位于上海市的东北部，东南以黄浦江为界，与浦东新区隔江相望，西临虹口区，北与宝山区接壤，全区面积60.61km^2。

杨浦区地处北亚热带南缘，属亚热带海洋性季风气候，受冷暖空气交替影响，四季分明，雨量充沛。多年平均降水量1 145mm。每年汛期灾害性天气时有发生，梅雨期间和盛夏季节有集中降雨和强雷暴雨出现，特别是在台风、暴雨、高潮等共同影响下，容易形成涝灾。

目前区内内河河道有8条（不含新江湾城），为杨浦区最主要的防汛排涝和景观河道，设8座水闸（泵），起着控制黄浦江潮水倒灌、水资源调度和防汛排涝等作用。

杨浦大部分地区地面高程为3～4m，地形平坦，地面坡降小，大部分地区的雨水需通过泵站提升排入河道，最终汇入黄浦江。

2　系统建设的必要性

常规的水情预报方式是采用人工观测，通过电话或短波电台方式传递信息，再由人工进行预报作业。这种方式观测量值不可靠，信息传递周期长，且通讯的可靠性差，预报作业时间长，预报结果实时性差，往往丧失了有限的预见期，给经济造成不必要的损失。因此，建设一套水情自动测报系统，准确、可靠、及时地获得预报结果，既提高了防洪能力，又可充分利用水资源、多创效益，是十分必要的。

随着杨浦区经济的发展，市民对水安全和水景观的要求越来越高，如何及时、准确、可靠地获得水文数据，提供防汛决策和水资源调度的依据？我们探讨并建立了一套水情自动遥测系统。

3　系统建设概况

杨浦区水情自动遥测系统自1998年建成，经过数年的使用、维护和改进，已形成了12个遥测站点（包括雨量、水位和闸位）对杨浦区主要河道和水闸进行监测，能稳定可靠地提供水文数据，为杨浦区防汛决策和水资源调度提供依据。2006年，对中心站进行了升级和改造，提供远程查询功能，并专线接入区政府信息网，区政府、11个街道镇和有关防汛责任单位都能通过WEB访问方式对杨浦水情进行实时查询。

3.1 系统特点

杨浦区水情自动遥测系统应用传感器、无线通讯、计算机及遥测遥控等技术，在杨浦区实现实时水情信息自动数据采集、传输、处理入库，实现数据共享，为杨浦区水务管理所防汛指挥和水资源调度提供信息。

上海市杨浦区水情自动遥测系统应简单可靠，高度冗余，操作灵活，维护方便。在保证整个系统可靠性、实用性和实时性的前提下，系统配置和设备选型符合计算机发展迅速的特点，充分利用计算机领域的先进技术，系统达到当代的先进水平。系统应实用性好，抗干扰能力强，人机接口功能强，操作简单方便。

该系统改善了雨量、水位数据的采集、传输和处理的手段，缩短信息的收集和预报调度作业所需的时间，提高数据采集传输和处理的可靠性，为防汛调度工作服务。

3.2 系统总体

(1)自动收集各遥测站雨量、水位信息，并传输给系统中心站。

(2)实时数据处理及图表化。

(3)数据超限警报。

(4)数据远程查询。

(5)能在暴雨、洪水等恶劣天气条件下稳定可靠地工作。

(6)系统结构简单，运行可靠，工耗低，能在无人值守、有人代管的条件下工作。

(7)具有可以对系统规模、功能扩充的能力，便于系统扩展。

(8)用国内外成熟的定型产品，以确保系统的可靠性和维护性。

(9)具有对外数据接口，便于与其他自动化系统联网。

(10)系统在确保可靠性的基础上，体现先进性。

3.3 系统工作原理

系统的无线遥测站通常处在低功耗状态，由遥测站设备控制，按照规定的时间间隔或在被测参数发生一个规定的增量(降雨1mm或水位变化1cm)时，自动向中心站发送实时水文数据，中心站的数据接收设备始终处于工作状态，这种体制省电，反映水文参数的自然过程，可靠性高，不会受外界的同频干扰。

3.3.1 中心站结构

中心站是系统中枢部分，所有的数据收集处理、预报、通讯和成果输出都在这里进行，中心站设备的好坏、可靠性的高低及软件处理功能的强弱，很大程度上决定了系统的先进水平。为了提高中心站计算机的可靠性，中心站采用工业级计算机，根据系统中心站计算机处理的要求和计算机市场的情况，我们选用P4/450工控机作为中心站主机。

中心站(分中心站)硬件设备由计算机、打印机、中心控制仪、电台、天馈线、直流电源、UPS、交流稳压源及避雷器等组成。中心站硬件组成见图1。

中心站软件采用Windows 2000平台下的面向对象软件，全中文界面，操作直观、简单、方便。

3.3.2 遥测站结构

遥测站数传仪的型号为HC-2000。由于采用了先进的技术和设备，基本为免维护型。为防止雷电干扰及交流电不稳的影响，遥测站用太阳能电池供电，测站数传仪采用全

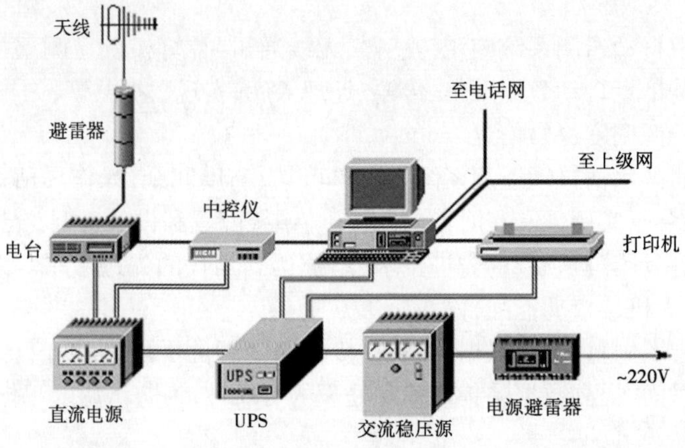

图 1　中心站硬件组成

浮空技术。

遥测站设备由遥测数传仪、电台、天馈线、蓄电池、太阳能电池、遥测雨量计、遥测水位计及避雷器等组成。其结构见图 2。

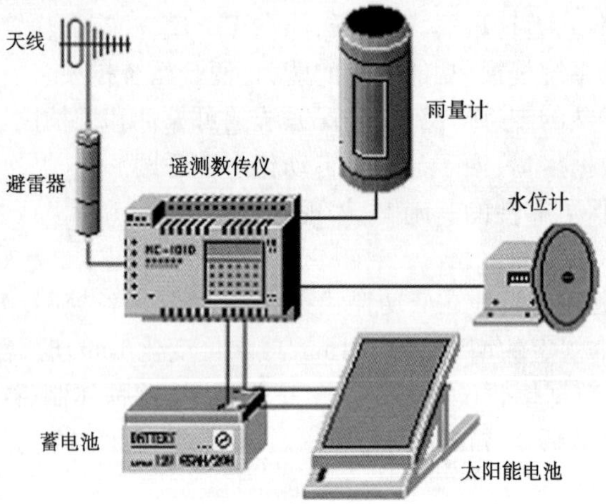

图 2　遥测站结构

3.3.3　遥测站功能

所有集成电路均采用工级 CMOS 电路。所有传感器信号输入接口均采用光电隔离，能有效地防止各种破坏性干扰。有各种故障判断和合理性判别功能，如各种接口设备、传感器故障判断，意外程序走飞判断，合理雨强判别等。软硬件看门狗防止死机，提高了系统工作可靠性。

自报时间可设置（如果长时间没有水情参数变化，数传仪也会自动发送水位雨量信号，使中心站始终可以监视测站的工作情况）。

随时发送立即数，发送开放的水位计（闸位计）的实时参数、当前雨量参数。

与电台接口采用软件正弦波脉宽调制技术，具有简化的接口电路、标准的调制波形、极高的调制频率稳定性。

3.4 系统可靠性的措施

(1)遥测站采用间断工作,以提高设备使用寿命,节省用电。

(2)对从电源线、信号线、天馈线引雷的防范严密,大大减轻雷电对系统的危害。测站、中继站不用交流电。

(3)差错控制:允许数据出错,系统具有判错、检错、纠错功能。如BCH信道编码,具有合理判断、数据插补功能等。

(4)软硬件上严格把关,在软件上设计合理,具有安全性、可测性、成熟性;机械上合理、成熟;在软件上采用先进的编程方法和语言,确保数据的完整性。

(5)加强管理和人员培训。保证系统易学、操作简便。

(6)在设计时充分考虑到防风、防冻、防小动物等外力破坏的可能,加强对这些方面的防范,以减少因此而造成的破坏。

(7)机柜的设计:机柜的设计要求合理、牢固、便于设备维修时的装卸、便于操作。同时要求能够防虫、防潮。

4 系统建设总结

(1)筹建水情测报系统应有一个系统的规划。杨浦区水情遥测系统在建设前,进行了系统规划,包括可行性论证、遥测站点的选点和论证、编制设计任务书、电场电路的测试等。

(2)合理的布站、选点和组网。各遥测站网的布设选点,要结合地形、水系分布等特性,考虑选点的代表性、资料情况、交通条件、居民点分布和无线信道等条件综合比较而确定。

(3)重视土建工程。土建工程是系统的基础,它的建设进度和质量直接影响着系统整体质量和运行。因此,土建工程从设计至施工均应严格按照系统总体设计方案的技术要求进行实施,保证质量。

(4)应有一支技术管理队伍。技术管理队伍的建立是系统建设和使用中特别值得注意的问题。为适应系统的技术管理,系统建设一开始就应着手培养技术管理人才。研制阶段派有关人员到研制单位共同工作、共同学习,掌握系统有关技术,然后再培训学习,现场参加系统安装、调试等工作,以适应系统的工作需要。

(5)注意系统管理和维护。系统建成后,管理和维护十分重要,管理应规章制度化,技术管理队伍应定期检查,定阶段巡检维护,以保证系统的正常运行。

总之,杨浦水情自动测报系统是涉及无线电、通讯、计算机、自动化、机械、仪表、土木建筑、水文等多种学科的较复杂的系统工程。经过10年的应用,杨浦区水情自动测报系统在杨浦区防汛决策和水资源调度中发挥了较大的作用。

上海市新浜镇圩区泵闸计算机监控系统的建设经验小结

刘静森[1]　戴志国[2]　陈　健[3]

（1. 上海市水利管理处；2. 上海市金山区山阳镇水务站；
3. 江苏省太湖地区水利工程管理处）

信息化水平是反映一个地区综合竞争力的重要因素，是衡量一个城市现代化水平的重要标志，也是城市功能性发展的重要载体。水务作为全市发展的重要组成部分，水务信息化是水务现代化的基础和重要标志。水务信息化的主要内容是建设以数据平台、网络平台和应用平台三个平台为框架的社会公众服务系统。其中，数据平台是基础，网络平台是载体，应用平台是核心。

松江（新浜镇）泵闸计算机控制系统是上海市水闸泵站计算机自动控制系统一期工程的分系统，位于松江区新浜镇，涉及东片圩、西片圩、林家埭圩、黄家埭圩等4个圩区约1 933hm^2 土地，约占全镇面积的50%。工程完工后将实现对项目范围内4个圩区内28座水闸、23台水泵的实时远程监控，并根据采集的水位、雨量等实时信息实现防汛排涝和引清调水的远程管理。

1　系统基本组成

系统（网络拓朴图见图1）是由监控中心及29套泵闸现地控制单元（PLC）、现地光纤网络以及泵组电机软启动器保护装置等部分组成，是一个典型的分布式控制系统。

监控中心由1台监控工作站和1台服务器及相关外部设备、网络设备等组成；现地共设29个（套闸双泵4座、套闸单泵9座、套闸无泵4座、单闸单泵5座、单闸无泵6座、无闸单泵1座）PLC控制与测量单元，分别由PLC、软启动器保护、测量装置以及相应的控制屏组成。现地控制单元PLC用以太网（Ethernet）经光纤收发器通过埋地光纤网与监控中心连接，同时通过服务器也可与远方调度系统相联。视频图像按IP包方式在网络上传输，可实现现场与远方监控。这种分级分布式网络结构的特点是可靠性高、灵活性强、可扩展性好，便于今后的升级、扩展、维护等工作。

2　项目建设情况简述

项目完成招标工作后，在建设方的组织协调下，2004年5月建设单位、施工单位、监理单位相继进入施工现场并组建各自的项目部。按照项目建设方案，施工单位将现场施工人员分成光缆施工、软件开发和硬件设备安装调试等三个小组进驻现场，协同工作，在9月中旬完成了试点站鲁家埭闸站的安装联调工作，并顺利通过由建设单位组织的试点站验收，获得了上级领导、专家的肯定。随后，施工单位根据试点站成功经验并结合专家

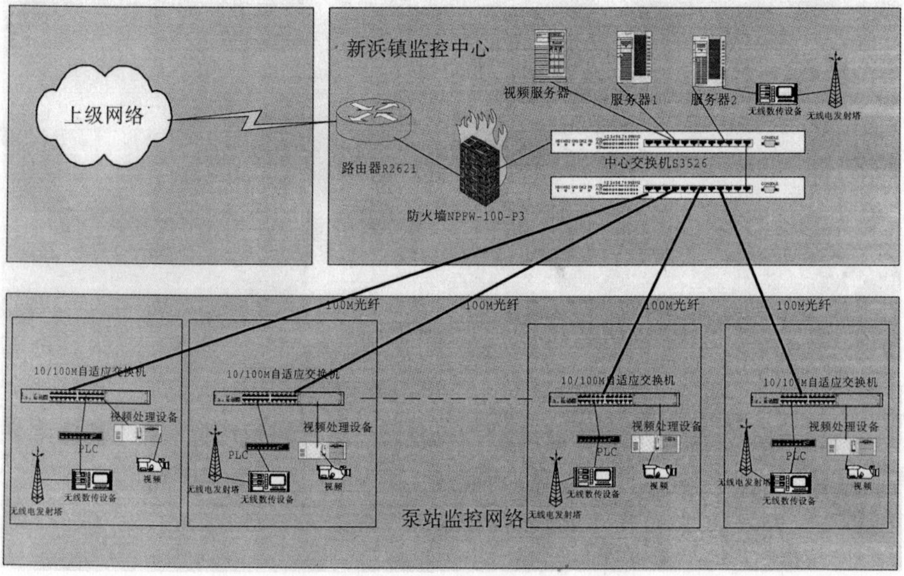

图1　网络拓朴图

提出的一些修改意见，对剩余28个水闸泵站全面实施远程监控设施的建设。2005年1月中旬，系统基本建成。2005年4月，系统通过了相关部门组织的初步验收并投入试运行。2006年1月，经过历时7个半月的试运行，系统正式通过相关部门组织的竣工验收。

3　工程经验小结

3.1　严密的组织结构确保项目顺利推进

该项目是将现代高科技手段与传统管理模式相结合的一次尝试，其实施的主要对象为散布在野外的水利设施。施工现场干扰因素多，工程组织、管理难度大，没有严格的工程管理措施，项目的顺利开展难以想象。该项目的建设方上海市排灌管理处（后由上海市水利管理处接管）高度重视此项工作，多次召开专题会议研究项目实施方案，抽调多名业务骨干组建项目部，全面负责该项目的组织管理工作，项目部成员之间分工明确、职责清晰，实行目标管理，保证了整个项目有序推进。施工方和监理方都严格按照基建程序在新浜镇设立专门的项目部。工程实践证明，正是有了严密的组织结构，各项目部才能够按照施工方案顺利开展工程建设，这对本项目的建设起到了关键的保障作用。

3.2　严格的工程管理确保工程质量

为确保工程质量达到市发改委和市水务局“优良工程”的要求，建设单位从建设之初就成立了工程项目部负责整个工程的实施，建立健全了质量控制体系，实现了任务明确、责任到人，确保了各项管理工作优质、高效的开展。另外，在工程施工前建立了以下管理制度：工作协调会制度、工地例会制度、监理月报制度、工程量汇报制度、工程进度分析制度等，确保工程施工中有章可循。施工过程中，监理单位督促施工单位严格执行自动化控制的有关标准规范，严格遵守操作规程，减少隐患，杜绝质量事故；在施工过程中，对发现的各种问题坚持“三不放过”原则，即问题产生的原因调查不清楚不放过、存在的问题不解决不放过、责任人认识不到位不放过，存在的问题均已得到了及时的解决，保证了工程的整体质量。

3.3 严谨的技术把关确保项目顺利推进

由于我市在水利自动化建设方面尚处起步阶段，为保证该项工程的顺利建设和提高资金的有效利用率，项目中标方确定后，建设方组织专家对设计方案多次召开咨询、评审会，对初始方案进行了优化和深化。在施工方的方案通过专家论证后，才正式进入工程施工阶段。因此，尽管开工前期工程进度较慢，但通过多次的方案优化，使得参建各方的思路不断明晰，为工程中后期的迅速推进打下良好基础，同时通过方案优化，工程资金的利用率得到较大提高。方案初期不少价格昂贵但不太实用的设备，如单价高达17万元的高清晰投影仪改用了同样满足要求的单价仅6万元的高亮度投影仪，仅此一项就节约了11万元。通过方案调整，将节省出的资金用于大力提高系统的稳定性和可靠性这种关键指标上，如方案原有的星状光纤网改为高可靠性的双环网。在工程实施过程中，建设方对出现的各种技术问题及时咨询相关专家，并会同参建各方提出相应的解决方案。按照这种思路，从技术层面上确保了该项工程一步步稳步推进直至试点成功。

3.4 及时总结经验是确保项目任务完成的关键

上海市水利行业的自动化控制项目尚处于起步阶段，像这种自动化监控项目在郊区水利行业还是头一次。建设单位项目部进场后，以“认真、负责、严谨、有序”的工作态度做好各项前期工作，并对工程实施过程中可能出现的问题制订相应的处理方案。在工程施工开始后，按照“大胆摸索，小心操作”的指导思想不断总结经验，通过生产实践，摸索出不少行之有效的工作方法。如“以点带面”的方法：本项目涉及29个闸站，由于无先例可参照，对于工程实施的效果在实际完成前可说是胸中无底，如果一味追赶进度，在所有闸站全铺开，最后一旦发现问题，后果可说是不堪设想。市水利管理处会同各方通过多次讨论，最后确定首先选定一个站作为试点站进行建设，在该站建成后总结成熟的工作经验，再向其余站点全面铺开。事实证明，该试点站在建设过程中确实遇到不少问题，施工进度一度受到影响。但在该站建成后，其余各站的建设速度远远高于试点站，最终保证了系统的如期完工。再以“三阶段验收”方法为例：由于该项工程主要工作量为各种设备的安装与调试，最终验收工作量大且烦琐。为保证工程的终验不乱，在工程建设过程中，项目部创新提出“三阶段验收”法，第一阶段，即在各项设备安装调试完成的同时，施工方首先在监理的指导下完成各分项工作的自验；第二阶段，即在工程全部完工后，专门组成专家测试小组对工程的各项功能、指标进行全面测试，通过后再进行初步验收；第三阶段，即初验完成后系统立即进入试运行，经受汛期的考验，对发现的问题进行整改而后再进行竣工验收。在各个验收环节，发现问题立即整改，保证系统以良好的工作状态接受有关部门的最终验收。诸如此类的工作措施还可以举出许多，这些都是参建各方的经验总结，是圆满完成建设任务的致胜法宝，为我市郊区水利信息化的发展积累了宝贵经验。

4 结语

由于该项工程的高技术含量和初次实施的特点，工程的建设过程本身就是一个不断学习、不断总结的摸索过程，在参建各方的共同努力下，工程建设过程中取得了不少成绩，积累了不少经验,同时也遇到了不少困难和挫折,比如,在水利行业和 IT 行业如何配合、加强项目实施进度、系统日常运行管理等方面今后要不断地完善和提高。总体说来,通过此次项目的实施,我市水务系统积累了不少自控项目的实施经验,也吸取了不少教训,为我市郊区水利现代化管理水平的不断提高奠定扎实基础。

参 考 文 献

[1] 黄尧,杨建基. 水利工程代建制管理模式浅析[J]. 中国农村水利水电,2006(11):117-118.

[2] 任忠,宋斌,赵建雯. 浅谈水利基本建设财务管理的有关问题[J]. 河北建筑工程学院学报,2006(3):100-101.

[3] 罗华华,李素娟. 水利信息化建设成果在工程管理中的应用[J]. 治淮,2006(8):17-18.

上海市松江(新浜镇)圩区泵闸计算机控制系统智能化改造实践与经验

刘静森[1]　戴志国[2]　陈　健[3]

(1. 上海市水利管理处;2. 上海市金山区山阳镇水务站;
3. 江苏省太湖地区水利工程管理处)

上海市松江(新浜镇)圩区泵闸计算机控制系统智能化改造工作(以下简称“新浜泵闸智能调度系统”)启动于原系统建成运行后一年。原系统建设地点位于松江区新浜镇,项目涉及4个圩区约1 933hm^2 土地范围,约占全镇面积的50%。系统主要功能是实现了对项目区内28座水闸、23台水泵远程实时监视与计算机控制,以及防汛排涝和引清调水的自动化操作。原系统自2005年4月建成运行以来,各项工作指标均达到设计要求,但是该系统智能化控制方面还存在不少不足,有待进一步提升。

1　改造动因

(1)原系统自动化和智能化水平较低。原系统所实现的自动化操作主要原理是根据计算机收集到的水文条件,通过与预先存储在计算机内的数种调度预案的触发条件相比较来执行预定的操作过程。系统预设的调度方案一旦执行,系统本身并不能对时刻变化的水文条件进行分析处理,也就是说,原系统缺少一个会动脑筋的大脑,不具备方案自优化功能,这与上海水务信息化的发展要求有较大差距。

(2)原系统安全控制系统智能化水平不够。原系统考虑到在泵闸启动前的安全因素,为防止设备运转区内有异物闯入而导致意外事故的发生,在系统发出类似指令前要求操作者通过设备运转区的视频图像确认现场安全后方能进行下一步操作。这与信息系统应具备的高效率和高可靠性有所违背。

2　改造目标

(1)通过新增一套调度系统使原系统实现自动化、智能化管理。通过建立计算机自动识别系统,对开闸、开机等操作条件加以设定,通过各种技术的运用实现无人值守。

(2)使新增的调度系统能综合考虑黄浦江潮汛对圩区外河水位的影响,尽可能利用内外河水位差来进行调度,并从经济性角度研究同一要求下开机时间与开机数量的关系,建立一套低能耗、低成本的智能调度方案。

(3)使新增的调度系统能根据内、外河水位及降雨情况、现场设备安全情况,并根据降雨预报、预测水位,自动生成防汛调度方案。

3 “新浜泵闸智能调度系统”组成与架构

3.1 总体结构

系统调度系统由水力数学模型、决策支持系统、监控系统集成、调度安全控制、用户操作界面、系统应用服务接口等六部分组成。

3.2 工作流程

调度系统执行一次自动调度过程时的系统工作流程见图1。主要过程描述如下:

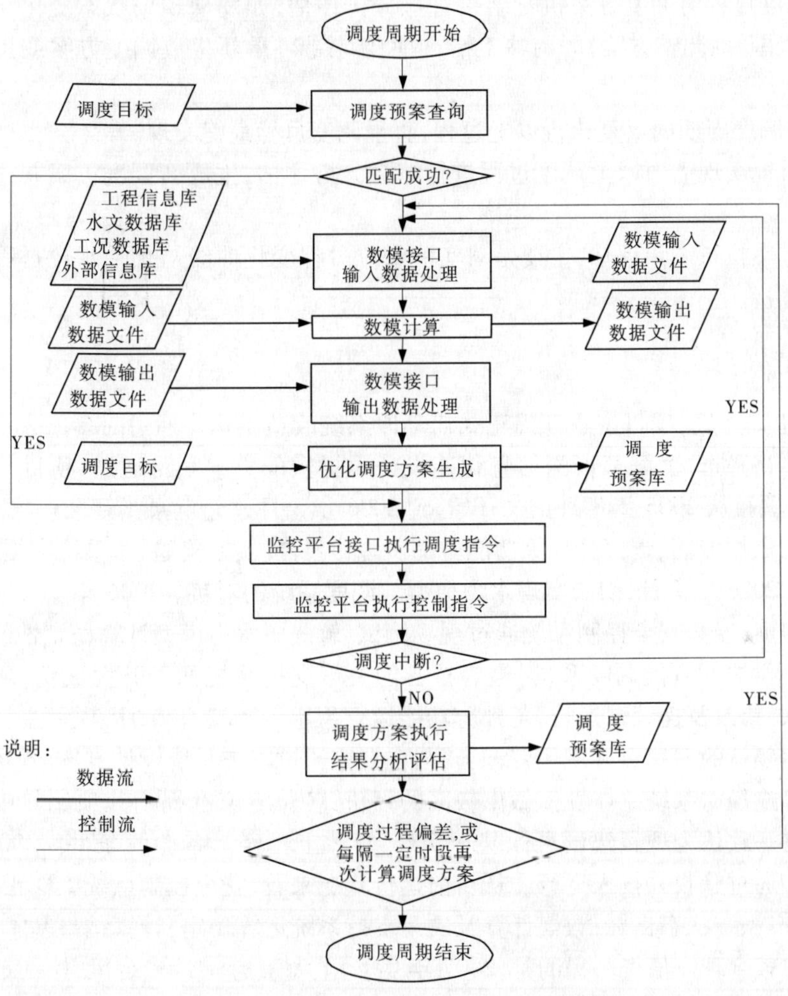

图1 新增调度平台系统工作流程图

(1)调度周期开始后根据雨情、工况和调度目标首先在调度预案库中进行查询,查找是否有适用条件接近的调度预案,如匹配成功则用已有调度方案直接进行调度,执行步骤(4)。

(2)根据雨情、水情和工况调度数模进行计算。

(3)根据数模输出及用户选定的调度目标生成调度方案,在调度预案库中比选调度方案。

(4)发布初始调度指令或后续调整调度指令。

(5)调度监控平台执行远程控制指令。

(6)在执行步骤(5)后,调度初始阶段立即返回步骤(2),以后按预定的时间间隔(一般为1小时)返回步骤(2),若后续调度方案指令与前一个调度指令差别大于预先设定的范围,按后续调整指令执行远程控制指令。

(7)监视调度过程,如调度过程发生中断(设备故障、船只闯入等),则返回步骤(2)。

(8)调度过程对调度方案执行结果进行分析评估,如发现现场状态变化与预期偏差超出制定范围,则调整方案,即调整工情,返回步骤(2)重新生成调度方案或提醒用户干预。

(9)在调度周期内反复执行以上过程,直至调度目标最终实现。

调度目标实现后对以上调度过程进行综合分析评估,生成新调度方案并存入调度预案库。

调度方案执行结果评估,主要是对实测水位过程变化曲线与预估水位过程变化曲线进行比较分析。

4 建设过程与实践

2005年2月底,项目主管部门正式启动原系统改造工作。通过对多家公司上报的建设方案的严格筛选,上海某资深信息化建设公司提供的方案获得通过,项目总控制造价100万元。项目从2005年8月正式开始,到2006年5月,“新浜泵闸智能调度系统”同原监控系统的数据传输、责权分界等功能全部实现,经长期实践检验,两系统数据传输通畅、运行稳定。2006年7月,初步实现水力模型与调度系统的对接。2006年11月,项目外业作业基本完成,船只安全控制系统通过现场测试,解决了水力模型计算稳定性问题。2007年3月,“新浜泵闸智能调度系统”最为核心的决策支持系统初步开发成功,随后又经过数月的调试、修改及连续试运行,各部分功能运行稳定。2007年5月,项目主管单位邀请多位自动化领域的专家召开现场咨询会,与会专家通过审查系统设计方案、现场测试系统运行效果等途径对系统总体性能做出较高的评价,各位专家在提出几项比较中肯的改进建议的同时一致认为项目建设目标基本实现,总体上已经具备验收条件。2007年6月,该项目正式通过验收并投入运行。从目前运行状况来看,安全控制系统工作正常,反应迅速;数据接口系统状态良好;数模计算及决策支持系统运算稳定,计算结果基本准确,自动预案生成比较合理。值得一提的是,2007年夏季,上海遭遇“韦帕”台风,松江地区普降暴雨,本系统成功经受突发天气考验,各子系统运行稳定,生成的防汛预案比较合理,尤其是根据系统计算出的预降水位为有关领导在防汛决策中提供了重要的参考依据。

5 成果和建设经验

上海市松江(新浜镇)圩区泵闸计算机控制系统智能化改造工作起点高、造价低、难度大、工期紧,加上行业内无先例可参照,在整个建设过程中,建设单位与承建单位遇到了许多困难,在全体参建人员的共同努力和刻苦攻关下,该项目最终获得成功。总结该项目的建设过程，有几点成果和经验可供行业内领导、专家相互借鉴参考：

(1)该项目在国内水利自动化建设领域较早地实现了智能化决策、自动化控制在工程实践中的具体应用，为我国水利行业自动化控制技术的提升和发展做出了有益尝试。近年来，我国各地水利自动化建设领域成果不断，先后建成了一大批计算机控制系统、管理系统，但是，这些系统绝大多数只能解决远程计算机监控问题，形象的说，大部分的水利自动化建设工程刚刚解放了操作人员的双手，使得原有的人工操作改为机器操作，因此，控制中心管理员的责任变得尤其重大，对其综合素质要求也更高。而"新浜泵闸智能调度系统"在已经实现计算机远程监控的基础上，首次在系统内成功嵌入"水力模型"和"决策支持系统"这个运行着"双核"的"大脑"，使得原系统具备初步的智能和自学习能力，使原监控中心基本实现"无人值守"(考虑到系统初次建设，目前实际采用"有人看守"的工作模式)，目前此项技术在我国水利自动化建设领域处于比较领先的地位。

(2)该项目成功走出了一条计算机监控平台智能化升级途径。"新浜泵闸智能调度系统"前身是圩区泵闸计算机控制系统，原系统的建设单位与新系统的承建单位并非一家，两种系统的设计思路、软件构成、平台结构等完全迥异，如何实现新增调度平台与原监控平台无缝平滑连接是该项目建设者初期遇到的最大难题之一。经过多方协商，最终确定保持原监控平台不变，新开发数据接口模块，专门负责调度平台与监控平台间操作指令的双向传输及数据流记录。用这种方法，一方面成功解决了系统整合难题；另一方面也可明确分辨可能发生的误操作的责任方，该思路对其他各地的已建计算机监控平台的智能化升级工作应该能有所启发。

(3)科学、高效、有序的管理模式是确保项目成功的重要保障。"新浜泵闸智能调度系统"在施工时，原系统还处于试运行状态，两系统不同的承建单位带来了一定的施工干扰；另外，由于建设单位缺乏相关技术把关专家，如何把握施工过程中的技术难点也是影响工程质量的重要因素。为此，建设单位除了按照常规基建工程的管理经验，成立项目部并制定网络管理制度、落实人员职责、制定例会制度等，还针对本项目的特殊情况，及时调整施工网络图中的工序安排，将整个工作根据不同要求分割成块，在原系统试运行期间暂停有关工序的建设(如数据接口平台的调试)，其他无影响部分(如红外安全检测设备的制作、安装，决策支持系统的开发等)正常进行。另外，为确保系统建设方案的科学性和合理性，项目建设单位专家邀请了自动化控制领域资深专家作为本项目的技术顾问。实践证明，正是由于有一套科学的管理模式，对项目的顺利推进起到了非常重要的作用。

6 结语

"新浜泵闸智能调度系统"的成功建设为上海水利行业现有的计算机控制系统的升级改造提供有益经验和成功范例。但由于多方面因素，该系统还存在不少需要改进之处，其中比较突出的有两个方面：一是系统内嵌水力数学模型原先应用对象为大面积平原地区的水文参数模拟，将其直接用于新浜镇一个相对封闭的小圩区尚属首次，不少影响运算精度的边界条件都未得到充分率定；二是由于项目建设地雨日不多，系统防汛调度实际操作较少，因此系统自动积累的决策方案较少，系统的自学习能力未能充分体现。

下一步，一方面需要加强对现有水力数学模型在郊区河网地区的率定工作，以此来增强模型运算结果的精度，为科学决策提供更加高效、合理的数据；另一方面要加强本项目建成后的后期维护及管理工作，通过大量的实例操作及充分发挥系统的自学习能力来不断提高系统自决策的可信度。

参考文献

[1] 吴伟峰，刘静森．计算机自动化监控系统在新浜镇圩区的应用研究[C]//上海市郊区水利新技术论文集．郑州：黄河水利出版社，2005.

[2] 张维力．少人值守水电站计算机监控系统设计中若干问题的探讨[J]．水电厂自动化，2000(5)：15－19.

[3] 吴伟峰．上海圩区信息化建设的实践与思考[C]//上海市郊区水利新技术论文集．郑州：黄河水利出版社，2005.

[4] 许汉和．水电站计算机监控系统改造和实现“无人值班（少人值守）”运行方式的探讨[J]．甘肃水利水电技术，2005(2)：148－149.

[5] 徐立中，李文令，王慧敏，等．基于CIMS的水利枢纽体系结构及集成调度系统[J]．计算机工程，2003(17)：76－78.

[6] 刘静森，陈健，何伟．上海市新浜镇圩区泵闸计算机监控系统的建设经验[J]．科技资讯，2007(18)：85－86.

[7] 郭际康，付方明，周国胜，等．探索中小型水电站“无人值班、少人值守”运行模式[J]．湖北水力发电，2006(1)：69－70.

[8] 黄刚，马修真，刘龙．无人值守设备远程无线监测系统设计[J]．应用科技，2007(2)：58－60.

[9] 林宏．水利施工项目管理浅议[J]．江苏水利，2007(5)：14－15.

[10] 刘静森，王培兴，陈健，等．上海郊区水利设施运行管理自动化改造需要注意的问题[J]．水利科技与经济，2008(1)：19－20.

上海市郊区水利设施运行管理自动化改造需要注意的问题

刘静森[1]　王培兴[1]　黄海雷[1]　王富强[2]

（1. 上海市水利管理处；2. 宝山区排灌管理所）

1　概述

新中国成立以来，上海市郊建成了一大批水利工程设施，这些设施在防洪、除涝、供水、灌溉中发挥了巨大作用，为保障人民生命财产安全、促进经济社会的快速发展立下了汗马功劳。进入21世纪，按照上海市“四个率先”和“四个中心”的建设要求，上海市水务现代化发展要求随着时代的进步不断提升，新的历史条件下，“安全、资源、环境”相协调、“生态、科技、效益”相统一成为领跑上海市水务现代化发展的总体要求。

水务信息化是水务现代化的基础和重要标志，是上海市水务发展总体要求的具体体现之一。根据《上海市水务局信息化规划》，市水务系统拟用5～10年的时间，配合“数字上海”的建设同步推动“数字水务”，形成以三个平台（数据平台、网络平台、应用平台）为基础的水务信息化框架体系，实现水安全、水资源、水环境、水景观的系统化管理、自动化监测、实时化调度、科学化决策、网络化办事、规范化服务。

按照这个新要求，我市原有已建水利工程设施的运行管理模式大都已经跟不上水务现代化发展的节奏。因此，为了满足科学、合理、充分、有效地调度现有的水利设施（包括水闸、泵站等）以达到防汛、除涝、控制水源、改善水环境的目的，有必要按照计划，逐步对现有的水利设施的运行管理模式进行改造和升级，使其适应自动化综合调度的要求。

2　水利设施运行管理自动化改造进展情况

市水务系统高度重视市郊水利设施运行管理的自动化改造工作，提升郊区小型农田水利工程的管理水平。早在1986年，上海市就在近郊蔬菜喷灌工程中采用单片机控制，实现了定时定量自动化灌溉，2003年起又在金山区钱卫镇农业节水增效示范区开展现代化节水灌溉自动化控制的研究，多年来，上海市先后建成了金山区钱卫镇、新农镇、兴塔镇、金卫镇，松江区五厍现代农业园区、叶榭镇，青浦区香花镇胜利圩区泵闸自动化监控等多个试点项目。

经过多年探索和不断地总结经验，市郊水利设施运行管理自动化建设水平不断提升：20世纪90年代，市郊水利设施自动化管理水平还停留在相对简单的封闭园区自动化灌溉技术上；到21世纪初，个别区县已经在小范围圩区内成功开展远程泵闸监测试验；2004年开工建设的上海市水闸泵站计算机自动控制系统开始了我市较大规模群闸群泵远程控制试验，到2006年该系统各子项目陆续建成，作为其中子项目之一——松江（新浜镇）泵闸计算机监控系统更实现了多年来水利设施自动化改造只监不控的历史性突破,也标志着上海市水利设施自动化运行管理改造工作迈出了一大步;2005 年,在松江(新浜镇)泵闸计算机监控系统的基础上,上海市水务局继续追加投资,通过向原监控系统嵌入圩区水文调度模型、新增智能调度平台等途径,将原系统的功能从简单的远程监控一步升级到代表当前自动化控制领域先进水平的智能化决策、自动化控制阶段,2007 年上半年,该系统完成所有建设内容并顺利通过系统内专家组验收,该项目的成功建成为奠定上海市水利设施运行管理自动化建设在全国的领先地位夯实了基础。

3　需要注意的几个问题

尽管上海市近年来在郊区不少区县陆续开展了水利设施运行管理自动化改造试点工作,但是同遍布市郊 6 200km^2 土地上的大量水利设施相比,这项工作才刚刚起步,还有漫长的路要走。这些已建成的试点项目,正好为下一步大面积开展此项工作积累经验。总结近年来开展的自动化建设项目取得的经验和教训,有几个问题应该引起决策者和建设单位的高度重视。

3.1　自动化设备的稳定性问题

从目前已经开展的水利设施自动化建设项目实践情况来看,用来实现水利设施远程控制的自动化仪器大都直接采用在工业控制上广泛使用的标准设备。这些设备的共性是精细复杂、对工作环境和维护人员的素质要求较高,而水利设施一般都分布在野外,工作环境比较恶劣,由此导致自动化仪器频发故障。以目前开展的水利设施自动化建设中被广泛使用的硬盘录像机为例,该设备主要收集探头视频数据进行压缩、存储并能够通过路由设备同监控中心实现双向数据交流,是实现远程监控的关键设备,该设备对工作环境的温度、湿度要求较高,尤其是对输入电流、电压相当敏感,而郊区的闸站一般无控温、控湿条件,其接入电源的质量不高,电压起伏较大,这就极易造成设备故障甚至损坏,此类实例在工程实践中屡见不鲜;再以光纤收发器为例,该设备在以光纤信号为通讯方式的远程控制系统中广泛使用,主要负责光电信号的转换,但是目前市场上的主流产品的极限工作温度不超过 60℃,而在大部分没有空调的闸站管理房内,在高温季节,该设备的周边温度轻易就能超过工作极限温度而导致烧机情况的频频发生。诸如此类的例子还有很多,这些设备往往价值不菲,而使用数量也比较大,如果不引起足够重视,将极大增加项目建成后的后期维护费用。因此,在今后开展类似建设项目时,建设单位在招投标阶段就应该要求投标单位具备承接现有自动化仪器适应性改造能力。

3.2　建设标准和目标问题

据统计,目前上海市郊共有圩区 361 个,灌排泵站 7 909 座,水闸 1 666 座。这些水利设施在郊区 6 200km^2 范围内星罗棋布,但是单体设施体量较小,各处水利设施因其所处的地理位置不同对经济社会发展所起的作用也不一致,部分位于圩区外围的水利设施由于担负圩区整体安全,其重要性和安全要求明显高于圩区内一般水利设施。有鉴于此,上级管理和决策层在提出水利设施运行管理自动化改造项目时,因针对施工对象对经济社会发展的重要性差异,提出相适应的建设标准和改造目标,切不可一味求高、追新。例如,在对关乎人民生命财产安全的圩区外围闸泵自动化改造过程中,应该按照“安全、稳定、可靠”的总体要求，制定较高的建设标准，尤其要在招标文件中强调技术方案的可靠性、稳定性和安全性，确保改造后的系统在多种恶劣条件同时发生时的正常运行。对此类水利设施的自动化改造目标，能“控”是第一要素，“无人值守”、“智能化”等较高的自动化控制目标可以视具体情况作为参考目标：对具有示范意义的个别泵闸可以作为建设目标，使其具备相应能力，但不可放弃人工干预；对大部分泵闸而言，应根据实际情况，将主要建设资金用在购置高可靠度的设备和建设方案的优化上。一些比较先进的自动化控制项目在立项时应该选择水文条件较好、防汛压力较小的圩区非重点水利设施上开展试点工作。

3.3 高科技设施的防盗问题

水利设施运行管理自动化改造必然要购置大量自动化仪器设备，这些设备价值不菲，大量安装于地处荒郊野外的泵闸管理房内很可能被盗。从目前工程实践来看，这种担忧不仅仅在工程运行过程中普遍存在，许多工程从建设开始就一直深受其扰。不少工程在建设过程中屡屡发生线材被偷、光缆被剪的情况；在工程建成后，又常常发生电机被盗、设备被毁等恶性案件，这种问题得不到解决，我市水利设施管理现代化进程必将受到严重牵制。分析目前水利设施自动化改造工作出现的失盗问题，上级决策层在接受相关单位的水利设施运行管理自动化改造申请时，就要严格考核其安全保障能力，对没有此项能力的建设资金又偏紧的项目暂时不予审批；在项目招标中，要对投标单位提出安全设计方案，在标书评审时，专家组要严格把握安全设计方案的可行性和有效性；在建设过程中，建设单位要督促承建单位规范施工，确保施工现场人员、设备的安全；在建成后的运行维护中，设施管理部门要制定严格的工作制度和值班制度及自动化运行闸站的巡查制度。只有从各个环节抓起，不给盗贼以可乘之机，才能将设施防盗工作的隐患消灭于未然。

3.4 输入输出数据的标准化问题

按照上海市水务系统建设“数字水务”的要求，将来，分布于市郊各地的若干水利设施自动化控制项目都将纳入全市水务设施综合调度平台。目前，各地已建水利设施自动化改造项目的施工单位各不相同，技术方案千差万别，输入输出数据格式各异，这种情况将极大地阻碍将来的分系统整合。因此，在市郊水利设施运行管理自动化改造项目尚未大规模铺开前，制定出一套规范化的数据输入输出规范尤其重要而迫切。目前，上海市防汛信息中心已经着手此项工作的调研，并对各地已经接入市防汛信息中心的自动化系统的数据交换提出了一些统一的规范要求。这项工作目前刚刚起步，实际操作中还可能遇到各种各样意想不到的问题。就目前已经碰到的情况来看，在自动化系统标准化问题上有三方面问题尤其需要引起足够的重视：一是涉及水文调度的雨量计要经过水文部门率定，水位计、高程参考点要与市级防汛部门引用数据的参照点一致；二是分系统内部设备引用 IP 地址码段要符合上级部门的分配要求；三是分系统控制软件内部涉及数据输入输出的模块要按照 IT 领域通行标准编程，以便于后续维护、升级人员的运行、改造之需。

3.5 日常维护及费用问题

多年来，从上海市郊建成的多个水利设施自动化控制项目来看，维护的难度往往高于建设的难度。其难点着重表现在三方面：一是运行经费不足；二是维护人员素质不高；三是设备更换费用居高不下。不少地区的政府主管部门或因重视程度不够，或因财力不足，对辖区内水利自动化项目支持力度不够，不少地区在完成一次性基建投入后无法申请到后续运行经费,而导致系统最终瘫痪;不少基层水利设施位于边远城镇甚至荒郊野外,其恶劣的工作条件让不少高学历人员望而却步,由此造成不少门外汉操纵高科技设施的尴尬局面;一些地区在实施水利设施自动化改造时一味追新、求高,将建设标准制定过高,建设过程中购置的价值高昂的设备一旦发生故障,其更新费用无法承担,由此也造成了不少浪费现象。针对这些情况,在下一步推进水利设施自动化改造工作中,各级政府主管部门在接受立项申请时,要按照自身财力情况量力而行,优先批准那些具备后期运行保障能力的项目先行建设;对地方财力困难,而建设热情较高、工程实施必要性较强的地区,应在项目立项前同地方主管部门制定好详细的运营维护机制和费用分摊机制。建设单位在施工过程中,要加强督促承建单位同步抓好后期运行维护人员的上岗前培训工作,系统建成后,还要与承建单位签订一定期限的技术服务合同,以确保系统的长效运行。

4　结语

随着市郊一批水利设施运行管理自动化建设试点的陆续建成,下一步,全市水务现代化建设进度必将大大加快。这项工作科技含量较高,单位投资较大,一旦全面铺开,个别问题的疏忽极有可能造成巨大的人力、财力的浪费,因此我们应该抓住每一个试点项目的建设机会,认真总结建设经验,不放过建设过程中发现的每一个小问题,尽最大可能确保全市水务现代化加速推进过程中少走弯路。

参考文献

[1] 宋元胜,邓华,王根喜. 泵站自动化典型设计[J]. 中国水利,2007(1).

[2] 袁阿华,张金仁. 水电站微机保护监控综合自动化系统技术总结[J]. 中国农村水电及电气化,2006(6):49-53.

[3] 孙洪滨. 对水利工程自动化管理的思考[J]. 治淮,2004(3):23-25.

[4] 周小庆,唐鸿儒. 泵站自动化技术研究[J]. 水利水文自动化,2003(4):35-38.

综 合 研 究 篇

2007年"罗莎"台风的几点启示

黄 锋[1] 徐 华[2]

(1. 金山区水利管理所;2. 金山区水利质监站)

1 "罗莎"台风概况

2007年第16号台风"罗莎"于10月2日8时在菲律宾以东洋面生成,10月3日发展成为台风,4日2时加强为强台风,10月5日凌晨2时加强为超强台风,中心气压925hPa,近中心最大风力近16级(55m/s),以15km/h左右速度向西北方向移动。10月6日15时30分在台湾宜兰县沿海登陆后在台湾东部沿海逆时针打转,于6日晚22时30分两次在台湾宜兰县到貂角之间沿海登陆,登陆时减弱为强台风,7日凌晨进入台湾海峡北部并减弱为台风,7日17时减弱为强热带风暴,8日2时减弱为热带风暴,7日17时30分在苍南霞关镇附近的浙闽交界处登陆,登陆时中心气压985hPa,近中心最大风力33m/s(12级)并以15km/h左右速度向偏北方向移动,8日17时30分在浙江三门湾进入东海。

2 "罗莎"台风特点

(1)登陆时间晚。"罗莎"是新中国成立以来第4个在10月份登陆浙闽一带的台风,登陆浙江时间在10月7日,比历史纪录晚3天,按照一般规律,秋季台风多为偏南西行或偏东北上,根据历史记录,10月份在浙江登陆的台风极为少见,新中国成立以来只有2只,分别是1961年10月4日的26号台风和2005年10月2日的"龙王"台风。

(2)路径诡异,无法预测。"罗莎"受到大陆高压及台湾地形等因素影响,路径较为复杂,曾经出现过两次诡异现象,6日下午15时30分在台湾宜兰登陆后,"原地踏步"了一些时间,此后在台湾诡异地画了一个逆时针的圆圈,打转近7小时后又在台湾二次登陆。此后,"罗莎"进入台湾海峡,又出现了先向正西、后向正北急转的过程。历史经验表明,越是路径怪异的台风越容易成灾。

(3)强度大,影响范围广。"罗莎"在未登陆台湾之前,一度加强为超强台风,气势汹汹,后又相继减弱为强台风和台风,台风级强度保持近90小时。此外"罗莎"影响范围之广,也是2007年历次台风之最,7级风圈半径达550km,10级风圈半径200km。

(4)持续影响时间长。上海市防汛指挥部10月7日13时发布防汛防台黄色预警信号,9日6时才得以解除,防汛防台警报总计“悬挂”了41小时,为近年罕见。由于受陆地地形地貌等因素影响,台风在登陆后,风力减小,中心移动缓慢,甚至总是在一个地方停滞徘徊。这样就增加了台风的影响时间。而且暴雨一连几天几夜地倾泻在同一个地区,暴雨造成了极大的灾情。“麦莎”台风影响时间长是由于台风登陆后的低压中心一连几天在那里停滞所造成的。

(5)局部降雨强。此次台风期间,风力不大但正值北方冷空气南下,台风外围云系和冷空气云团相互交汇、相互渗透,形成叠加效应,上游浙江普降特大暴雨,最大降雨量为苍南昌禅544mm,为历年来少见。受“罗莎”与冷空气交汇影响,冷暖气流结合产生的小范围最强聚合区,正好处于杭州主城区上空,3小时雨量即达117mm,创下历史上短时最强降雨纪录,降雨量甚至远远超过当时台风中心区附近雨量。台风对我区的影响主要是在登陆后的第二天。金山过程总雨量114.6mm(最大的漕泾为149.2mm)。上海其他地区如沪郊南汇芦潮港地区过程总雨量最高达332mm。

(6)高潮位高。受台风及降雨共同影响涨水,黄浦江上游潮位偏高,市防汛指挥部发布了今年第一次米市渡高潮位红色警报,上游米市渡潮位达到4.21m,超过警戒水位0.71m,为历史第三高潮位。

3 “罗莎”台风的几点启示

由于受厄尔尼诺、拉尼娜现象及全球气候变暖等影响,台风更加难以预测。此次台风路径怪异,登陆时又正值北方冷空气南下,相互顶托,影响了台风消弥时间,增加了降雨强度,杭州市区日降水量达到191.3mm,遭遇40年一遇内涝,致使21万人受灾。而随着我区经济翻倍式发展,一旦受灾造成的损失也将成倍增加,根据防汛“三不怕”原则,有以下几点启示。

(1)未雨绸缪,充分准备。牢固树立防大汛、抗大灾的思想,以宁可信其有、不可信其无的心态,修订防台预案,建立应急队伍,加强设施设备维护,确保各类防汛设施处于良好的运行状态,做到一旦出现汛情,就能开得动、排得出、关得下、挡得住。台风来临前,一定要进行水位预排空,降低内河水位,腾出库容,提高台风来临时河道的蓄洪能力。

(2)加强建设,提高设施设备防汛能力。一方面,陆地蓄水能力大大减少。农田本身具有蓄洪功能,而由于经济建设的快速发展,大量的农田消失在城市建设中,其他的部分农田因为种植经济作物而无法承受水淹。原来的防汛排涝设计是按照农田排涝模式设计,现在已远远不能满足金山建设国际化工城对防汛安全的要求。另一方面,由于上游都已建设拦河水利工程,改变了河道的纳潮能力,上游水利工程的排涝又增加了下泄水量。我区的防汛排涝设施承受能力在日降雨量200mm以下。所以,必须从以下几方面提高我区水利工程的蓄洪及防汛排涝能力:

一是沟通河网水系。我区河道网络还存在排涝瓶颈,此次台风中,龙泉港出海闸排水过程中,龙泉港河道水位坡降明显,但沿河支流水位下降缓慢,所以骨干河道以及沿线支流须进一步增扩,建立分级骨干河道为主、小河道排涝为辅的河网排涝体系。

二是提高水面积率,增加蓄水能力。除增扩骨干河道外,还可开挖生态型大湖泊,一可解决蓄洪问题;二可提高水网自净能力,解决日益增长的水质污染问题;三可解决金山居民的饮用水备用水源地问题(原黄浦江上游水源地处于开放式、多功能、流动性水域,水质不稳定,且易受突发性水污染事故的威胁。而长江口陈行水库库容偏小,避咸蓄淡能力不足,一年受80次咸潮威胁,青草沙水源地也有类似问题,还有蓝藻威胁)。

三是提高新建水利工程的设防标准。北线叶榭塘水闸等,其防洪标准都是20年一遇,其外河设计高水位为4.25m,而此次台风实测闸口外河水位高达4.20m。此次台风对我区的影响主要是高潮位和降雨。一旦出现风暴潮,能使水位进一步提升,如1997年的第11号台风曾使黄浦江发生300年一遇的高潮位,风暴潮与天文大潮高潮位相遇,产生高频率的潮位,导致潮水漫溢,造成大量人员伤亡和财产损失,所以需提高新建水利工程的防汛挡潮标准。

四是增加排水动力。现在浦南东片龙泉港出海闸、张泾河水闸和叶榭塘水闸等水利排涝工程主要还是依靠闸口内外河潮位落差自排,受限于外河潮位涨落。一旦黄浦江出现持续高潮位,就会造成北线群闸无法实施自排,而北线小支流乡村河道上的排涝泵站也受自身排涝能力和管理的限制,无法发挥整体效益。如果出现高强度降雨,只能受淹,所以应在北部骨干河道上建立一些大型双向动力泵站,与骨干河道一起发挥排涝的网络效益。一方面提升北部防汛排涝能力;另一方面在内河水质恶化时,可进行紧急调水,改善区域水质。

(3)解决边界遗留问题。金山台风过程总降雨量为114.6mm,总体不大,但在实施排涝以后,水位仍居高不下,分析原因,主要是上游来水通过黄姑塘进入金山东片,所以需尽快启用黄姑塘水闸。

(4)设立引排水安全区。考虑骨干河道多为航道,为确保排涝通道畅通,在水闸排涝区域设立引排水安全区,减少通航对引排水的影响。

崇明岛南沿滩涂的绿化改造工程

黄敏俭　郭景浩　沈　雄

（崇明县水利工程管理所）

崇明岛是典型的冲沙淤积岛，伴随着长江上游每年4.7亿t的泥沙和几十年来水道的变迁，形成了崇明西塌东涨、南冲北淤的现状，也使崇明的滩涂资源呈现不断的变化。

1　滩涂的现状

自新中国成立以来，崇明岛经历了几十次的围垦，岛域面积不断增加，但由于南沿滩涂总体呈坍塌趋势，故南沿现有滩涂资源不断减少，滩涂宽度从50～600多m不等。目前，南沿的滩涂是"八五"大堤以后形成的，当时进行了种青，芦苇长势良好，但进入20世纪90年代中后期这一带的芦苇呈衰败趋势，原因基本有三个：①一般芦苇的生长周期是15年。经过15年的演变，原本肥沃的滩涂逐渐熟化，加上受潮水的冲刷黏土减少，土质变硬，微生物逐渐向较低滩涂迁移，滩涂就慢慢失去其作用。②由于20世纪70年代，部分居民对南沿三沙洪至绿华城东桥一带1 000hm^{2}滩涂自发进行围垦，严重破坏了有限的滩涂资源，阻断了滩涂生物链循环。虽然，崇明县委县政府经过考察论证在2001年毅然对这一带滩涂实施了退圩还滩，但退出来的滩经过30多年的演变土地基本熟化，已完全失去滩涂的作用，且通过不断的培修加固，这一带的滩涂高程普遍超过3.5m；③20世纪八九十年代，工农业污水缺少统一管理，随意排放，直接对滩涂作物及生物群造成毁灭性打击，加速滩涂的老化和影响芦苇的生长。

2　滩涂绿化改造的提出

结合崇明岛的总体开发和生态岛的定位，南沿部分的环境改造势在必行。其一，环境要优化离不开水质量的提高、空气的清新；其二，居住要人文化离不开环境的合理布局；其三，发展离不开居住的舒适性。而南沿已经退化的这部分滩涂正好可以弥补崇明南部城镇较多、人口密集、工业集中、污染相对较重、空气质量较差、土地分散且较少这一发展的瓶颈，可以通过对这片土地进行绿化改造达到：①为整个崇明南部塑造"绿肺"，营造天然绿色氧吧，极大地改善空气环境，又因紧邻居民区，成为人们日常游憩休闲好去处；②减轻工业与生活污水的污染，涵养水源，净化水环境，改善水质，极大地保护现有的滩涂生物，促进滩涂的健康循环；③绿化成林后，这片滩涂将呈现一片宏伟的景观带，吸引鸟类驻足栖息，结合海塘达标工程，成为旅游观光好景点。在这种前景下，一个伟大的构想和尝试孕育而生。

3　滩涂绿化改造工程的实施情况

根据目前南沿滩涂的实际情况，将其分为两个区域：一是保护目前仍良好的滩涂，继续发挥其湿地作用，并在白水滩上也进行不断的种青，同时修筑丁顺坝，继续促淤和保滩；二是将芦苇衰败和土地熟化的地区进行植树绿化。具体分三个阶段：①试验期；②推广期；③全面实施期。

3.1　试验期

试验期从20世纪70年代起至2000年，具体种植情况见表1。目前总体长势一般，滩涂高程较高地区生长良好。

表1　试验期种植情况

站名	地段	面积（亩）	树种	数量（棵）	年份
绿华	桩号226+300—8+000	61.5	池杉	6 830	1981
城桥	县苗圃西侧	2	池杉	220	1994
竖河	桩号50+000—56+800	222	池杉	13 700	1978、1992
	桩号50+200—61+050	36.4	水杉	2 130	1976
	桩号50+200—57+800	7.5	水杉	430	1976
	桩号62+300—65+500	50.3	池杉	3 100	1997
向化	桩号72+000—77+500	43	池杉	2 310	1987
	桩号77+500—80+500	117	池杉	9 878	1992
	桩号83+500—88+700	276	池杉	46 092	1998
小计		815.7		84 690	

注：1亩＝0.067hm^2。

未实施绿化的大堤外滩涂见图1。20世纪70、80年代营造的水杉林、池杉林分别见图2、图3。

图1　未实施绿化的大堤外滩涂

图 2　20 世纪 70 年代营造的水杉林

图 3　20 世纪 80 年代营造的池杉林

结论分析:①种植历时长,早期以本单位职工自发零星种植为主,地块分散,不具规模;②重种轻养,实行粗矿放任型,病虫害防治又缺乏经验,芦竹收割季节人为毁坏严重;③立地条件差,处于芦苇生长旺盛期,树木生长受抑制,幼苗期间缺乏光合作用且病害较多。这一时期的资料由于历时长,地块分布不同地段,优胜劣汰,故现存数据虽然有限但却具有代表性。

防风消浪作用:以种植较早现已成林的绿华地区为例,平常芦苇滩平均风力 1.57m/s,而种植池杉的滩涂平均风力 1.37m/s,可见有池杉的滩涂比芦苇滩的风力减少了 30.5%。台风期间池杉林滩涂比白水滩消弱风力 17.1%,池杉林滩涂比芦苇滩消弱风力 5.6%。

3.2　推广期

时间从 2001～2003 年,根据试验阶段得出的数据,我们进行了较有针对性、有步骤的推广。种植情况见表 2。

表 2　推广期种植情况

站名	地段	面积(亩)	树种	数量(棵)	年份
绿华	桩号 226 +220—228 +900	270	池杉	73 480	2001
	桩号 0 +000—1 +200	171.3	池杉		
城桥	桩号 23 +200—24 +500 桩号 33 +000—33 +500	185	池杉、杂交柳	30 895	
竖河	桩号 50 +000—59 +600	15.8	池杉	1 754	
绿华	明珠湖外平台	29.3	重阳木	3 252	2002
向化	电力哨所一线	402.8	池杉	44 755	
绿华	明珠湖外滩	67.5	池杉	11 205	2003
小计		1 141.7		165 341	

注:1 亩 =0.067hm^2。

推广前提:①芦苇生长呈衰败地区;②滩涂相对熟化地区;③利于排灌地区。

推广措施:①加强养护和病虫害防治;②做好造林绿化宣传工作,减少人为损毁;③芦苇收割季节加强巡查，发现损毁及时制止；④做好详细的种植及生长记录。

推广结果：总体长势良好，目前已基本成林。①2001 年绿华地区种植的池杉已全部郁闭，部分达到工程苗标准，现在正根据实际情况进行抚育性移栽。城桥地区的杂交柳胸径普遍达 6.1cm 以上，春夏季节基本呈现景观效果。②2002 年绿华明珠湖地区种植的重阳木长势喜人，已分别于 2004 年、2005 年进行了有计划的抚育性移栽，以利于其继续生长。向化地区的池杉成活率在 90% 以上。③2003 年种植地区原为鱼塘，立地条件差，且不易排水。据这一情况，决定在原较低的地方保持鱼塘现状，并对鱼塘进行修整，开排水沟与滩涂连接，林地内开排水沟与塘相通，这样就可在旱季方便浇水，雨季及时排涝，保证树木成活率，同时又增加了观赏性，一举两得。

2003 年种植的池杉林见图 4。2004 年种植的杂交柳林见图 5。

图 4　2003 年种植的池杉林

图 5　2004 年种植的杂交柳林

3.3　全面实施期

全面实施从 2004 年开始，种植情况见表 3。在推广获得成功的基础上，结合推广期的实际情况，大胆提出：

表 3　全面实施期种植情况

地段	面积(亩)	树种	数量(棵)	年份
新建水闸外口至航环西侧	1 516.4	杂交柳、重阳木、乌桕、乔桑、喜树等	335 294	2004
新建港西 14 坝至桩号 99 +000	3 666	中山杉、落羽杉、重阳木、金丝垂柳等	608 556	2005
小计	5 182.4		943 850	

注：1 亩 = 0.067hm^2。

(1)适地适树，即地势较低，采用常规的耐湿树种，如池杉、杂交柳；对地势相对较高和土质相对疏松地，适当丰富树种，做到林种搭配合理，防止病虫害大面积发生。

(2)在树种多元化的基础上实行交替种植和混合种植，营造近自然的森林效果，缓解条块种植中的争光争肥现象。

(3)不改变原有滩涂面貌，即树木种植后只对树苗周围 50cm 范围内的芦苇、杂草进行清除，而其余芦苇仍自然生长，让树木和芦苇协调生长，待树木郁闭成林后再自然淘汰。

这样做的好处如下:在大风大潮及灾害性天气的情况下既可保护滩涂的水土流失,起防风固沙作用,又可避免风浪对树木的直接危害,保证树木的正常生长。

(4)排水沟的开掘,在2003年的基础上进行完善,即对向滩涂外的排水沟实行断头沟(不开通),从而有效避免潮水的冲刷形成新的港阴,人为地破坏滩涂的整体性。

结果:2004年种植的9种树种全部成活,未发现大面积病虫害侵袭,经验收成活率达90%以上,目前长势良好。2005年种植的品种多达20余种,错落有致,视觉效果良好,目前在养护期。

4 滩涂绿化改造工程的利用与开发

南沿滩涂的绿化目前已初具规模,接下来将紧紧围绕崇明生态岛建设总体规划(见图6),形成比较有特色的旅游、休闲、景观区域。图7为防汛堤上形似岛屿的建筑。

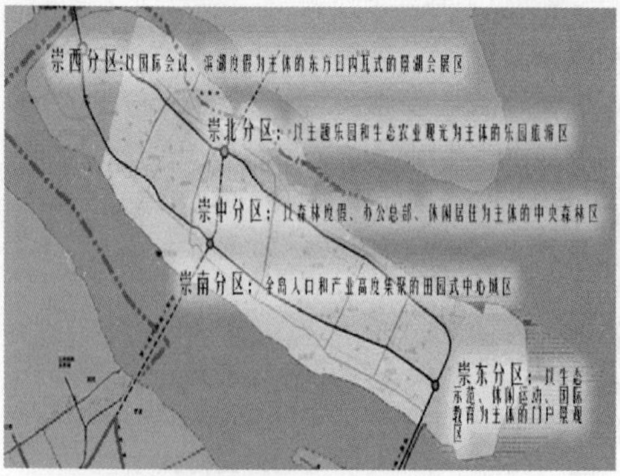

图6 崇明岛生态岛建设总体规划

图7 防汛堤上形似岛屿的建筑

(1)旅游特色区:中心地段为崇西水闸至明珠湖。紧扣崇西分区滨湖度假和生态休闲的定位,以崇西水闸为中心与绿华地区橘园水乡连成一片;以明珠湖为主轴,规划中大堤外侧的东风西沙东西端将筑两道实体坝结合明珠湖形成崇明最大的人工淡水水库和滩涂湿地公园,大力发展旅游资源。

(2)休闲特色区:中心地段为庙镇镇至向化镇。紧扣崇南分区的"一城五镇",即以崇明新城为龙头,分别实现陈家镇、向化镇、堡镇镇、新河镇、庙镇镇五大集镇,利用海塘达标工程将这一区域建设成为人们工作之余减负和日常休闲观光的好去处。

(3)景观隔离区:中心地段为陈家镇地区。这一地块将是沪崇苏通道崇明入口处,随着崇明发展的需要,通道建成后进出崇明的车辆会不断增加,给我们生态岛的建设带来压力,对这一地段实施造林一可形成入岛标志性景观带,美化环境;二可尽量减少这一地区的大气环境污染,为整个崇明东部的发展提供优势。

看如今,百里江堤滩涂,林带滴翠。展未来,崇明将成为上海最优美宜人的"海上花园"。

对崇明岛引淡(水)工程的建议

徐建英[1]　黄力飞[1]　张振声[2]

(1. 崇明县河道管理所;2. 上海市崇明滩涂生物研究会)

崇明岛四面环水,历来以水为命。水造就了崇明岛,也养育了崇明人。崇明岛形成发展的历史,就是一部人与水斗争的历史。崇明岛的祖辈为了生存和发展,在治水引淡(水)中,创造和积累了无数宝贵的经验,特别是崇明人民引淡(水)工程,既是一部催人泪下的心酸史,又是一部锐意创新、开拓奋进的科学发展史。

1 "饮水思源"的回顾

新中国成立前的崇明岛,"黄岸"(北沿第一代官办老海塘)以北大片土地均为新涨滩,遍地是芦苇草,澎蜞洞。"涨潮一片水汪汪,落潮一片白茫茫",太阳一晒,地表出现一层层盐碱花,拓荒者称之为"生田"。当时,崇明岛南沿北沿各有40多条引水港汊河道,但是南北互不相通,形成南北两重天。北沿咸潮包围,人们吃的是粗杂粮,喝的是"泥井水",又苦又涩,无法下肚;南沿人喝上了"潮来满沟水,潮落底朝天"的"潮白水",能引淡水种水稻,百姓可吃上"两米粞饭"(一半大米,一半玉米粞)。

新中国成立后,在党和政府的正确领导下,崇明大力兴修水利,并港建闸,河道疏通,逐步实现了南引北排,引淡排咸,从而打破了"北沿人"、"南沿人"的分界线,百姓基本都能喝上了"潮白水"。家家户户厨房内必备一只水缸、一根内藏明矾的搅水棒。水缸内的潮白水,经搅拌后,沉淀一昼夜,第二天人们就可喝上干净的淡水了,且大部分耕地也能引淡水种水稻了。

到了20世纪70年代,人们尝到了"五小工厂"带来水质污染之苦,同时也尝到了"井水"的甘凉。由国家贴钱,集体组织,在全岛范围内开展了"一户一井"的改水运动。崇明百姓摆脱了喝"潮白水"、"明矾水"的时代,喝上了清澈、便捷的农家砖井水。

时代的车轮转入80年代,继南门、堡镇率先兴建自来水厂后,崇明人又开始了新一轮的饮水革命。经过20年的拼搏,如今已实现了"一镇(乡)一厂",家家户户都喝上了经过消毒、过滤的自来水。但由于自来水厂的取水口均在内河之中,全年仍有半年以上时间喝的是半咸半淡的自来水。

2 咸水包围的困境

崇明岛内地势平坦,河网密集,根据崇明岛总体规划和岛域水系特点,对岛内河网水系布局。经过多年的整治、完善,已构成了"1环、5湖、29竖、27闸"、"南引北排"、"西水东调"的引排格局,这是建设生态岛的独特优势。然而我们也清楚地看到,崇明岛的引淡(水)工程还任重而道远。

2.1 岛域咸水包围格局

近年来,由于长江三峡、南水北调工程相继开工建设,对处于长江下游端口的崇明岛产生了很大的影响,来水量的骤然减少,使得依岛而分的长江南北支的淡水遭遇强劲的涨潮流入侵,海水化程度不断上溯。根据水文部门资料,2000年以来,长江枯水期北支咸潮倒灌南支直达新建港口以下,南支咸潮上溯至庙港以上,形成包围全岛之势。北支几乎全年都处在咸潮之中,南支也有半年时间的咸潮入侵。

2.2 岛内河道引淡能力递减,饮水质量严重超标

由于崇明河道水系属长江的子系统,又受半日潮的影响,全县29座水闸24小时开启闸门进出船只两次,前后约两个小时之久。内河水质的咸度直接受全岛外围超标影响,从而导致崇明大小水厂的取水口咸度的升高、饮水质量的超标。

2.3 崇明内河水质偏差

根据崇明水资源普查报告(2001年11月),崇明内河水质以Ⅲ、Ⅳ类水为主,水质不佳,尤其暴雨时,农田中的农药、牲畜圈内粪便脏物冲入河道,造成水质污染,水厂供水水质达不到国家引用水卫生标准。

3 引淡挡咸的尝试

3.1 "西引东排"的设想

20世纪20年代初,长江上游来水量有25%经北支入海。但根据"十一五"规划,崇明北滩湿地促淤圈围造地15 000hm^2。圈围工程的实施,将使崇明老滧港以东的长江、前进、堡镇北、四滧北、六滧北、八滧北、东旺沙等7座水闸封堵,同时闸外19座出港涵闸也由此报废,崇明岛水系南引北排的格局也由此而被打乱,因此提出"西引东排"的设想。位于崇明南横引河西口的3孔12m的崇西水闸很快得到了上级部门的批准,2002年底开始筹建,2004年初竣工放水。当时对崇西水闸寄托值很高,认为可以实施"西引东排",从此崇明百姓"摆脱喝咸水"的困境了。崇西水闸的修建,对改善崇明岛西部引排条件是不可置疑的,对形成岛域循环水系起到了显著作用。但由于崇明地势平坦,沟河均为平底河道,水流靠潮汐比降流动,从崇西水闸引水至团结港全长77km,距离太长,又加上东滩又无大的出水口,团结港南北两座水闸孔径也只有10m,因此"西引东排"的设想从理论上和实践上均不现实。建闸初期,北支咸潮尚未倒灌,淡水是可以引进的,但2004年枯水期开始,长江进入北支的径流量不足3%,北支咸水倒灌直达新建港口以下。根据水文资料,新建港出现咸潮的天数由2002年0天发展为2004年的37天。因此,常年从崇西水闸引淡的设想,也不可能实现了。

3.2 "北支中束窄"方案

2006年7月12日,《解放日报》第2版报道了河道"瘦身"对付咸潮的"北支中束窄"方案,"用围垦造地的方式……缩小北支的径口,减少涨潮时北支下游潮汐入侵的动力,即可大大减少倒灌入南支的咸水"。对此,我们认为这个方案值得商榷。众所周知,造成北支倒灌南支的主要原因是长江三峡、南水北调工程修建后上游来水量骤减;其次是长江下游分叉口崇头转角河道自然束窄,水流不畅。何况南支咸潮也在上溯,仅仅时间长短不同。而且,长江北支上海与江苏省边界已定,如今圈围促淤"提供22万亩土地资源"工

程，就是按这条划定的边界线实施的，再束小北支的径口，启东方面就得抗议了。

实际也已证明，束窄可以增加圈围土地，但用来对付咸潮作用不大。据南通市水文资源局提供的资料，2001 年以来青龙港、三条港每年平均潮位提高 0.10m 左右，既增加了北部一线大堤的防汛压力，又影响了北口水闸的排涝能力。2002 ~ 2004 年，崇头北跃进水闸春季同期水质咸度对比：2001 年平均为 397 度，2004 年平均为 571 度，圈围后水质咸度提高了 143.8%。崇头南新建水闸氯化物超标天数 2001 年为 20 天、2004 年为 37 天，圈围后氯化物超标日增加了 85%。长江北支咸水倒灌的威胁不容忽视。

因此，报道中所写"长江中'束窄'的方案，不仅能让上海人'全天候'喝上纯净好水，还提供了不少土地资源"，这是不准确的，应该说：这个"束窄"方案能提供不少土地资源是真，让人们喝上纯净好水是假。

4 "咸尽甘来"的对策建议

国家将崇明岛定位建设生态岛，不只是崇明人的需要，也是上海构建国际大都市整体发展战略的需要；不只是构建和谐社会、建设新农村的需要，也是符合国际潮流的需要。如今"建生态岛、做生态人、喝生态水"的呼声越来越高涨。到底如何才能使崇明岛老百姓能"全天候"喝上"咸尽甘来"的纯净水呢？我们的建议是："挡、蓄、引"三字并举，才能"咸尽甘来"彻底摆脱咸潮包围崇明岛的困境。

4.1 挡咸闸

北支桥闸并建这是崇明岛引淡的根本。对此中国工程院院士陈吉余也有共识："北支问题是需要考虑的重要问题，建挡咸闸是一条重要思路"（2005 年 8 月 4 日）。具体办法是：在建造崇启、崇海大桥的同时，分别建造挡咸闸、挡泥沙的大水闸。桥闸一并建成，既解决了崇启、崇海口通道，又挡住了北支咸潮、泥沙向南支倒灌，彻底摆脱了崇明岛受咸水包围的困境；并采用涨潮闭闸，落潮开启的方法，利用水位落差的水动力，疏通航道、改善水环境，既创造了鱼类繁殖环境，又促进了珍稀鱼类的发展。抗旱时，东闸关闭还能拦蓄长江淡水，提供给饮用水贮蓄库，可谓一举多得。

4.2 蓄淡水湖

这是崇明岛引淡的"银行"。崇明有东西五大湖，特别是东风西沙夹洪打坝成库与明珠湖相通，辟建东风边滩人工湖，蓄淡水面积约 5km^2，再加上东滩湖面积约 7km^2，北湖和东平湖面积 12km^2，五湖总面积达 24km^2，既可蓄雨水，又可蓄淡水。五湖蓄水 3 ~ 7m 深，可蓄淡水容量 720 万 ~ 1 680 万 m^3，可供 7.5 万 ~ 17.5 万人全年饮用。

4.3 管道引淡

这是崇明岛引淡的命脉。崇明岛引淡水主干道，历来是依托河道引进，取水入厂，再由管道输水入户。其优点能就地取水，节省成本；而缺点是河水咸度大，河水污染，易渗漏，易蒸发，水质卫生指标不易控制。为此建议以崇西水闸为总取水口，沿南横引河自西向东直达东滩湿地，敷设 DN1 500 ~ 2 000 总输水管道，沿途敷设 DN1 000 左右的分水管道，串通五大蓄水湖和五大水厂（城桥、崇西、堡镇、陈家镇、崇北），形成一整套完整化、规模化、集约化的输配水网络。总之，以上三者必须同时并举，缺一不可，这样才可使崇明人"全天候"喝上纯净的好水。

4.4 引淡工程资金来源

我们建议实行“国家、企业、个人”三条渠道集资修建。

第一，向国家申请立项。崇明岛形成咸水包围的现状，既有天然因素，又有人为因素。前者因地球变暖，海水升高，随之咸潮上溯加速；后者因属三峡水库、南水北调工程的后遗症，理应由国家来统筹考虑。因此，建议由上海市政府出面向国务院申请立项投资建设。

第二，向圈围造地单位申请补偿。“北支中束窄”方案可提供 1.47 万 hm^2 土地，预计产生经济效益220亿元，因此由造地单位补偿一定损失，也在情理之中。

第三，可向崇明县当地企业、个人集资。民生如天，只要人人献出一份爱心，崇明人咸尽甘来，“建生态岛、喝生态水”的梦想成真就指日可待了！

参考文献

[1] 施欢恩，俞富斌，张振声. 崇明北滩湿地促淤圈围对水环境的影响和改善对策[R]. 2007.

[2] 崇明水资源普查办公室. 崇明县水资源普查报告[R]. 2001.

杭州湾北岸奉贤段滩涂演变分析

胡天英[1]　陈　凯[2]　白洪波[2]

（1. 奉贤区水利工程学会；2. 奉贤区海塘管理所）

进入21世纪以来，国务院提出建设节能型社会的要求，上海市政府也相应提出了建设上海节能型城市的工作要求。上海市水务局提出的"安全、资源、环境、生态"的治水方略，更强调了水利行业资源、生态的重要性。

奉贤滩涂成陆年代历史悠久，历代盛世修塘、筑塘，利民益民。奉贤的滩涂土地资源广阔，历次围垦为奉贤区的人民带来了丰富的物产资源，如奉贤海盐、奉贤对虾闻名于世。然而时过境迁，自20世纪80年代以来，奉贤滩涂逐渐被吞啮，岸线逐渐向内陆逼近。随着21世纪两次0m线的低滩围垦，奉贤的滩涂资源已十分有限。

为把奉贤区域有限的滩涂土地资源摸清，进行杭州湾北岸奉贤段滩涂资源调查与分析，以适应21世纪奉贤滩涂开发、海湾旅游、休闲景观、海湾码头等方面的需要，这是一件意义十分重大且是必须做好的工作。

1　滩涂成陆

杭州湾北岸奉贤段，西至漴缺，毗邻金山岸段；东至泄水槽接南汇岸段。在上海市奉贤区行政管辖境内，岸线全长31.6km。

杭州湾北岸是长江三角洲南缘组成部分。长江下泄的年均4.86亿t泥沙量，在长江口及杭州湾潮间带和潮下带形成丰富的滩涂资源。奉贤岸段在数千年的沧海桑田变化中，海岸线总体上处于不断淤涨前伸的动态（有时快、有时慢，间有局部陆沉又复淤涨的情况），境域面积不断扩大。至20世纪初，境内第一线海塘（奉贤彭公塘）外仍有十分丰富的可供围垦的滩涂资源。1955～1997年，在奉贤区（县）境内潮间带先后围垦18次，共围垦得滩涂面积11 314.51hm^2（约113.15km^2），占20世纪末奉贤境域总面积的16.46%。滩涂成陆历史如下：

6 000年前：奉贤滩涂与现状的南沙港线吻合，其有一条贝壳沙形成的"沙冈"，故沙港古名为"沙冈"。

4 000年前：奉贤滩涂与现状的南竹港线吻合，其有一条藻类夹泥沙的、暗紫带红色的土带，传曰"紫冈"，故南竹港古名为"紫冈塘"。

2 000年前：奉贤滩涂与现状的南横泾线吻合，塘线为嘉定、闵行、南桥、柘林一线。其时南横泾古名为"横沥塘"。随后长江口改道于今南通、扬州入海，给长江口两岸带来了丰富的泥沙资源。

公元8世纪：公元618年，崇明岛露出水面，迫使长江来沙分为东西向二股，奉贤滩涂淤涨快速，其时海岸线应在北蔡、周浦、航头、奉城一线，即古捍海塘线。

公元12世纪：公元1172年筑里护塘，其塘线在大团、塘外、柘林一线。

公元16世纪：皇佑里护塘线。公元1584年南汇修筑钦公塘，连接奉贤原里护塘海线，其接点为五墩涵水庙。此后，奉贤人俗称其为钦公塘线。

公元20世纪：彭公塘线。公元1884年南汇起筑彭公塘，奉贤随后分段起筑、连接，在里护塘南侧0.3~6km不一。塘名随称为“彭公塘”。

1960年：人民塘线。奉贤人民塘线起围于1955年冬，自东而西分为5段，于1960年正式筑就。其东起泄水漕、西至西湾路底，全长26.2km。

1974年：团结塘线。1974年春筑就，位于人民塘南，东起县界南汇县胜利塘，西连盐场塘，全长24.6km。

2003年：03里程桩线。依据市滩涂管理处的有关精神，把2003年现状第一线海塘的塘线定为03里程桩线。其东仍以团结塘线为基线，绕中港出海闸、海水养殖场海塘、东港塘，再绕南门港出海闸、金汇中塘、华电灰坝、金汇东塘，回绕金汇港出海闸，再经奉新六号塘、柘林东塘等绕至上海化工区海塘。塘线全长为40.245km。

2　基本情况调查

20世纪70年代后期起，奉贤境内岸段中港以东岸滩出现高滩冲刷剥蚀、堑坎内移的现象。其程度不仅纵向逐年加剧，且横向也逐步自东向西扩展，原有的堤外芦苇高滩连续被噬，可供圈围开发的高滩资源减缩。1993年，由奉贤县水利工程学会、华东师大河口海岸研究所、市水利局围垦处的10多位教授、专家联合组成课题组，对杭州湾北岸奉贤岸滩的冲淤演变进行为期一年的专题研究，结论是：杭州湾北岸线奉贤段岸滩10年来（1983~1992年）整体岸滩剖面和水下斜坡总体以冲刷为主，但冲淤变幅较小，无大冲、大淤现象，年际变化有冲有淤，而海床底面则相对稳定，是滩冲槽移型岸滩。

1997年以来，奉贤岸段滩涂有几次小规模的围垦和较大规模的工程促淤，而滩体总体上以冲刷为主的态势并未变化。多年来奉贤海塘管理部门注重观测、比较高程0m以上各条具有代表性等深线的位置变化，但对0m线以下的滩涂面积，尤其是各不同代表性等深线范围的滩涂面积缺乏翔实、精确的调查、统计；对本岸段内滩涂土地资源总量和其年际变化缺少明晰的、系统的量化动态掌握。因此，本次滩涂演变分析，旨在改变这一近似“盲区”的状况，达到以下三个目的：一是通过本次调查，翔实、精确地掌握各代表性等深线滩涂资源实况和年际变化，为判断奉贤岸段滩涂资源前景，更科学、有序地开发利用滩涂资源提供可信的基础资料依据，为工程建设、养护、管理提供依据；二是通过本次滩涂资源量和年际变化的调查、分析，为上级主管部门选择奉贤岸段工程促淤举措提供决策上的参考资料；三是通过对滩涂资源量年际变化的调查分析，可更直观地了解本岸段岸滩冲刷的趋势和程度。为此，根据不同地段情况将全线分为八段收集资料以供分析。

（1）化工区（03里程桩0+000~3+105）岸线长3 105m。该区域在1998年围垦，受潮水回流的影响，-1m线较快内移；-2~6m线相对较为稳定，滩涂处于隔年淤、蚀交替的状况。

（2）柘林塘（03里程桩6+268~8+168）岸线长1 900m，调查断面7条。该区域在2002年于0m线上建促淤工程，滩涂-5~0m在2002年前基本稳定，-6m线内移，2002

年滩涂有较大的淤涨,各等深线大幅度外移,近滩横降比趋缓。

(3)奉新六号塘(03 里程桩 10+275~12+144)岸线长 1 839m,调查断面 8 条。该区域滩涂 0~5m 线属于稳中有涨,各等深线变化不大。

(4)水利塘至灰坝(03 里程桩 14+000~18+098)岸线长 3 889m,调查断面 18 条。该区域于 2005 年底建围垦工程,滩涂除 0 m 线较为稳定外,其余滩涂以冲刷为主,各等深线渐向内移,从横降比中可见滩势正逐年变陡。

(5)灰坝至青年河(03 里程桩 18+619~23+157)岸线长 4 538m,调查断面 19 条。该区域 2002 年建促淤工程,滩涂 -6m 线相对较为稳定,其余各等深线均缓慢内移,滩涂以冲刷为主。

(6)青年河至南门港(03 里程桩 23+157~27+049)岸线长 3 892m,调查断面 20 条。该区域滩涂以冲刷为主,局部地区 -1m 线已至顺坝外侧。

(7)南门港至中港西由南门港至海水养殖场(03 里程桩 28+132~32+462)、三团港区域(03 里程桩 32+944~34+584)、中港西区域(03 里程桩 34+584~35+652)三块区域组成,岸线长 6 955m,调查断面 34 条。该区域几年来由于受到南汇机场、老港、东滩、东海大桥等沿海重大工程的影响,潮水的含沙量发生变化,滩涂冲蚀,各等深线内移,横降比也明显变陡。

(8)中港至大勒港(03 里程桩 37+070~40+256)岸线长 3 186m,调查断面 18 条。该区域滩涂相对较为稳定,处于隔年淤、蚀交替的状况。总体各等深线除 0、-1m 线稍外移外,其余等深线缓慢内移,变化不大。

由于总体冲刷的原因,奉贤岸段滩涂各等深线包含的面积逐年减少(见表 1)。

表 1　奉贤岸段滩涂各等深线包含的面积

等深线	1998 年面积(亩)	2005 年面积(亩)	减少(亩)
0m	26 573	10 414	16 159
-1m	30 523	27 600	2 932
-2m	34 429	30 231	4 198
-3m	37 061	32 678	4 383
-4m	40 058	35 425	4 633
-5m	44 773	39 320	5 453
-6m	50 688	45 132	5 556

注:1 亩 = 0.067hm^2。0m 等深线中促淤、围垦工程已利用面积 14 177 亩。

3　近期演变状况

从对以上岸线变化的分析,可以看到近年来奉贤岸段的滩涂处于一种内凹加深(剔除人工围垦造成岸线外移的影响)、东西稳定、中部蚀的状况。西面除化工区区域受潮水回流的影响各等深线渐向内移外,柘林塘区域和奉新六号塘区域的各等深线都外移。其中柘林塘区域滩涂在 2002 年前相对较为稳定,各等深线变化不大,2002 年后突然大幅度淤涨,一年中各等深线平均外移达 150m 左右,而奉新六号塘区域的滩涂则缓慢向外淤涨。

水利塘至灰坝区域是蚀、淤的一个明显变化区,当 2001 年冬上海恒祥滩涂造田有限公司在东侧青年河—华田灰坝圈围时,该区域明显为淤,而在 2004 年底,该区域实施 0m 线保滩工程后，-1～-6m 线则明显冲刷。

从灰坝至青年河区域一直到中港西区域，由于这几年来奉贤区保滩工程和促淤工程的不断建设，最主要的还是受浦东国际机场、老港、东滩、芦潮港开发、东海大桥的建设等沿海重大工程的影响，潮水的含沙量来源和流向发生了变化，滩涂受到不同程度的冲蚀，各等深线内移。其中在青年河至南门港区域之间有一段管桩小棱体保滩工程，奉贤区海塘管理所这几年来每月对其进行定点观测，2003 年 0m 线离顺坝外侧有 100～120m 的距离，到了 2005 年顺坝外侧的滩涂为 -1m，甚至有的地方工程最外端抛石的高程已严重下沉，接近 -1m 线。灰坝至青年河区域、青年河至南门港区域、南门港至上海海水养殖场区域、中港西区域从 1998 年至 2005 年各等深线平均内移 150m 左右，而三团港区域的滩涂冲蚀更为严重，各等深线平均内移达 400 多 m。

中港至大勒港区域的滩涂趋于相对稳定的状况，0m 线缓慢外移，其余各等深线变化甚微，滩涂处于隔年淤、蚀交替的状况。

图 1～图 3 分别为 1998 年、2000 年、2002 年奉贤区水下地形分色图。

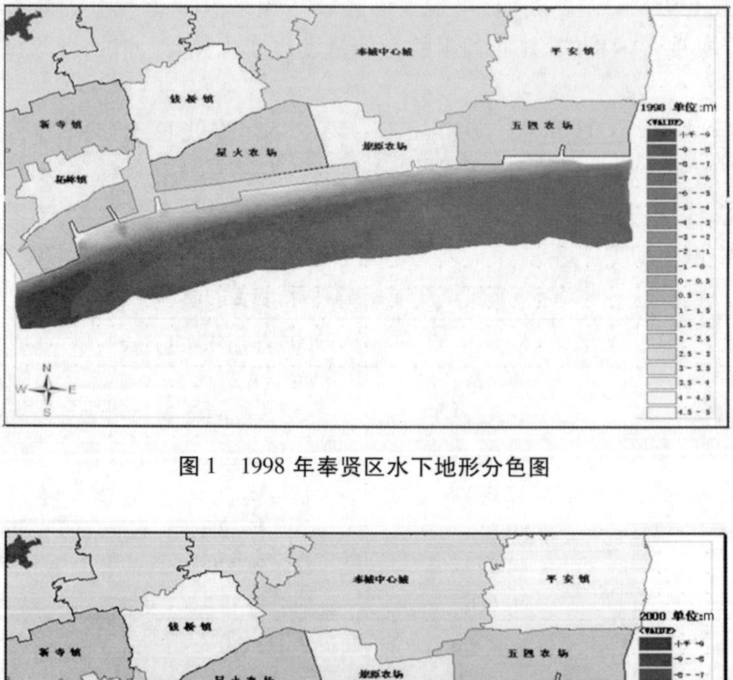

图 1　1998 年奉贤区水下地形分色图

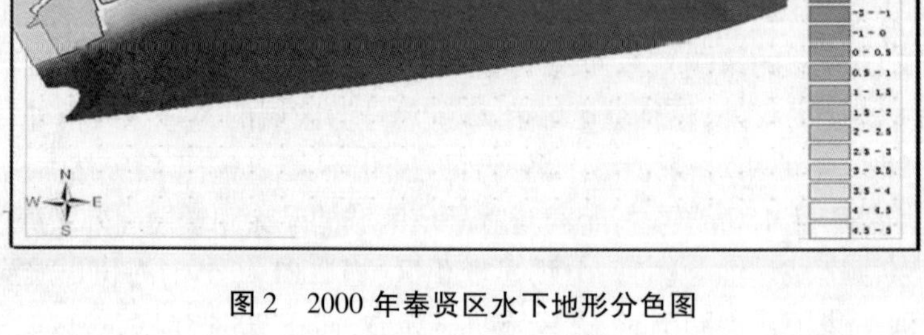

图 2　2000 年奉贤区水下地形分色图

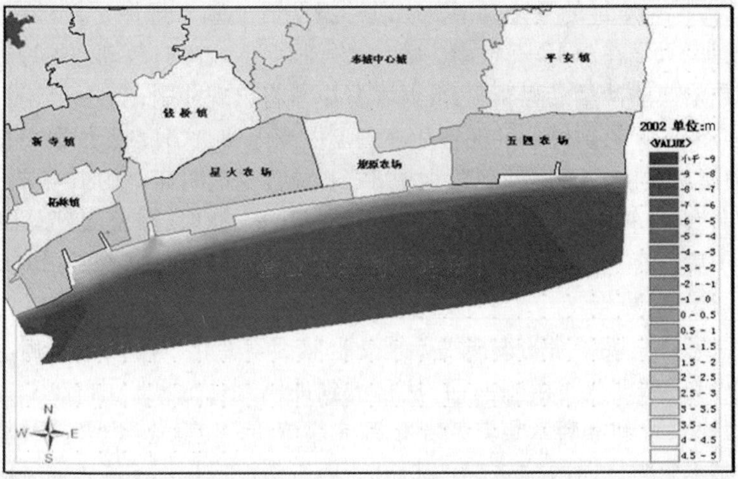

图 3　2002 年奉贤区水下地形分色图

综合上述得知,尽管奉贤岸段滩涂是东西稳定、中部蚀的状况,但南汇的沿海各重大工程如同形成一个大丁坝,使长江来沙量进入奉贤段减少,所以冲蚀的滩涂面积远远大于淤涨的面积。滩体总体上以冲蚀为主的势态并未变化,并有加剧的趋势。尽管在 1993 年奉贤县水的专题研究得出的结论是“杭州湾北岸线奉贤段岸滩 10 年来(1983 ~ 1992 年)整体岸滩剖面和水下斜坡总体以冲刷为主,但冲淤变幅较小,无大冲、大淤现象,年际变化有冲有淤,而海床底面则相对稳定,是滩冲槽移型岸滩”,但通过这次详细的调查,我们发现从 1998 ~ 2005 年由于人工圈围的影响,奉贤岸段滩涂冲淤变幅开始加大;尽管范围很小,但也出现了柘林塘区域各等深线一年平均外移 150m 左右的大淤现象;从灰坝至青年河区域一直到中港西区域的滩涂(岸线长度占调查岸线长度的 61%)有蚀无淤,因此我们认为 1993 年的结论符合当时的情况,但近来已发生很大变化,平衡关系已被打破,冲刷加剧,局部的淤积大多由人工干扰所致。

4　滩地演变分析

奉贤岸段作为杭州湾北岸线的组成部分,无论是历史上的岸线变迁还是现代岸滩冲淤演变,都是杭州湾北岸潮流、波浪等水动力条件和长江来沙条件共同作用的结果。沿线泥沙供应量的变化,则是局部岸滩冲淤变化的关键所在。而沿岸输沙量的大小,则是与南汇嘴滩地淤、冲存在着明显的对应关系。20 世纪 80 年代中期以来,奉贤滩涂冲刷剥蚀的主要原因有二:

一是由于南汇嘴“摇头沙”由原来的东北向朝东南向偏转,致使最大涨潮流方向与岸线存在一定交角,由此而增强潮流对水下斜坡的冲刷,导致水下斜坡后退。与此同时,斜向入射的波浪在海堤上反射后,在堤前水域与入射波浪叠加而形成极强的短峰波冲刷堤前滩面,造成大勒港至中港岸段芦苇高滩的层层剥蚀、降低。其后,反射波的波浪再经折射作用推至中港以西岸,与入射波浪叠加而造成中港以西芦滩的冲刷剥蚀,并继续向西延伸。

二是沿岸泥沙供应量的变化。奉贤岸段冲淤演变的基本规律是,当长江口在南汇沿岸入海泥沙增加,大量在南汇东滩、南汇嘴一带停积而造成湾口芦潮港附近岸滩的边滩淤涨时,进入湾内沿岸输沙量沿程减少,此时奉贤岸滩将出现冲刷;反之,当南汇嘴芦潮港一带滩地出现强烈冲刷时,被冲刷的泥沙随涨潮流向湾内移,这时奉贤岸段将得到较为丰富的泥沙供应使岸滩淤涨。而这种现象在1986年前后变化明显。1986年前,湾口南汇嘴前端摇头沙0m线向东方突出,芦潮港一带呈冲刷状态,此时,奉贤大部分岸滩少冲或略淤。而1987年后,南汇嘴前端方向朝东南偏,南侧滩地外涨,致使奉贤边滩0m线相应冲刷,后退加快。

综上所述,奉贤岸段滩涂的失损主要是受自然因素变化及海浪的影响。从数据上可以看出,奉贤段0m线变化是由东向西,从稍涨到冲刷到西面的稳中有涨。-5m线除与南汇交界向西约3km和奉新六号塘区域1.8km保持在稳定状态,以及柘林塘区域1.9km外移外,其余基本上整体向内推移。究其原因,由于南汇近几年不断地向外圈围有如伸出的丁坝一样,保护了奉贤靠近南汇段的3km滩涂的稳定。同时由于它的圈围阻挡和减少了泥沙对奉贤段的流入,加上滩涂受潮流的冲刷,造成0m线和-5m线向内推移。0m线处圈围和促淤工程外近滩刷深,则主要是受潮流和拍岸波浪双重作用的影响。而从根本上看,自1998年以来,造成奉贤滩地冲刷的主要水动力因子是沿岸的潮流(主要是涨潮流),造成深水部分冲刷,等深线内移;风浪因素继续剥滩威胁大堤安全(风浪刷滩使滩势变缓,上刷下淤,中港西到大泐港就是这种情况)。

另外,从整个杭州湾北岸的近年变化看来,前沿滩势正在逐年恶化。杭州湾的岸线在历史长期的演变中已发展成微凹形岸段这种适应岸外水动力的稳定岸线。其西段戚家墩、金山嘴等是6 000年前已成的岸线,相对坚实的基础形成了微弯形岸段的西节点,而东端点尽管从20世纪70年代的汇角向东南延伸了4~5km,但长江下泄泥沙进入东海或从东海随潮流流入杭州湾,在此三角缓流区形成的舌状水下沙洲受到长江来沙和东海来沙的补给,形成天然平衡的节点。而若以这两个节点连一条直线,杭州湾内凹弧形岸线在海塘达标建设及大规模围海造地之前的内凹率为16%~17%;时至今日,这个内凹率已下降到不足12%,尤以奉贤岸线更趋平直,加上近年南汇的深水围垦减少了长江来沙,淤积远跟不上冲刷速度,奉贤岸段的冲刷形势已成必然。因此,如不采取积极有效的防御措施,奉贤段的大堤防汛能力将大幅度下降,安全保障体系将受到严重威胁。

5 结论和建议

(1)奉贤的滩涂资源已非常拮据,如何加强滩涂资源管理,合理开发利用有限的滩涂,促进经济建设和社会发展,保障人民生命财产安全是滩涂管理工作的重中之重。目前仍在实施的《上海市滩涂管理条例》,有关规定不够严密,缺少可操作性,有必要作修改、补充。另外,在今后的滩涂圈围工程中,必须充分注意以下几点:一是圈围工程内包括周边地区应考虑水系的规划,有效解决区域内的排水、除涝等防汛问题;二是圈围后的大堤,事实上已成为一线海塘,应按标准设计相应的保滩工程;三是圈围工程验收合格后,必须立即移交水务行政部门,及时纳入海塘管理,以确保大堤安全。

(2)奉贤岸段海塘前沿的滩势正在逐年恶化,而控制并缓和这种情势的当务之急是从杭州湾全岸段着眼，制定杭州湾顾及全市总体发展开发所必需的指导各行业有效、合理开发杭州湾水土资源的指导线。对杭州湾的治理和开发应该从近几年局部岸段圈围，围后即保滩的这种模式汲取经验和教训。应该明确杭州湾的暗滩已处于临界平衡状态，而维持这种平衡已花费了大量资金，有关单位还在投入大量资金“各扫门前雪”。因此，必须尽早实现杭州湾全岸段治理的目标。

(3)从本次调查可以发现奉贤区岸线冲刷加剧主要原因为长江来沙减少。因此，南汇段进一步深水围垦应考虑对奉贤段岸线影响，须采取必要的防护措施，以制止目前加剧奉贤段滩地的剥蚀恶化现象。

(4)杭州湾奉贤岸滩可开发利用的滩涂资源已十分有限，0m 线以上滩涂仅剩 694.27hm^2，即使在 -1m 线围垦，也只有 1 840hm^2，且分布呈狭带状。今后的开发应认真规划、反复论证。同时应采用工程措施、生物促淤措施进行保护，特别要增强中港—青年河段的顺坝、丁坝群岁修工程。

参考文献

[1] 上海市滩涂管理处. 上海市海塘调查资料[R]. 2003.

[2] 上海市滩涂管理处，华东师范大学河口海岸研究所. 杭州湾北岸南汇嘴——金丝娘桥围垦规划及规划控制线报告[R]. 1993.

[3] 奉贤区水利工程学会. 杭州湾北岸滩涂资源调查与分析[R]. 2006.

杭州湾与黄浦江水位相关性初探

王德火

（上海市奉贤区水务局）

1 黄浦江水位变化趋势

引用奉贤水文资料（见图1、表1），以年份为自变量、水位为因变量作回归分析，因年份间隔均为一年，将年份转换成数字序列作自变量，与水位（因变量）作散点图拟合趋势线，然后对历年特征值（平均值）作趋势性分析，仍有一定理论依据和实际应用价值，此分析法称做“时间序列回归分析法”。图1 $y=bx-a$ 直线中，斜率（b）为每年增长量。表1为1982～2006年高潮水位情况。

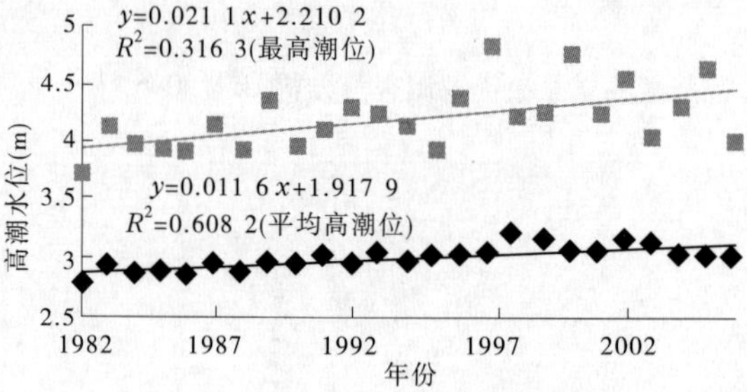

图1 1982～2006年黄浦江高潮水位

表1 1982～2006年高潮水位情况

黄浦江金北水文站（闸外）								杭州湾			
年份	年号	平均高潮位（m）	最高潮位 y（m）	最高潮位预测值 y@（m）	变幅 下限 $（m）	变幅 上限 #（m）	时点	最高潮位 x（m）	时差	时点	平均高潮位（m）
1982	82	2.81	3.70								
1983	83	2.93	4.12								
1984	84	2.87	3.96								
1985	85	2.88	3.92								
1986	86	2.83	3.92								
1987	87	2.96	4.13								
1988	88	2.86	3.94								

续表 1

黄浦江金北水文站(闸外)								杭州湾			
年份	年号	平均高潮位(m)	最高潮位 y(m)	最高潮位预测值 y@(m)	变幅 下限 $(m)	变幅 上限 #(m)	时点	最高潮位 x(m)	时差	时点	平均高潮位(m)
1989	89	2.97	4.35	4.18	3.91	4.44	03:29	5.20	02:39	00:50	4.35
1990	90	2.95	3.96	4.10	3.83	4.37	02:30	5.08	02:00	12:30	3.96
1991	91	3.02	4.12	4.04	3.77	4.31	15:48	4.99	02:03	13:45	4.12
1992	92	2.95	4.29	4.27	4.00	4.54	03:54	5.34	03:49	00:05	4.29
1993	93	3.04	4.25	4.17	3.90	4.44	02:50	5.19	02:10	00:40	4.25
1994	94	2.99	4.14	4.32	4.05	4.59	02:29	5.42	02:19	00:10	4.14
1995	95	3.03	3.89	3.91	3.64	4.18	04:32	4.79	03:22	01:10	3.89
1996	96	3.06	4.37	4.32	4.05	4.58	03:07	5.41	01:44	01:23	4.37
1997	97	3.06	4.82	4.86	4.59	5.13	01:10	6.24	01:15	23:55	4.82
1998	98	3.22	4.22	4.14	3.88	4.41	01:53	5.15	01:58	23:55	4.22
1999	99	3.21	4.27	4.16	3.89	4.42	02:48	5.17	02:38	00:10	4.27
2000	100	3.08	4.75	4.52	4.25	4.79	02:35	5.72	02:05	00:30	4.75
2001	101	3.09	4.25	4.29	4.02	4.56	03:18	5.37	02:23	00:55	4.25
2002	102	3.15	4.53	4.60	4.34	4.87	02:30	5.85	02:21	00:09	4.53
2003	103	3.13	4.05	4.19	3.92	4.46	03:10	5.22	01:33	01:37	4.05
2004	104	3.05	4.30	4.41	4.15	4.68	02:55	5.56	01:00	01.55	4.30
2005	105	3.03	4.65	4.50	4.23	4.77	03:10	5.69	02:00	01:10	4.65
2006	106	3.02	4.03	4.26	3.99	4.52	02:55	5.32	00:15	02:40	4.03
平均		3.01	4.20					5.37	02:05		

注：y@ =0.765 2 +0.656 2x；# = y@ +2×0.133 6；$ = y@ −2×0.133 6。

从图 1、表 1 可见，从 1982～2006 年，黄浦江平均高潮位（金汇港北闸外水位）一般呈不断上升趋势，其决定系数 R^2 =0.608 2（60.82% 概率），即平均高潮位每年以 1.16cm（b =0.011 6m）增加；虽然最高潮位决定系数（R^2 =0.316 3）稍低，但仍以每年 2.11cm（b =0.021 1m）的趋势抬升。另从表 1 可见，自 1997 年 11 号台风出现历史最高潮位（4.82m）以来，至 2006 年的 10 年中，最高潮位已有 4 年超过黄浦江防汛墙设计的 4.5m 水位警戒线，这是一个危险的信号！也是对目前 5.2m 标高的防汛墙防汛安全严峻的挑战！

2 杭州湾水位对黄浦江水位的影响

从最高潮位时差看（见表 1），杭州湾比黄浦江约提前两小时到来（平均时差 2 小时零

5 分)。为了预测黄浦江水位,用两测站 1989 ~ 2006 年对应的最高潮位,以杭州湾水位为自变量(x),黄浦江水位为因变量(y)进行回归分析(见图 2)。

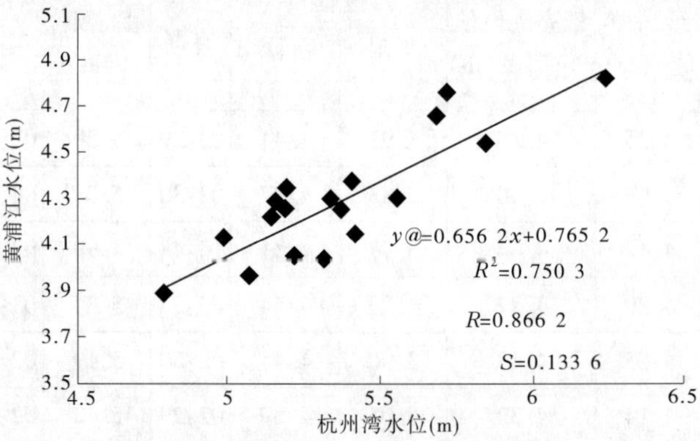

图 2　1989 ~ 2006 年杭州湾与黄浦江最高潮位关系

从上述分析可见,杭州湾最高潮位与黄浦江最高潮位成极显著正相关,相关系数 $R=0.866\,2$,即黄浦江最高潮位随杭州湾最高潮位增高而增高,且杭州湾水位每增加 1m,黄浦江水位就增加 0.656 2m($b=0.656\,2$);决定系数 $R^2=0.750\,3$,即黄浦江最高潮位 75.03% 的概率是由杭州湾最高潮位决定的。这一分析结果又经方差分析,$F<0.001$ 误差概率,达极显著统计学水平。

3　黄浦江水位预测

为了确保黄浦江防汛墙的防汛安全,以杭州湾最高潮位(x)为自变量,运用图 2 中预测式 $y@=0.656\,2x+0.765\,2$,对黄浦江最高潮位(y)因变量预测是必要的,也是有理论依据的。同时,通过 SPSS 统计软件计算,得出"剩余标准离差(std)"值为 0.133 6,按统计学界定,2std = 95.4% 概率,因此,$y@=0.656\,2x+0.765\,2\pm(2\times0.133\,6)$ 是预测值的区域范围(见表 1),表中预测值有 95.4% 概率可作黄浦江水位的参考值。

4　杭州湾潮汐对黄浦江水位的影响展望

从 1989 ~ 2006 年 16 年分析中,总体来看黄浦江最高潮位随杭州湾最高潮位增高而增高,即黄浦江(奉贤段)最高潮位 75.03% 的概率是由杭州湾最高潮位决定的(见图 2)。但是,随着南水北调和长江上游对黄浦江水位的影响,杭州湾潮汐对黄浦江水位的烘托作用也在不断变化。从图 3 可见,用每 9 年为平滑计算年度,应用时间序列回归分析法分析,各平滑年度的决定系数呈三次方曲线逐年下降趋势,决定系数 $R^2=0.893\,9$,经方差分析,误差概率 $P=0.003$(小于 $P=0.01$,达极显著统计标准)(见表 2)。由此说明,黄浦江水位依托于杭州湾潮位涨落的作用在不断减弱,而黄浦江上游来水和长江口水位对黄浦江水位的影响在不断增强。

滑定年号	平滑决定系数(R^2)
89 - 97	0. 836
90 - 98	0. 874
91 - 99	0. 884
92 - 100	0. 845
93 - 101	0. 839
94 - 102	0. 837
95 - 103	0. 866
96 - 104	0. 781
97 - 105	0. 770
98 - 106	0. 625

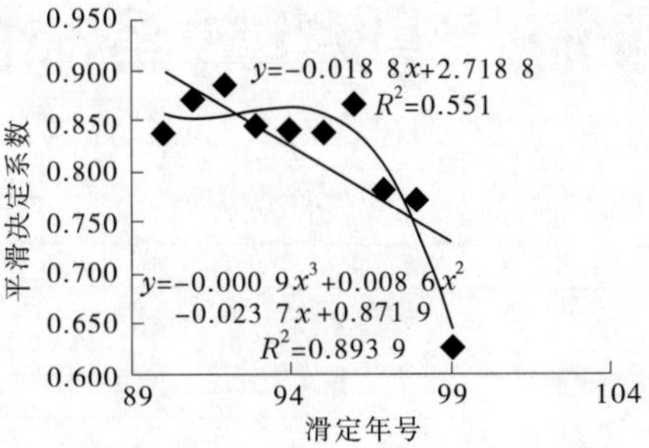

图 3　历年平滑决定系数趋势

表 2　一元三次曲线方差分析

项目	平方和	自由度	均方差	F	误差概率 P
回归	0. 047	3	0. 016	16. 806	0. 003
剩余	0. 006	6	0. 001		
总变异	0. 053	9			

5　结论

(1)奉贤段黄浦江防汛墙最高潮位有逐年提高趋势,而且在 24 年中有 4 年超过了水位警戒线,为此,对千年一遇设计标准的黄浦江防汛墙,需要在水利工程设施上提高设防标准,以确保高潮位时黄浦江的防汛安全。

(2)现有水文资料分析表明,杭州湾水位与黄浦江水位关系密切,用回归分析方法作理论预测对防汛安全具有一定参考价值。

(3)通过深入分析可知, 杭州湾潮汐对黄浦江水位的烘托作用有不断下降趋势,为此,需对黄浦江上游及长江口水位的影响作进一步研究,以不断提高预测黄浦江(奉贤段)水位的准确性。

河流信息档案系统的构建与实践探讨

范群杰

（长宁区河道管理所）

1 河流信息档案系统构建是河流管理的发展趋势

随着工业化及城市化发展进程的深入，世界各国的河流都经受了不同程度的干扰和损害，各地河流大多存在河流水质恶化、形态结构破坏、水文条件变化以及水生生境退化等种种问题。全球河流生态系统的恶化已成为21世纪人类生存和发展面临的重大危机，并引起全球各国的广泛重视。各国纷纷运用先进的科学技术和管理手段，综合运用计算机模拟、数据库、GIS、Internet等现代新技术，建立和管理河流信息系统，并将河流环境信息应用到河流管理中，这成为现代河流管理的发展方向之一。

1.1 河流环境现状的全面调查及评估

河流信息档案系统的建立以河流环境健康状况的评估为前提，信息档案系统的建立是河流管理的基础，是设定河流保护目标和河流管理规划的前提。河流环境健康状况评价可描述和反映任一时段内河流的整体状况和健康水平，获取河流健康状况的综合评价。同时河流健康的各个分指标，包括水质参数、生物指标、河岸带状况等可以反映河流该部分的健康情况，从而剖析河流生态系统存在的问题。河流环境健康状况的评估还应包括在管理措施实施后的监测，即评估管理措施实施后河流的健康状况，审视此后河流生态系统中仍存在的问题。

1.2 河流管理行为有效性的评估

环境质量是否提高是评估环境决策成功与否的关键因子。在河流管理中，河流环境状况的评价可用以监测评估河流管理决策的成功性及河道整治、政府项目等旨在河流管理的人类干预活动的有效性，即河流健康状况改善与否可作为综合评判河流管理决策、行为、活动等是否成功的标准。尤其是近年来河流综合整治以及恢复活动开展频繁，评估河流恢复的有效性、提高河流恢复质量成为河流管理中迫切需要解决的问题。而恢复前后的河流健康状况评价结果可为管理决策者提供良好的基础比较资料和决策依据，通过比较干预前后河流条件或比较预期与实际的河流条件以评估管理行为的有效性，从而提高河流综合管理水平。

1.3 河流管理目标的科学确定

缺乏明确、实际的河流管理目标，河流管理行为就失去确切的方向和目标，也就很难取得预期的效果，因此设定河流管理目标是河流管理的重要阶段。而河流信息档案系统的构建能综合大量历史数据以及监测指标，整体评估河流生态系统所处的状态，并利用单个指标评价值反映河流某方面所处的状态及存在问题，同时基于河流环境现状，对未来可能的发展状况作出预测，因此河流信息档案系统的构建能反映河流环境的现状、存在问题以及在一定阶段内的发展趋势，从而有助于设立河流管理的目标。

2　河流信息档案系统的构建与维护

2.1　河流信息档案系统的指标组成

河流环境健康状况可单独从某个角度或侧面运用某些指标加以评价，并且其结果也能在一定程度上反映河流发展过程中的某些问题。但河流某方面的健康状况并不能完全代表河流的整体健康状况，单方面的评价结果难免会存在一定偏差。例如，从水质角度出发，利用单个水质指标可能得出这一指标结果较好，从而得出河流水质较好，但实际情况则可能是河流的生物及形态、水文等方面已遭破坏。河流是一个包含多种因素的生态系统，也应该从多角度、综合性的角度，从各个方面对其进行综合评价。因此，为全面反映河流环境状况，河流信息档案系统的构建主要采用河流形态结构、河岸带状况、河流水文特征、水质理化参数以及生物指标等 5 类指标（见图 1）。

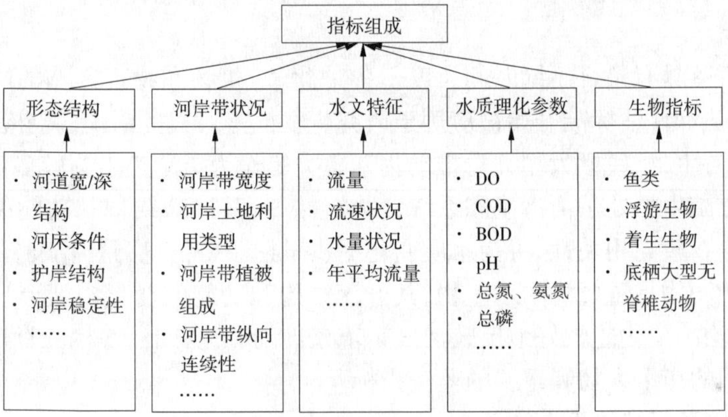

图 1　河流信息档案系统的构建指标

2.1.1　河流形态结构

河流形态结构是河流的基本信息，特别是城市化过程中，为满足城市防洪和排涝的需要，很多河流都被人为改造。河道拓宽、护岸渠化、河道裁弯取直等河道渠化工程和桥梁改造以及类似的人工改造河流的措施，一方面有利于提高防洪排涝以及航运能力，促进城市化发展；另一方面，河流渠化和裁弯取直工程等措施不仅改变河流的基本形态布局，影响河流水文条件以及城市景观，同时使得河流生境的异质性降低，水域生态系统的结构与功能也随之发生变化，从而引起河流生态系统退化。因此，应从河流形态改变的角度诊断河流是否保持其自然的状态，从而评估河流的环境状况。

2.1.2　河岸带状况

河岸带具有削减面源污染、提供野生动植物生境、改善河流生态环境等诸多功能，并可提供多用途的娱乐场所和舒适环境以提高河流景观价值，而河流正常功能的发挥较大程度上取决于河岸带状况，河岸带宽度及其种类组成等对于河流系统健康状况具有较大影响。城市化过程中人类活动影响了河岸带特征，如河岸植被的消失、结构完整性的破坏以及纵向连续性的丧失等。因此,对河岸带的调查和评估,是河流管理必不可少的工作内容之一。

2.1.3 河流水文特征

河流是陆地水循环的主要通道,水资源与水文作为河流管理研究的重要内容,直接影响河流功能的正常发挥。当前泵闸建设以及城市化过程中沿河区域土地利用方式调整等都显著改变了河流的流速、流量等水文参数,而河流的水文特征对于河流形态、生物群落组成、河岸植被以及河流水质等具有重要意义。

2.1.4 水质理化参数

水质理化参数是能够简单、直观反映河流水质状况的重要指标。水体中营养物质和污染物的含量、浑浊度、pH 值、水温等参数都可能影响河流生态系统功能的正常发挥,是当代河流管理关注的重点之一。理化参数的监测具有速度快、简单方便等优点,并能反映污染物在水体中存在的形式和组分,而且发展至今,已形成较多非常实用的水质理化监测及评估体系。因此,将水质理化参数列为信息档案系统的主要参数,作为各条河流的基本信息,为河流管理决策奠定扎实的基础,有利于河流管理效率的提高。

2.1.5 生物指标

河流生物群落具有整合不同时间尺度上各种化学、生物和物理影响的能力,近 20 年来,生物评价方法和评估标准开始被应用于研究生物群落对人类活动的响应,诊断河流退化原因,其中浮游生物、底栖大型无脊椎动物和鱼类等作为指示类生物较多地用于监测河流环境状况。浮游生物处于河流生态系统食物链始端,其群落结构和功能的变化与水环境因子的变化存在较高相关性,可为水质变化提供早期预警信息,是河流监测的主要指示类群之一。底栖动物是重要的指示生物,其群落结构和功能的变化与河流环境因子存在相关关系,其结构的变化能较好地反映河段生境条件的变化,因而底栖无脊椎动物成为河流水质状况常用的指示生物和重要的监测指标。

2.2 河流信息档案系统的平台构建

现代河流管理应运用先进的科学技术和管理手段,从而加强河流信息系统的监测管理,改善河流生态环境,充分发挥河流功能,实现河流的可持续利用。目前美国河流管理中充分地综合运用计算机模拟、数据库、GIS、Internet 等现代新技术,并表现出逐步普及的趋势。开发新技术进行河流形态结构、河岸带状况、水质监测,建立和管理河流环境信息系统,并将河流环境信息应用到河流管理中,将成为现代河流管理的发展方向之一。因此,当代河流管理需建立独立的信息系统,将河流的各项信息指标输入信息系统,或者在河流终端安装在线监测系统与信息系统相连,形成方便、快捷的信息传输、管理与应用模式,加强河流管理水平,提高当代河流的综合管理水平。

2.3 河流信息档案系统的维护

基于河流信息档案系统各项指标表征不同等级河流的不同特征以及各项指标不同变化周期,因此按照不同的河流等级制定科学合理的河流信息档案维护制度尤为重要。针对区域水环境的现状,对市管河道、区管河道制定不同的信息维护计划,对于不同的河流信息档案的指标制定不同频率的维护计划。如对于河流形态结构、河岸带状况等相对稳定的指标每年或每季度更新一次,而对于河流水文特征、生物指标等变化较频繁的指标进行每月观测并更新，对于河流水质理化参数指标可通过设置安装河流水质在线监测系统进行实时维护更新，为河流管理有效性的提高提供有利保障。

3 河流信息档案系统的实践应用

针对长宁区水环境管理的现状，结合已开发的河流管理 GIS 系统，在现场踏勘、全面普查、收集原始资料的基础上，进一步构建河流信息档案系统，从而建立河流基础信息档案和河流健康档案，为诊断河流健康状况、制订河流整治计划以及开展水行政许可工作奠定更为扎实的基础，全面提高河流管理和决策的科学性和有效性。

3.1 诊断河流健康状况，提高河流管理效率

通过河流信息档案的建立，对各条河流水质、水文的历史数据进行收集和整理，形成较为系统的历史数据库，在新泾港等重点监测河道的监测断面处设置在线监测系统与信息档案系统实时连接，根据河流水质的历史数据与现状的变化情况分析，制订切实、有效的河流水环境生态修复方案，从而达到恢复河流水生态环境的目的。另外，河流管理手段的应用需要通过实施后评价予以评估，从而检验此河流管理决策行为的有效性并从中总结经验教训，避免无效、低效管理情况的发生。因此，在实施河流生态修复工程等管理手段后，通过河流信息档案历史资料与河流实际水质监测资料的对比，结合一定的数理分析手段，评估河流管理手段实施是否有效，提高河流管理的效率。

3.2 基于河流信息档案，制订河流整治计划

河流信息档案内容包括河道护岸结构等河流基本形态结构信息，是全面体现河流本身特征的强大信息系统。以往河流管理中，河流整治计划工作的开展通常以几个“脑袋”的信息存储为基础，对于各河流具体的情况未必能了如指掌，需要花费更多的时间和经历进行更为深入的资料查阅和现场踏勘，从而获取更多的资料以制订较为详尽的河流整治计划。河流信息档案的建立，可以帮助工作人员提高工作效率，通过系统资料的检索和统计分析，结合适当的现场踏勘，能快速制订出更为详尽、科学的河流整治计划，全面提高河流管理工作的效率。

3.3 强化信息资料积累，加强科学化养护管理

作为中心城区水资源相对丰富的长宁区，泵闸、防汛通道、绿化等水利设施建设日益受到重视，水利设施数量逐年增多，由于水利设施的养护工作是一项系统工程，涉及水利、排水、绿化园林、生态生物技术、环保等众多领域，具有点多、面广、内容繁杂等特点，因此水利设施信息资料显得格外重要，是养护工作有序开展的重要保证。通过长宁区河流信息档案的建立，将加强养护的基础化管理，提高养护管理的科学性和有效性。主要从两个角度进行：一是通过信息档案的建立，运用计算机、网络等现代化的管理手段，加强基础信息资料的积累、收集和整理；二是在日常养护管理过程中，对基础性的维修养护资料进行不断更新，使其更能直观反映水利设施养护工作的现状，更具针对性和可操作性，基本形成一套较完整的养护基础信息资料，做到分门别类，有理有序，更好地为我区水利设施养护的科学决策提供服务。

3.4 根据土地利用形式不同，做好行政许可工作

鉴于河流管理相关法规的日益健全，涉及河道的临时占用、施工等行为均须进行行政

许可的申请和审批，从而规范临河占用、建设等各项活动，保护堤岸、防汛通道等水利设施的安全。在行政许可的实际工作中，工作人员对河流两侧土地利用形式的充分了解是实施行政许可和水政执法的前提和依据。河流信息档案系统中河岸带土地利用形式资料的搜集和更新，针对不同的土地利用形式，突出重点，制订水政执法的巡视和水行政许可批前服务工作计划，对于易发生问题的重点区域加强巡查力度，将问题消除在萌芽状态，从而提高水政执法和许可工作的效率。

4 结语

河流信息档案的建立是当代河流管理的发展趋势，是提高河流管理科学性、有效性的重要手段之一。根据实践工作需要，不断优化河流信息档案系统，为河流管理和决策服务，是当代河流管理者关注的重点。

开展“万河整治行动”
提升农村水环境整体质量

桑保良[1]　刘静森[1]　钱　伟[2]　吴伟峰[1]　方跃骏[1]

(1. 上海市水利管理处;2. 宝山区排灌管理所)

农村水环境整治是社会主义新农村建设的重要组成部分,经过“十五”建设,上海市郊区整体的抗涝能力得到显著增强、农村饮水安全进一步提升、骨干河道的水质恶化趋势得到遏制、农田水利基础设施得到改善,总体来讲,整个郊区的水利发展水平上了新台阶。但是,遍布全市郊区的近2万条镇、村级中小河道普遍存在的污染、淤塞问题始终未能得到根治,这也成为郊区水环境整体提升难以跨越的一道槛。

1　中小河道现状及存在的问题

据初步统计,上海市郊区范围内镇、村级中小河道总数约为2.28万条段,总长超过1.8万km。目前存在的主要问题有三类:

(1)淤塞严重。根据市水利管理处初步调研统计,全市镇、村级中小河道现状淤积土方量超过1.56亿m^3。农村各地的中小河道都不同程度地存在着淤塞、污染的问题,不少自然村的宅河已经沦为天然垃圾场,农村的水生态环境遭到破坏,农民投诉激增。

(2)引排功能减弱。由于大量中小河道淤塞严重,许多承担着灌溉、排水职能的河道难以发挥正常引排功能,由此导致不少地区暴雨时受涝,干旱时又无法保证农业灌溉,不仅使农民财产安全受到威胁,还直接影响到农业生产的正常开展。

(3)阻水物多。由于上海郊区水网密布的地形特点,当地渔业发达,加上农村多年养成的陋习难改,不少地区的河道阻水建筑物较多,如沿岸违法搭建、私设过水涵筑坝、沉船、网簖等。这些都严重影响了河道的行洪安全,使得不少地区的排涝存在隐患。

2　中小河道整治工作难点所在

面广量大的中小河道的污染治理问题历来是上海郊区水利建设的重点之一,近年来,借助每年一度的冬春水利建设,各区县每年完成约2 500万m^3的土方疏浚任务,但是该问题仍未能得到根本性的解决。分析其中的原因,主要体现在以下三个方面:

(1)历史欠账太多。1998年我市曾经在全市范围内开展过大规模的水资源普查行动,按照当年的普查资料,我市郊区中小河道淤积土方总数在1.45亿m^3,另据测算,我市每年的自然淤积量约为1 600万m^3,加上近年来上游来水中含沙量增加,不少地区水环境执法力度不够导致大量垃圾倾倒入河等,这些都导致了河道淤塞问题得不到根本解决。

(2)水资源保护意识不强。近年来,郊区经济快速发展,大量工厂拔地而起,但不少地区在招商引资过程中一味强调短期的经济利益,对有可能带来的环境污染问题重视不够,个别地区对工厂排出的污水处理问题监管不力,导致大量超标工业污水直接排入河网,严重污染了当地的农村水网的水质。

(3)河道整治投入力度不够。历年来,我市对于郊区水利工作采取"三级政府,三级管理"的模式,市财政资金最多只补到镇级骨干河道的综合整治项目,镇级以下河道的整治主要由各地镇政府及村委会筹资解决,市级层面只负责行业监管。在这个大的政策背景下,郊区镇级以下河道的整治力度受到影响,不少地方财政相对较紧的区县对于镇级以下河道的整治投入有限,而每年市级疏浚计划必须完成,在两者的矛盾平衡下,不少河道的疏浚质量不可避免地受到影响。

3 开展"万河整治行动",彻底解决中小河道淤塞顽症

在2006年中央一号文件发布不久,上海市委召开的八届八次会议中提出建设社会主义新农村的目标任务。针对郊区中小河道现状与新农村建设"村容整治"的要求不相适应的情况,通过仔细调研和科学测算,提出花3年时间,将郊区所有镇村级中小河道全面整治的"万河整治行动"。此项提议获得市委市政府的高度评价并被列入市委八届九次全会的决议。2006年3月22日,市领导为上海市"万河整治行动"启动纪念牌揭牌,拉开了"万河整治行动"的序幕。

3.1 领导重视,组织、宣传工作紧密有序

"万河整治行动"启动以来,先后多次召开全市范围的河道整治工作现场推进会将其作为一项重点内容予以部署和强调,区(县)各级水务部门的工作热情也空前高涨,纷纷通过召开各种形式的动员会、推进会落实与推进本区(县)的中小河道整治工作。"万河整治行动"不仅在条线上得到了各级水务领导的高度重视,区(县)各级政府也投入了大量的人力、物力、财力,全力支持此项行动。各区(县)先后都成立了由分管区(县)长任组长的领导小组,协调各相关部门全力推动"万河整治行动"。另外,为了在全社会范围内为"万河整治行动"营造良好的工作氛围,市、区(县)、镇(乡)各级政府、部门以及基层各级组织利用多种宣传形式,加大宣传力度,为"万河整治行动"营造声势,让全社会共同认识到保护环境,爱护河道的重要性,取得了良好成效。

3.2 社会关注,群众支持,整治行动进展迅速

"万河整治行动"涉及千家万户农民家庭的切身利益,郊区广大群众高度支持并积极参与,整治过程中领导小组经常收到整治地群众对相关问题的反映。社会各界对"万河整治行动"予以高度关心:全国人大代表开展农村水环境保护专题调研,对郊区万河整治进行了调查,给予充分肯定;新闻媒体开展夏令热线,走进郊区现场报道"万河整治行动"。社会各方面的高度关心一方面印证了"万河整治行动"确实是急民所急的惠民之举,另一方面也让整治工作参与者日益感受到双肩所承工作之重,以加倍的工作热情和认真负责的工作态度对待工作中的每一项细节,以确保整治工作的扎实、快速推进:从3月底整治行动开始到12月底短短九个月的时间内,全市圆满完成2006年整治计划;目前,2007年整治行动正按计划节点顺利推进。

3.3 程序规范,管理严格,保证了整治质量

为保证"万河整治行动"规范化操作,在反复征求与听取了财政部门、各区(县)水务

部门意见的基础上，制定出台了《实施意见》、《考核办法》、《信息报送办法》及《评比办法》等一系列规范性文件。在实施上，确定了明确责任分级负责、标本兼治综合治理、一般整治与重点整治相区别、统一规划分步实施和注重实效建管并举的操作原则。在考核上，拟定了定性与定量相结合的具体考核办法，引入市场化监理与行业监管相结合，确保行动能保质保量完成。在信息报送上，提出了市、区两级信息报送制度与考核办法。在激励机制上，提出了比学赶帮的评比办法，形成了镇镇创优胜、村村争先进的良好氛围。在计划报送上，通过统一上报表格、统一填表要求、利用遥感数据与各区（县）上报数据进行核对等手段确保计划准确、真实。近一年的成效证明，上述做法有效规范了“万河整治行动”，保证了河道整治工作的进度与质量。

3.4 争取资金，多方筹资，保证了整治资金

“万河整治行动”所需资金总额预计达 10 多亿元，约需市补资金 2 亿元。根据市委关于建设社会主义新农村决议中“政策、资金要向郊区倾斜”的要求，市财政局发挥了市级财力的牵引作用，根据区（县）经济实力出台差别补助政策，按照这一政策，各区（县）的整治工作在通过考核后将得到 1 万 ~1.5 万/km 的补助资金。市级财政补助政策极大地推动了区（县）的财政配套工作，各区（县）政府在往年的基础上加大扶持力度，迅速出台新的资金政策，基本解决了河道整治区级配套资金问题，从各区（县）实际执行情况来看，大部分区（县）的区级配套资金基本按照市级补助资金的 1 ~4 倍。资金缺口部分由镇级财政和村级自筹解决，大部分经济发达乡镇配套资金基本到位，部分远郊欠发达乡镇积极开动脑筋，拓宽筹资渠道：在进一步发掘镇级财政配套潜力的基础上，广泛发动沿河企业、私营业主尤其是当地房产开发商的参建热情，按照“利益共享、资金共筹”的原则多方筹资；对资金缺口较大的乡镇，积极争取区级财政的转移支付资金，确保整治行动不增加农民负担，取得了良好的工作业绩和社会效益。

4 探索长效管理措施，确保中小河道整治效果

目前，“万河整治行动”进展顺利，从统计数据看，全市用了不到一年的时间完成了“三年行动计划”的一半工作量。随着“万河整治行动”的不断深入，不少地区的河道整治工作成效初显：一是各地涌现出一大批水清岸绿、风景秀美、投资适度的中小河道整治样板点；二是昔日农村杂草丛生、垃圾塞河的村河宅沟迅速减少，村容村貌逐步改善；三是沿河农民的生活习惯更加文明，两岸垃圾乱倒现象明显减少。

随着整治任务的逐步完成，如何进一步建立健全贴近郊区实际、符合“万河整治行动”特点、政府引导与社会参与、管理养护与开发利用、专业性指导与群众性参与等相结合的中小河道长效管理机制，确保整治成果的巩固迫在眉睫。市水务系统未雨绸缪，在河道整治过程中不断总结中小河道的管理方法，并及时收集各地在实际管理工作中出现的问题，通过深入细致的现场调研，基本掌握了影响中小河道整治效果的主要因素，在此基础上，相关部门已经制订详细计划，着手制定中小河道的长效管理办法，力争在“三年整治行动”结束前出台，以确保三年整治效果不随时间打折。

参考文献

[1] 涂家焰,姜海军. 大力开展河道疏浚与整治实施环境综合治理[J]. 浙江水利科技,2000(5):21-23.

[2] 张小马. 科学规划精心组织扎实推进村庄河塘疏浚整治[J]. 中国水利,2007(3):15-16.

[3] 俞厚未. 上海市郊河道长效治理机制探讨[J]. 水利经济,2003(5):12-14.

浅谈河道边坡水土流失成因及治理方案

潘　龙

（金山区水利管理所）

金山区地处长江流域和太湖流域下游河口平原三角洲河网地区，以太湖为中心碟形洼地的东缘，地势低洼且濒江临海，顶风迎潮，属平原感潮水网地区，境内河道均受黄浦江潮汐影响。黄浦江潮汐为半日潮型，一天有 2 个高潮，2 个低潮，涨潮历时平均 4～5 小时，落潮历时平均 7～8 小时。金山地区水位受黄浦江潮汐和上游来水量的双重影响，又受地形地势的制约，故境内同一时刻水位亦有差异。因此，该地区受地理、气候、海洋、上游径流及人类活动的影响，极易受洪、涝、风、潮的袭击。

1　河网水系现状

金山区河网水系为黄浦江上游支流水系，源出浙江天目山区。全区河网分别属于浦南东片、浦南西片两大水利控制片，浦南东片属黄浦江干流段水系，骨干河道以南北向为主；浦南西片属黄浦江上游水系，骨干河道以东西向为主。

根据 2005 年河道基本情况调查，全区现有河道 1 559 条（不包括塘浜、洼地 662 条），总长 2 145. 12km，河网密度为 3. 64km/km^2，各级河道的河口水面积为 42. 10km^2，占全区总面积的 7. 15%。其中市管河道 4 条，总长 37. 6km；区管河道 35 条，长 272. 11km；镇管河道 175 条，总长 481. 02km；村管河道 1 345 条，长 1 354. 39km，其中，镇、村管河道 1 520 条 1 835. 41km，水面率为 4. 33%。河道水面率分项比例见图 1。

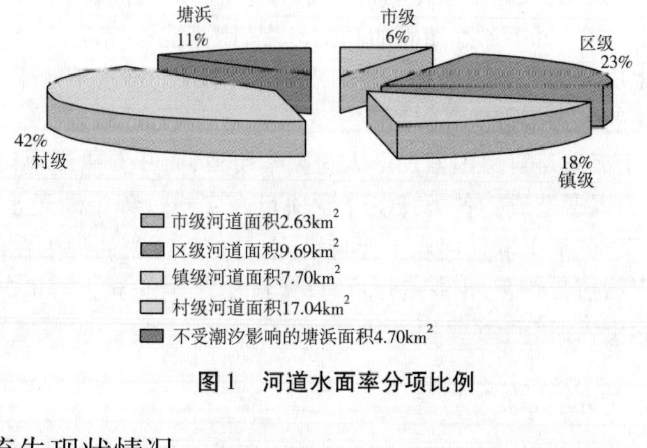

图 1　河道水面率分项比例

2　河道水土流失现状情况

（1）市管河道情况。本区 4 条段市管河道基本均建有硬质石驳岸，河道水土流失现象较少，故此次未调查市管河道。

（2）区管河道情况。我区区管河道已建有各类块石护岸约331km，占区管河岸总长的60%，且主要位于浦南西片，在浦南东片大量未建护岸的河堤每年因水流及航船的船行波冲刷下坍塌10～60cm不等，年均水土流失面积达6万m^2，同时造成河道的平均淤积深度0.5m，河道年淤积量达100万m^3以上。

（3）镇村管河道情况。由于我区镇村管河道基本上均未建护岸，并且在河道两岸农户大量种植作物，河堤的年坍塌量为5～15cm不等，造成水土流失面积30万m^2，并造成河道的平均淤积深度0.4m，河道年淤积方量达350万m^3。

（4）河道两侧土方圩堤情况。我区目前现有圩区37处，圩区总面积约为2.33万hm^2，土圩堤长为376km。由于这些土圩堤基本没有保土措施，在雨水和水流的冲刷下产生水土流失，特别是在汛期期间土堤的冲损情况更为严重，每年平均因水土流失而需加高加固圩堤100km以上，所需土方30万m^3。

同时，随着我市这几年来经济的发展和城市化进程的加快，各类开发建设项目急剧增加，大量土地被征用。这些工程项目在实施过程中，基本没有编报水土保持方案和采取任何水土保持措施，在施工过程中由于开挖面的植被遭到破坏而产生水土流失，并且每年还产生大量的废渣废石随意堆放，随雨水流入河中，给我区的河道生态环境造成了极大的破坏。

3　水土流失的成因分析

3.1　水土流失特点

我区属太湖流域平原地区，河岸土体的含水量一般较高，土体抗剪强度较低。由于河道大部分没有护岸等保土设施，河道土堤在船行波频繁冲击下，船行波频繁作用区的土体由于受波浪的正负压力反复作用而脱离岸坡逐渐形成凹岸，而其上部土体因未受或少受船行波冲刷仍保持原状，成为不稳定的陡坡甚至倒坡，发展到一定程度后，上部土体由于失稳大块坍塌，大量泥土崩入河中。在船行波冲刷堤岸下部的同时，水流和雨水对上部的土方圩堤也进行着冲刷。每年冬季加固加高的圩堤，因未完全密实，土粒间的黏结力差，在汛期高水位时，土堤浸泡在水中强度下降，在水流和雨水的冲击下产生水土流失。

3.2　造成水土流失的人为因素

河道两岸的水土流失是自然因素加上人为因素所致，而开发建设项目、取土造成的水土流失则完全是人为因素造成。各类开发建设项目在实施过程中缺乏水土保持意识，没有编制水土保持方案，也不采取任何水土保持措施，开挖后疏松的泥土在雨水的冲刷下随雨水流失，施工结束后植被恢复不够充分及时；建设中产生的弃土弃渣缺乏专门的堆放点，有些甚至直接倾倒入河。

4　水土流失所造成的危害

（1）每年由于河道两岸的塌损造成土地的直接消失和耕地面积的减少。水土流失的后果非常严重，一年就要损失大量土地面积。而圩堤顶面泥土的流失和坍塌，使得圩堤的防洪标准降低，在汛期抵挡不住洪水的侵袭，造成洪涝灾害加剧。

(2)大量的水土流失,致使河床逐年抬高,使区内河网常水位抬高,过水断面减小,导致行洪能力下降,汛期泄水不畅,造成每次洪水过程高水位持续时间长。

(3)同时由于河道淤积,造成旱期农业灌溉引水困难以及给航运业带来了影响,将给我区的相关产业的生产带来较大的损失。

(4)建设项目建设过程中的水土流失。建设项目的开挖使大量的泥土冲入城镇下水道内,造成下水道堵塞,排水功能下降,一旦雨量较大,就会产生内涝,给企业生产和居民生活带来损失和影响。

5 防治对策

5.1 工程措施

河道常用的边坡治理大致可分为工程护坡和生物护坡两种方法。

对于河水流速较快(如行洪、引排水主干河道)或者航运要求高的河道,由于考虑边坡的稳定、河道周边区域防汛安全等问题,可采取沿河修建石料或混凝土挡墙等硬质材料结构形式的护岸,这样做能克服边坡带来的严重的水土流失,提高防汛安全。对于大量的河水流速较慢、河道功能仅为引排水或者景观水体的河道,如果大量使用硬质护坡,不但大大增加治理水土流失的成本,而且对河道景观、环境和生态均产生了不良的影响,不利于环境保护和生态平衡;分割了河流生态群落与周边生态群落的关系,人为地切断了生物链,造成了水体与陆地环境的恶化,甚至严重威胁着人们赖以生产、生活的生态环境。因此,应采用生态护坡的形式对河岸进行防护。生物护坡就是利用生物(主要是植物),单独或与其他构筑物配合对边坡进行防护和植被恢复的一种综合技术。它可以绿化景观、固土保水及防止浅层滑坡、塌方等。近年来发展出种类繁多的边坡防护绿化方法,如普贴草皮、液压喷播植草、三维植被网、喷混植生等。

5.2 加强管理和资金投入

(1)政府和有关部门应加大对水土保持的投入。水土保持工作属于公益性事业,应以政府投入为主。建立良好的水土保持投入机制是水土流失治理工作的当务之急,各级政府要把治理河道、防治水土流失目标列入年度建设计划,并由财政每年保证一定的资金投入,同时要制定政策,鼓励全社会加大对水土保持的投入。

(2)加强协调与配合,强化管理。水土流失的预防和治理是一项涉及面很广的工作,是一项系统工程。因此,必须在区政府的领导下,组织协调各行各业做好此项工作。水行政主管部门要切实履行法律所赋予的职能,做好水土流失的预防和综合治理工作,并加强水土保持监督执法,依法严肃查处违反水土保持法律法规的行为。政府的其他有关部门,如城建、农林等部门要密切配合,按照"谁开发、谁补偿,谁破坏、谁治理"的原则,承担各自的治理任务,最大限度地减少人为造成的水土流失和生态环境的破坏,形成全社会齐抓共管的良好局面。同时建立起较完善的水土保持预防监督体系和水土流失动态监测网络,为经济和社会可持续发展创造一个良好的生态环境。

浅谈生态护岸的形式和丹金溧漕河护岸改造的设想

陈 健[1] 刘静森[2] 顾秋平[3]

(1. 江苏省太湖地区水利工程管理处;2. 上海市水利管理处;3. 宝山区排灌管理所)

1 前言

长期以来,人们比较注重河道本身的功能,如行洪、排涝等,因此河道断面形式单一,走向笔直,河道护坡结构也比较坚硬,其主要考虑的是河道的行洪速度、河道冲刷、水土保持等。因此,河道的护岸结构主要采用浆砌石或干砌块石护坡、现浇混凝土护坡、预制混凝土块体护坡,或现在比较流行的土工模袋混凝土护坡等结构。但是传统的河道护岸很少去考虑河道与周边历史环境、社会环境、生态环境及人文环境的统一,治理后的河道往往会使生物种类单一化,由此带来的环境问题也比较严重。

其一就是对景观环境的影响:整齐划一的河道断面、笔直的河道走向,固然是一种景观,但是它与现代人们追求的回归自然的景观需求不相一致。

其二就是对人类生存环境的影响:暂且不说护坡及挡墙内材料(包括碱化骨科)的水化反应、炭化反应及各种添加剂在水中发生反应对水质和水环境的影响,就是让人们长期生活在这种灰色、生硬、没有活性的混凝土河岸边,人们失去了娱乐、休闲和亲水的好去处,城市也因此失去了灵气和精神。

其三就是对生态环境的影响:传统的护岸和护坡结构对河道坡面采取了封闭的形式,河道的自净能力遭到了破坏,同时,各种水生植物也难以在坚硬的结构坡面上生长,各种水生动物也因失去了生存环境而无法生存。整个生态系统的食物链就因一层坚硬的护坡结构而断开,生态环境因此而遭到了破坏。

因而,"十五"计划提出,必须重视生态建设和环境保护,加强自然保护区和生态示范区建设,保护陆地和海洋生物的多样性。人们在越来越注重城市环境和保护生物多样性的同时,也开始注重水利工程的环境问题,在有些堤防和护岸的结构设计中开始注入环境水利的设计理念,如有些堤防护坡开始采用草皮,依靠草皮良好的根系而使护坡具有一定的固土和抗冲能力。另外,在水土保持、防止坡地雨水冲蚀等方面也有一些应用。虽然总体说来,生态护岸在水利工程中的应用尚处于试验和研究阶段,但这同时也是未来发展的大趋势。

2 生态护岸的基本类型

随着环境水利的发展观念日益深入人心,生态护岸的做法逐渐得到普及。所谓生态护岸是指恢复后的自然河岸或具有自然河岸"可渗透性"的人工护岸。它拥有渗透性的自然河床与河岸基底、丰富的河流地貌，可以充分保证河岸与河流水体之间的水分交换和调节功能，同时具有一定的抗洪强度。

生态护岸采用自然材料，形成一种“可渗透性”的界面。丰水期，河水向堤岸外的地下水层渗透储存，缓解洪灾；枯水期，地下水通过堤岸反渗入河，起着滞洪补枯、调节水位的作用。另外，生态护岸上的大量植被也有涵蓄水分的作用。

从目前国内外已经开展的生态护岸的类型来看，主要可分为以下几种。

2.1 自然原型护岸形式

自然原型护岸的做法通常采用发达根系固土植物来保护河堤及生态。

发达根系固土植物在水土保持方面有很好的效果，国内外对此研究也较多。采用发达根系植物进行护岸固土，既可以达到固土保沙，防止水土流失，又可以满足生态环境的需要，还可进行景观造景，在城市河道护岸方面可以借鉴。

可以选择的固土植物主要有沙棘林、刺槐林、黄檀、池杉、龙须草、金银花、油松、黄花、常青藤、蔓草等，可以根据该地区的气候选择适宜的植物品种。

采用植物保护河堤主要用于小河、溪流的堤岸保护和一些局部冲蚀的地方，以保证自然堤岸特性。如种植柳树、白杨等具有喜水特性的植物，由它们发达的根系稳固土壤颗粒增加堤岸的稳定性，加之柳枝柔韧，顺应水流，可以降低流速，防止水土流失，增强抗洪、保护河堤的能力。这种方法从工程角度上来讲比较简单，当河岸较陡时可辅助采用土工织物固坡。

2.2 人工自然型护岸形式

人工自然型护岸做法不仅种植植被，还采用天然石材、木材护底，如在坡脚设置各种种植包、采用石笼或木桩等护岸，斜坡种植植被，实行乔灌结合，固堤护岸。在此基础上，再采用钢筋混凝土等材料，确保大的抗洪能力。

2.3 铁丝网与碎石复合种植基

铁丝网与碎石复合种植基主要由镀锌或喷塑铁丝网笼装碎石、肥料及种植土组成。镀锌铁丝网笼容易锈蚀，在河道护坡方面一般不宜选用，而应选用耐锈蚀的喷塑铁丝网笼。铁丝网与碎石复合种植基一个最大的优点就是它比较适合于流速大的河道，抗冲刷能力强、整体性好、适应地基变形能力强，同时又能满足生态型护岸的要求，即使进行全断面护砌，生物与微生物都能照样生存。国外在这方面已有较多工程实例。铁丝网笼可以做成不同形状，既可以用做护坡，又可以做成砌体挡土堵。

2.4 土工材料固土种植基

土工材料固土种植基可分为土工网垫固土种植基、土工格栅固土种植基、土工单元固土种植基等多种形式。

土工网垫固土种植基主要由聚乙烯、聚丙烯等高分子材料制成的网垫和种植土、草籽等组成。固土网垫是由多层非拉伸网和双向拉伸平面网组成，在多层网的交接点经热熔后黏结，形成稳定的空间网垫。该网垫质地疏松、柔韧，有合适的高度和空间，可充填并存储土壤和沙粒。植物的根系可以穿过网孔均衡生长，长成后的草皮可使网垫、草皮、泥土表层牢固地结合在一起。

土工格栅固土种植基主要是利用土工格栅进行土体加固，并在岸坡上植草固土。土工格栅是以聚丙烯、高密度聚乙烯为原料，经挤压、拉伸而成，有单向、双向土工格栅之分。设置土工格栅，增加了土体摩阻力，同时土体中的孔隙水压力也迅速消散，所以增加了土体整体稳定和承载力。而且，由于格栅的锚固作用，抗滑力矩增加，草皮生根后草、土、格栅形成一体，更加提高了岸坡的稳定性。

土工单元固土种植基即利用聚丙烯、高密度聚乙烯等片状材料经热熔黏成蜂窝状的网片整体，在蜂窝状单元中填土植草，达到固土护坡的作用。

3 生态护岸的设计原则

根据国内外生态护岸的成功经验，结合各河道的特点，生态护岸的设计应兼顾如下原则：

(1)生态护岸应满足河道功能和堤防的稳定要求，并降低工程造价。

(2)尽量减少刚性结构，增强护岸在视觉中的“软效果”，美化工程环境。

(3)进行水文分析，确定水位变幅范围，结合植物调查结果，选择不同区域和部位的合适的植物。

(4)应设置多孔性构造，为生物提供一个安全的生长空间。

(5)尽量采用自然的材料，避免二次环境污染。

(6)布置建筑物时考虑人们的亲水要求。

设计生态护岸的原则和宗旨是确保河道基本功能，恢复和保持河道及其周边环境的自然景观，改善水域生态环境，改进河道亲水性，提高土地的使用价值。在城市河道治理中，河道生态护岸已被许多人所需求和采纳，并在大力推广之中。

4 丹金溧漕河生态护岸改造的设想

丹金溧漕河自丹阳七里桥经金坛至溧阳总长约68km，是太湖湖西地区引水航运的骨干河道。而两岸的护坡却是粉砂质土，两岸整体土质疏松、多孔隙，垂直节理发育，易渗水，兼有许多可溶性物质，容易被流水侵蚀形成沟谷，易造成沉陷和崩塌。自从老丹金闸从双孔 16m 拆改成单孔 18m 多后，船只的准载重吨位越来越大，而两岸护岸未及时得到加固和改造，船只航行时所引起的波浪对护坡的影响日益严重。目前，破坏较严重的地段，护坡已经成垂直状态。整条河道除了城区和主要的水工建筑物管理区域有护坡外，其他的河段都在夜以继日地被冲刷，由此造成泥土不断在河床沉积，导致闸口附近的河床不断抬高，水位也相对减少，最近的实例是发生在 2005 年的历时一个多月的停航事件，在社会上造成了一定的负面影响。

结合丹金溧漕河两岸的实际情况，分析现有的几种护岸形式并结合丹金溧漕河两岸的土壤现状，建议对丹金溧漕河两岸的护坡改造采用人工自然型护岸形式和土工材料固土种植基相结合的方法：河岸底部至常水位可采用块石护底，一方面耐冲刷，另一方面又可起到良好的稳固岸坡的作用；在常水位以上可采用土工材料固土种植基的方式种植草皮护坡，以起到防止水土流失和美化周边环境的双重功效。下面，针对土工材料固土种植基的护坡形式介绍两种经过试验比较可靠的护坡方案。

4.1 三维植被网植草护坡

4.1.1 机理

植被网是一种类似于丝瓜瓤状的植草土工网垫,以加入炭黑的尼龙丝加工制成。丝与丝的交叉点熔合黏结,相互缠绕,质地蓬松,孔隙率在 90% 以上,在其孔隙中可填加土料和草种。植草穿过网垫生长后,其根系深入土中,植物、网垫、根系与土合为一体,形成牢固密贴于坡面的表皮,可有效地防止坡土被暴雨径流或水流冲刷破坏。以往植被网垫应用于无水或背水坡,目前国外已用于河道迎水坡防护,在有水流条件下,植被起良好的消能作用,促进落淤。有报道说,在水流较深情况下,它甚至能抗御高达 6m/s 的短期流速,对历时两天的水流,也能经受 4m/s 的流速,这种植被可使流速显著降低。

4.1.2 设计要点

植被护坡设计主要包括判别采用植被必要性;确定铺设范围;草种选择。

(1)植被必要性。坡上受冲刷破坏的程度与土类密切相关。另外对于水上坡,要不要防护,决定于降雨强度;对于水下坡,则要看水流流速的大小。

(2)铺设范围。植被应遍及要求防护的部位,在高程上,水上坡应铺到坡顶,再横向延伸不少于 0.5m;水下坡下端应至低水位以下 1m(斜坡长),上端应达高水位以上 0.5m(斜长)。

(3)草种选择。各地气温、降水和土质条件等差别很大,应根据当地大体情况,遵循几项基本原则来选择草种:适应当地环境,如耐寒、耐旱、耐涝等;适应土质条件,如耐盐、耐碱,耐酸等;生长期快,根系发育且长;价格经济等。

4.2 土工织物草皮护坡

4.2.1 机理

土工织物草皮护坡(或称土工织物加筋草皮护坡)是土工织物与植草相结合形成的一种护坡形式。由于二者结合发挥了土工织物防冲固草和草的根系固土的作用,因而这种护坡比普通草皮护坡具有更高的抗冲蚀能力,如图 1 所示。根据已有工程经验,这种护坡目前可在各级堤防和土石坝的背水坡、3 级堤防及其以下级别堤防的临水坡采用,这种护坡的优点是造价低,而且具有美化环境的独特效果。

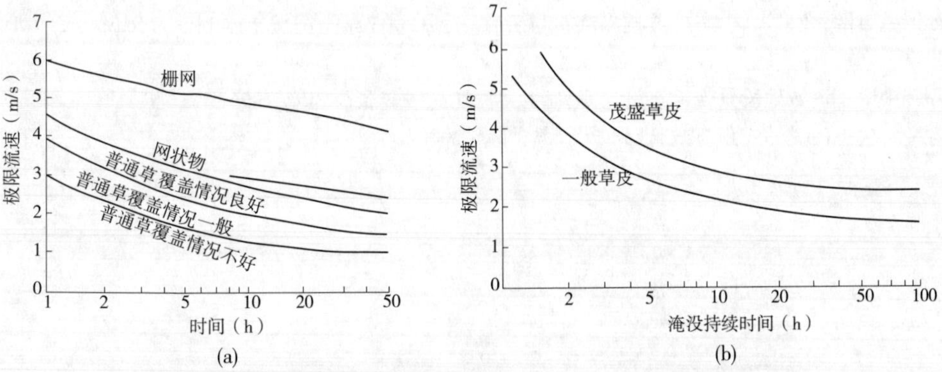

图 1 普通草皮和加筋草皮护坡极限以及抗冲流速与淹没时间关系

(英国建筑工业研究与情报协会原型试验结果)

4.2.2　*施工形式*

目前,用土工织物加筋草皮有两种基本形式。一是在草籽上覆盖一层薄型土工织物,国外多用非织造土工织物。为加强护坡稳定和抗冲能力,还可加设混凝土或块石方格。草籽发芽生长后通过织物孔眼穿出形成一个抗冲体,茂密的草还可起到保护织物的作用。另一种是采用三维织物网垫,待草生长后形成整体(见图2)。三维网垫空隙大,可往网垫内充填小石子起防冲作用,用于植草护坡时,由于它不像土工织物与坡面紧贴,在未形成草皮前有水流作用的情况下,坡面易受冲蚀。从造价来看,用三维织物网垫比用土工织物要高。因此,在一般情况下,以采用薄型土工织物作加筋草皮为宜。

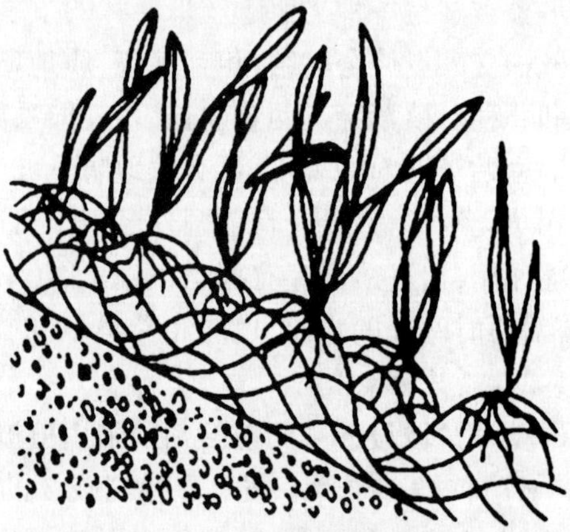

图2　三维网垫植草护坡

土工织物草皮护坡对所用土工织物的要求主要是:具有一定的强度,以提高抗冲能力;抗老化性能较高,以延长在外露应用条件下的使用年限。一般可采用单位面积质量为150g/m 左右的非织造土工织物,也有用织造土工织物的,如卫运河护岸工程的生物护坡。

5　结语

伴随着环境水利和生态水利的建设理念日益普及,生态护岸的建设理念必将在中小河道特别是城市景观河道的建设方面得到越来越多的应用,作为一名长期工作在丹金闸的普通技术人员,本文作者衷心祝愿丹金溧漕河两岸的护坡改造能早日动工,并希望能通过此文为工程决策者们提供一点细微建议,不到之处,敬请谅解。

参考文献

[1] 季永兴,刘水芹,等. 城市河道整治中生态型护坡结构探讨[J]. 水土保持研究,2001(12).

[2] 邓卓智. 生态护岸的一些做法[C]//2003 年全国城市水利学术研讨会论文汇集. 2003.

[3] 孙卫岳,郑海龙,等. 生态护坡技术试验与研究[C]//2003 年全国城市水利学术研讨会论文汇集. 2003.

[3] 陈剑中. 小流域地段景观生态设计研究[J]. 长江流域资源与环境,1996(5).

[4] 颜文. 生态河堤的应用与试验[J]. 供水与排水,2000(3).

软弱地基常见的几种处理方法

王维维

（上海青浦水利建筑工程有限公司）

目前针对软弱地基的不同构成有很多不同的处理方法，如换土法、灰砂桩法（包括灰砂碎石桩、石灰粉煤灰桩）、振冲碎石桩法、混凝土沉入桩法、混凝土灌注桩法、压密注浆法等。地基处理方法虽多，但各有适用条件和适用范围，不可滥用，许多工程实例说明，由于地基处理方案不慎重，选择的地基处理方法不恰当，导致地基过大变形，基础不均匀沉降，最终引起上部结构出现问题。

处理效果的好坏在于是否因地制宜地选择好处理方案。比如，地基软土层较深，若采用换土方法，土方量较大，有可能危及邻近建筑，且过深土层夯填，质量难以保证；软弱土层埋深较浅，可采用灰砂桩的却采用了振冲碎石桩，虽然同样能满足承载力要求，但造价也增加许多；遇软弱土层较深可用碎石桩的，却用了混凝土灌注桩等。

1 混凝土沉入桩

1.1 工程实例

混凝土沉入桩是最常见，也是用途最广的地基处理的方法，使用于各类地基，根据沉入方式可以分为锤击沉桩和静力压桩。锤击沉桩设备简单，但噪音较大；静力压桩噪音小，但设备复杂。青浦第二污水处理厂二期新建氧化沟、二次沉淀池工程所在地原为一片河塘，土质较差，而构筑物对基础要求相当高（设计单位对基础提出抗浮要求），故分别采用250mm×250mm×8.5m预制钢筋混凝土1 390根和350mm×350mm×16.5m方桩579根。由于工程地点为市郊，远离居民生活区，不存在扰民问题，为节约成本，选择1.8t柴油打桩机作为沉桩设备。

1.2 技术要求

（1）预制桩的起吊和搬运：混凝土预制桩应达到设计强度的70%方可起吊；达到100%才能运输和打桩。桩在起吊和搬运时，必须做到平稳并不得损坏，吊点应符合设计要求。

（2）打桩：桩在打入前，应在桩的侧面或桩架上设置标尺，并做好记录。打桩顺序十分重要，应先深后浅，先长后短；先中间后四周或由一侧向单一方向进行。在桩的打入过程中，应始终保持锤、桩帽和桩身在同一轴线上，并严格控制桩尖设计标高。

1.3 桩的检测

应根据实测贯入度值决定是否需要进行静载试验，并根据要求进行动测，以测定桩的质量。

1.4 工程中碰到的问题及处理办法

污水厂二次沉淀池单体16m方桩在沉桩过程中,发现部分桩无法沉至设计标高。工程项目部认为可能是所选择锤重不够,故增加了锤重,结果桩顶被打碎,桩尖距设计标高仍然有1m左右。后与设计单位、勘测单位沟通后达成共识:工程所在地的土质差异较大,导致土质较好的地段桩根本无法沉入设计标高。解决办法:通过控制贯入度来控制,高出来的部分,经设计单位和监理人员确认后截桩。

2 钻孔灌注桩

2.1 工程实例

钻孔灌注桩是民用和工业建筑广泛应用的一种基础形式,具有适应性强、施工操作简单、设备投入不大等优点。但是由于钻孔灌注桩的施工大部分是在地面以下进行,其施工过程无法直接观察,成桩后也不能进行直接开挖验收,同时它又是最容易出现质量问题的一种基础形式,所以其成桩质量对工程安全有着至关重要的作用。青浦千步泾桥梁工程,上部结构均采用简支梁的结构形式,下部结构桩基础采用 ϕ600mm 钻孔灌注桩形式。

2.2 技术要求

(1)钻孔:反循环与正循环相比,钻孔进度快4~5倍,具有需用泥浆料少、转盘所消耗动力较少、清孔时间较快等优点,故一般选择反循环钻。在钻孔灌注桩钻孔过程中,应保持护筒中泥浆施工液位一定高度,形成1~2m液位差,以保护孔壁免于坍塌。护筒内径的大小,与钻机在钻孔时在孔内摆动程度有关,护筒内径大小要求比桩径大20~40cm。

(2)清孔、吊放钢筋笼:取出钻头后用循环泥浆进行清孔,并检查孔底沉淀物厚度,清孔后的泥浆比重控制在1.05~1.10,孔底沉淀物不超出规范要求。钢筋笼用钻机架和卷扬机吊放就位,并用圆形砂浆垫块固定和留置保护层(砂浆垫块套在钢筋笼外侧焊接的中心加强箍上)。

(3)水下灌注混凝土的性能参数:粗骨料宜选用卵石,石子含泥量小于2%,以提高混凝土的流动性,防止堵管。一般坍落度应控制在(180±20)mm之间,混凝土灌注距桩顶约5m处时,坍落度控制在160~170mm,以确保桩顶浮浆不过高,应加缓凝剂,使混凝土初凝时间大于8小时。

(4)浇筑水下混凝土:吊放串筒,串筒固定在钻孔的中部并伸到孔底一定距离(30~40cm)。在串筒上口有一集料斗里混凝土达到一定的数量后,松开球塞,混凝土直冲孔底,将泥渣与泥浆往上挤出,此时串筒仍在混凝土中,此时一边灌注混凝土,一边提升串筒,但须保证串筒一直埋在混凝土中1.0m左右。最终浇注高度超过桩顶设计标高1.0m,以保证桩身质量。

2.3 工程中所采取的防护措施

(1)正式施工前须进行成孔试验,数量为2~3个,以便核对地质资料,调整施工工艺和措施。

(2)水准点和轴线应认真复核,不经复核确认不进行下一步施工。

(3)对于淤泥和淤泥质土,最大钻进速度不大于1m/min。

(4)当缩颈、坍孔严重或泥浆突然漏失时,立即提出钻头,回填黏土,待空壁稳定后再钻孔。

(5)成孔后,必须认真清孔,一般是采用冲洗液清孔,冲孔时间应根据孔内沉渣情况而定,冲孔后要及时灌注混凝土,避免孔底沉渣超过规范规定。

(6)灌注混凝土前认真进行孔径测量,准确算出全孔及首次混凝土灌注量。混凝土浇注过程中,应随时控制混凝土面的标高和导管的埋深,提升导管要准确可靠,并严格遵守操作规程。

3 压密注浆

3.1 工程实例

压密注浆与其他地基加固方法相比具有以下优点:①施工设备简单;②规模小,耗资少;③占地面积小,对交通影响小;④工期短,见效快;⑤施工中产生的噪音和震动小,对环境影响小;⑥狭窄的场地、矮小的空间均可施工;⑦加固深度可深可浅,易于控制。根据其上述特点,青浦第二污水处理厂机修车间、仓库选用压密注浆加固地基。目前,结构主体和沉降均符合设计要求,注浆效果良好。

3.2 技术要求

(1)压密注浆主要设备是压浆泵,一般为灌浆实际压力的1.2~1.5倍。

(2)灌浆一般用净水泥浆,水灰比变化范围为0.6~2.0,常用水灰比为8:1~1:1。

(3)在一般地质条件下,段长多控制在5~6m;在土质严重松散、裂隙发育、渗透性强的情况下,宜为2~4m。

(4)灌浆孔距一般不宜大于2m,单孔加固的直径范围可按1~2m考虑。

(5)灌浆压力大小视钻孔深度、土的渗透性以及水泥浆的稠度确定,一般为0.3~0.6MPa。

(6)注浆结束后,根据设计及规范要求检查注浆体强度、承载力等。检查孔数为总量的2%~5%,不合格率大于或等于20%时,应进行二次注浆。

3.3 施工经验

(1)要求快凝时,可采用快硬水泥或在水中掺入水泥用量1%~2%氯化钙。

(2)在裂缝或空隙较大、可灌性好的地层,可在浆液中掺入适量细砂,或粉煤灰比例为1:0.5~1:3,以节约水泥,更好地填充,并可减少收缩。

(3)对不以提高固结强度为主的松散土层,亦可在水泥浆中掺加细粉质黏土配成水泥黏土浆,灰泥比1:3~1:8(水泥:土,体积比),可提高浆液的稳定性,防止沉淀和析水,使填充更加密实。

(4)水泥浆应连续一次压入,不得中断,灌浆应先从稀浆开始,逐渐加浓。

4 石灰桩地基

4.1 工程实例

青浦第二污水厂区道路原为一片河塘,土体含水量很高,给厂区临时道路的铺设带来很大的不便,必须进行地基处理。当时,可供选择的方案很多,最终经项目部讨论决定采用石灰桩。首先,我们根据设计院提供的厂区永久道路的图纸进行放样,使我们的临时道路修建在将来的永久性道路上。然后，利用挖掘机将 $\phi300$ 的圆木打入土中再拔出，在桩孔中回填生石灰，上铺大块石，用压路机压实，最后铺一层细石道渣。由于生石灰吸收土中水分膨胀，达到减少土体含水率和挤密土体的双重效果，提高了土体的承载力，降低了压缩性。事实上，这样的临时道路不但造价便宜，而且经受了混凝土泵车和搅拌车等重型汽车多次的考验，并最终成为了永久性道路坚实的基础。

4.2 技术建议

(1)桩孔直径根据土质和承载要求确定，一般选用 300~600mm，桩长为 5~10m。

(2)桩孔一般呈梅花形或三角形布置。

(3)处理地基的宽度一般大于基础的宽度 10~20cm。

4.3 施工经验

(1)由于生石灰吸水后体积会膨胀 4~8 倍，所以新建道路绝对不可以使用，否则可能因地基膨胀导致路面开裂。可用消解石灰或其他膨胀系数较小的填充物代替。

(2)石灰桩应属于挤密桩地基的一种，其他还包括灰土挤密桩、砂石桩、水泥粉煤灰碎石桩地基等。可根据工程实际情况和设计要求合理选用。

总之，软土地基的处理一定要根据工程的实际情况合理、慎重选择，要进行承载力计算和可行性分析。以上介绍的四种主要地基处理各有特点：混凝土沉入桩、钻孔灌注桩适用范围较广，处理效果明显，混凝土沉入桩施工速度快，造价相对低廉，但沉桩设备较大，易受施工场地影响；钻孔灌注桩桩体养护时间较长，造价偏高，但桩架设备相对较小，普遍应用于桥梁的地基处理；压密注浆、石灰桩应用范围相对较窄，压密注浆处理成本不高，效果也不是很显著，一般用于低层建筑物的基础处理；石灰桩造价更加低廉，但“副作用”较大，须根据工程实际情况谨慎使用。同时，在基础处理工程施工前，应对附近施工范围原有建筑物、地下管线等进行调查，对有影响的工程采取有效的加固措施。

参考文献

[1] GB50202—2002 建筑地基基础工程施工质量验收规范.

[2] JGJ94—94 建筑桩基技术规范.

[3] JGJ79—91 建筑地基处理技术规范.

[4] 江正荣. 地基与基础工程施工手册[M]. 北京：机械工业出版社，2006.

[5] 程骁，张凤祥. 土建注浆施工与效果检测[M]. 上海：同济大学出版社，1998.